职业技能培训鉴定教材

ZHIYE JINENG PEIXUN JIANDING JIAOCAI

电焊工

DIANHANGONG（中级）

主编 左义生
编者 尚承伟 原津生 李国利
审稿 杜则裕

中国劳动社会保障出版社

图书在版编目(CIP)数据

电焊工：中级/人力资源和社会保障部教材办公室组织编写．—北京：中国劳动社会保障出版社，2010

职业技能培训鉴定教材

ISBN 978-7-5045-8305-5

Ⅰ．电… Ⅱ．人… Ⅲ．电焊-职业技能鉴定-教材 Ⅳ．TG443

中国版本图书馆 CIP 数据核字(2010)第 085099 号

中国劳动社会保障出版社出版发行

(北京市惠新东街1号 邮政编码：100029)

出 版 人：张梦欣

*

北京市科星印刷有限责任公司印刷装订 新华书店经销
787毫米×1092毫米 16开本 14印张 300千字
2010年5月第1版 2024年12月第20次印刷

定价：27.00元

营销中心电话：400-606-6496
出版社网址：http://www.class.com.cn

版权专有 侵权必究

如有印装差错，请与本社联系调换：(010)81211666
我社将与版权执法机关配合，大力打击盗印、销售和使用盗版图书活动，敬请广大读者协助举报，经查实将给予举报者奖励。

举报电话：(010)64954652

内容简介

本教材由人力资源和社会保障部教材办公室组织编写。教材以《国家职业标准·焊工》为依据，紧紧围绕"以企业需求为导向，以职业能力为核心"的编写理念，力求突出职业技能培训特色，满足职业技能培训与鉴定考核的需要。

本教材详细介绍了中级电焊工要求掌握的最新实用知识和技术。全书分为三个模块单元，主要内容包括：焊前准备、焊接技术及焊接缺欠和检验。每一单元后安排了单元测试题及答案，书末提供了理论知识和操作技能考核试卷，供读者巩固、检验学习效果时参考使用。

本教材是中级电焊工职业技能培训与鉴定考核用书，也可供相关人员参加岗位培训使用。

前 言

　　1994年以来，原劳动和社会保障部职业技能鉴定中心、教材办公室和中国劳动社会保障出版社组织有关方面专家，依据《中华人民共和国职业技能鉴定规范》，编写出版了职业技能鉴定教材及其配套的职业技能鉴定指导200余种，作为考前培训的权威性教材，受到全国各级培训、鉴定机构的欢迎，有力地推动了职业技能鉴定工作的开展。

　　原劳动保障部从2000年开始陆续制定并颁布了国家职业标准。同时，社会经济、技术不断发展，企业对劳动力素质提出了更高的要求。为了适应新形势，为各级培训、鉴定部门和广大受培训者提供优质服务，人力资源和社会保障部教材办公室组织有关专家、技术人员和职业培训教学管理人员、教师，依据国家职业标准和企业对各类技能人才的需求，研发了职业技能培训鉴定教材。

　　新编写的教材具有以下主要特点：

　　在编写原则上，突出以职业能力为核心。教材编写贯穿"以职业标准为依据，以企业需求为导向，以职业能力为核心"的理念，依据国家职业标准，结合企业实际，反映岗位需求，突出新知识、新技术、新工艺、新方法，注重职业能力培养。凡是职业岗位工作中要求掌握的知识和技能，均作详细介绍。

　　在使用功能上，注重服务于培训和鉴定。根据职业发展的实际情况和培训需求，教材力求体现职业培训的规律，反映职业技能鉴定考核的基本要求，满足培训对象参加各级各类鉴定考试的需要。

　　在编写模式上，采用分级模块化编写。纵向上，教材按照国家职业资格等级单独成册，各等级合理衔接、步步提升，为技能人才培养搭建科学的阶梯型培训架构。横向上，教材按照职业功能分模块展开，安排足量、适用的内容，贴近生产实际，贴近培训对象需要，贴近市场需求。

　　在内容安排上，增强教材的可读性。为便于培训、鉴定部门在有限的时间内把最重要的知识和技能传授给培训对象，同时也便于培训对象迅速抓住重点，提高学习效率，在教材中精心设置了"培训目标"等栏目，以提示应该达到的目标，需要掌握的重点、难点、鉴定点和有关的扩展知识。另外，每个学习单元后安排了单元测试题，每个级别的教材都提供了理论知识和操作技能考核试卷，方便培训对象及时巩固、检验学习效

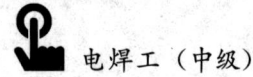电焊工（中级）

果，并对本职业鉴定考核形式有初步的了解。

本书在编写过程中得到天津市职业技能培训研究室、天津市电力公司培训中心的大力支持和热情帮助，同时，天津市焊接研究所的韩勤老师为本书的出版做出了贡献，在此一并致以诚挚的谢意。

编写教材有相当的难度，是一项探索性工作。由于时间仓促，不足之处在所难免，恳切希望各使用单位和个人对教材提出宝贵意见，以便修订时加以完善。

人力资源和社会保障部教材办公室

目 录

第1单元 焊前准备/1—34

第一节 焊接材料/2
一、焊条
二、埋弧焊丝
三、埋弧焊剂
四、埋弧焊剂与焊丝的组合方法

第二节 工件准备/19
一、焊接接头的形式
二、坡口
三、焊接夹具
四、不同位置焊件组对及定位焊
五、不同厚度焊件组对及定位焊
六、焊前预热

第三节 焊接设备/26
一、自动埋弧焊设备
二、电阻焊设备

单元测试题/33

单元测试题答案/34

第2单元 焊接技术/35—175

第一节 焊接接头的质量控制/36
一、焊接接头的组织和性能
二、有害气体和有害元素对接头组织的影响
三、提高和改善接头性能的方法
四、焊接应力与变形

第二节　金属材料的焊接/50

一、低合金结构钢的焊接

二、珠光体耐热钢的焊接

三、低温钢的焊接

四、奥氏体不锈钢的焊接

第三节　焊条电弧焊/77

一、钢板对接立焊

二、钢板对接横焊

三、垂直固定管件焊接

四、水平固定管件焊接

五、低碳钢管板插入式水平固定焊接

六、低碳钢管板插入式垂直固定平焊焊接

第四节　手工钨极氩弧焊/95

一、手工钨极氩弧焊工艺及设备

二、手工钨极氩弧焊操作技术

第五节　自动埋弧焊/109

一、自动埋弧焊工艺及特点

二、自动埋弧焊中、厚板材的平焊对接双面焊技术

第六节　熔化极气体保护电弧焊/119

一、MIG焊接基础知识

二、MAG焊接基础知识

三、CO_2气体保护电弧焊

第七节　电阻焊/134

一、电阻焊工作原理及特点

二、电阻焊设备

三、电阻焊工艺

四、电阻焊操作技术

第八节　等离子弧焊接与切割技术/147

一、等离子弧的产生及特点

二、等离子弧焊接

三、等离子弧切割

单元测试题/163

单元测试题答案/174

第3单元 焊接缺欠和检验/175—200

第一节 焊接缺欠/176
一、概述

二、常见焊接缺欠的危害、产生原因和防止方法

三、焊接缺欠的定位及返修

第二节 焊接检验/189
一、焊接检验方法的分类

二、检验方法的选用

三、非破坏性检验

四、破坏性检验

五、焊接质量评定

单元测试题/198

单元测试题答案/199

理论知识考核试卷/201

理论知识考核试卷答案/205

操作技能考核试卷/207

参考文献/212

第1单元

焊前准备

- 第一节　焊接材料/2
- 第二节　工件准备/19
- 第三节　焊接设备/26

第一节　焊接材料

培训目标
- 能够根据母材的类别和焊接工艺特点，正确选择焊条、焊剂和焊丝
- 掌握常用焊条型号的编制方法
- 掌握埋弧焊丝与焊剂的组合方法

一、焊条

1. 选择焊条的基本要点

焊条的种类繁多，每种焊条均有一定的特性和用途。同一类别的焊条，由于药皮类型不同，所反映出的使用特性也不同。所以，选择焊条时应综合考虑力学性能、化学成分、工件条件、施工条件、生产效率及经济性等因素。

(1) 考虑工件的力学性能和化学成分

1) 从等强度的观点出发，选择焊条应满足力学性能的要求，对于韧性要求较高的材料可选用强度稍低而韧性好的焊条。

2) 使熔敷金属的合金成分符合或接近母材。

3) 当母材化学成分中碳或硫、磷等有害杂质较多时，应选择抗裂性和抗气孔性较强的焊条，如低氢型焊条。

(2) 考虑焊件的工作条件和使用性能

1) 焊件在承受动载荷和冲击载荷情况下，除了要求保证抗拉强度、屈服强度外，对冲击韧度、塑性均有较高的要求。此时应选用低氢型、钛钙型或氧化铁型焊条。

2) 焊件在腐蚀介质中工作时，应分清介质的种类、浓度、工作温度以及腐蚀类型，从而选择合适的不锈钢焊条。

3) 焊件在受磨损条件下工作时，应区分是一般磨损还是冲击磨损，是金属间磨损还是磨料磨损，是在常温下磨损还是在高温下磨损等。从而选择合适的堆焊焊条。

4) 处在低温或高温下工作的焊件，应选择满足力学性能要求的焊条。

(3) 考虑焊件的复杂程度、刚度大小和焊接部位

1) 对于形状复杂或厚度大的焊件，由于焊缝金属在冷却收缩时产生的内应力较大，容易产生裂纹。因此，必须采用抗裂性能好的焊条，如低氢型焊条、氧化铁型焊条或高韧性焊条。

2) 焊接部位所处的位置不能翻转时，应选择能进行全位置焊接的焊条。

3) 因受条件限制而使某些焊接部位难以清理干净时，应考虑选用氧化性强，对铁锈、氧化皮及油污反应不敏感的酸性焊条，以免产生气孔等缺欠。

(4) 考虑施焊工作条件。在没有直流焊机的地方应选用交直流两用焊条。某些钢材需要进行焊后热处理，如不具备热处理条件，应选用与母材金属化学成分不同的焊条。

(5) 考虑工人身体健康因素。在酸性焊条和碱性焊条都可以满足要求的条件下，应

尽量采用酸性焊条。在密闭容器内或通风不良场所焊接时,应尽量采用低尘低毒焊条。

(6) 考虑经济性。在保证使用性能的前提下,应尽量选用价格低廉的焊条。对性能有不同要求的主次焊缝,可采用不同的焊条。要根据结构的工作条件合理选用。

(7) 考虑效率。对焊接工作量大的结构,有条件时应尽量采用高效率焊条,如铁粉焊条、高效率不锈钢焊条、重力焊条或选用立向下焊专用焊条等。

2. 低合金钢焊条的选用

选用低合金钢焊条时,必须根据母材的化学成分、力学性能、耐腐蚀性能、耐高温性能、耐低温性能等使用条件进行综合考虑。

(1) 低合金高强度钢焊条及耐腐蚀钢焊条的选择

1) 考虑焊接接头强度时,应根据结构的抗裂性、塑性和韧性进行选择。在某些情况下选择低匹配焊接材料以保证接头的塑性和韧性。

2) 焊接材料应选用较细焊条或焊丝,以减小热输入。

3) 选择低氢或超低氢型焊条,以增强抗冷裂性。

4) 接触腐蚀介质工作的低合金钢,应根据焊缝金属的耐腐蚀性能来选择焊条。

低合金高强度钢及耐腐蚀钢焊条型号、牌号和主要用途见表1—1。

表1—1　低合金高强度钢及耐腐蚀钢焊条型号、牌号和主要用途

型号	牌号	主要用途
E5015—G	J507MoNb	用于抗硫化氢、氮、氨介质腐蚀用钢的焊接,如12SiMoVNb、15MoV等
	J507MoW	用于抗高温及氢、氮、氨腐蚀,如10MoWVNb焊接
	J507NiCu J507CrNi J507NiCuP J507CuP	用于耐大气、耐海水腐蚀及其他耐候钢种的焊接
	J507FeNi	用于碳钢及低温压力容器的焊接
E5016—G	J506WCu	用于耐大气腐蚀的结构钢焊接,如09MnCuPTi等
E5501—G	J553	焊接中碳钢及相应强度等级的低合金钢一般结构
E5515—G	J557 J557Mo J557MoV	焊接中碳钢及相应强度等级的低合金钢结构,如15MnTi、15MnV、15MnVN等
E5516—G	J556RH	用于海洋平台、船舶、压力容器等低合金钢重要结构的焊接
E6016—D$_1$	J606	焊接中碳钢及相应强度等级的低合金钢结构
E6015—G	J607Ni	用于相应强度等级,并有再热裂纹倾向的钢结构
	J607RH	用于压力容器、桥梁及海洋工程重要结构的焊接
E7015—G$_2$	J707	焊接Cr9Mo、15MnMoV、14MnMoVB、18MnMoNb等低合金钢
E8515—G	J857 J857Cr	焊接相应强度的碳钢及低合金钢重要结构

(2) 低合金耐热钢焊条的选择

1) 等性能原则。耐热钢的焊接接头不仅应具有与母材相符的室温和高温短时强度，重要的应具有与母材相近的高温持久强度。焊接接头与母材应有相同的抗氢性、抗高温氧化性，焊条熔敷金属的合金成分及含量应与母材基本相同。

2) 焊接接头组织的稳定性。在制造过程中耐热钢焊接接头通常需热处理，在运行过程中将长期受高温、高压的作用，焊接接头不应产生明显的组织变化，以及由此引起的脆化或软化。

3) 物理性能的均一性。一般来说，耐热钢焊接接头应具有与母材基本相同的物理性能。如线膨胀系数、热导率等在高温运行过程中，将决定所产生的热应力。

4) 焊接接头抗裂性能。对某些耐热钢，有时为了防止冷裂纹的产生，也可选用塑性好的奥氏体焊条。

低合金耐热钢焊条型号、牌号及主要用途见表1—2。

表1—2　　　　低合金耐热钢焊条型号、牌号及主要用途

型　号	牌　号	主要用途
E5015—A_1	R107	用于工作温度在510℃以下的15Mo等珠光体耐热钢的焊接
E5503—B_1 E5515—B_1	R202 R207	用于工作温度在510℃以下的12CrMo等珠光体耐热钢的焊接
E5503—B_2 E5515—B_2	R302 R307	用于工作温度在520℃以下的15CrMo等珠光体耐热钢的焊接
E5515—B_2—V E5503—B_2—V	R317 R312	用于工作温度在540℃以下的12CrMoV等珠光体耐热钢的焊接
E5515—B_2—VW E5515—B_2—VNb	R327 B337	用于工作温度在570℃以下的15CrMoV等珠光体耐热钢的焊接
E5500—B—VWB E5515—B—VWB	R340 R347	用于工作温度在620℃以下的相应耐热钢的焊接
E6000—B_3 E6015—B_3	R400 R407	用于1Cr2.5Mo等珠光体耐热钢的焊接
E6015—B_3—VNb	R417	用于工作温度在620℃以下的12Cr3MoVSiTiB等珠光体耐热钢的焊接
E1—5MoV—15	R507	用于1Cr5MoV等珠光体耐热钢的焊接
E1—9Mo—15	R707	用于1Cr9Mo耐热钢及过热器管道的焊接
E1—11MoVNiW—15	R807	用于工作温度在565℃以下的1Cr11MoV耐热钢的焊接

(3) 低温钢焊条的选择。低温用钢属于合金钢，主要用于低温下工作的容器、管道或其他结构。低温钢可分为含镍及无镍两类，钢中加入合金元素镍，并尽量降低含碳量和严格限制硫、磷的含量，能显著改善钢的低温韧性。焊条主要根据焊件工作温度要求来确定，选用温度等级相适应的焊条。

低温钢焊条型号、牌号及主要用途见表1—3。

表 1—3　　　　　　　　　低温钢焊条型号、牌号及主要用途

型　号	牌　号	主要用途
E5015—C1L	W707	焊接-70℃以下工作的 09Mn2V 等钢结构
E5515—C₁	W707Ni	焊接-70℃以下工作的 06MnVAl 和 3.5Ni 等钢结构
E5515—C₂	W907Ni	焊接-90℃以下工作的 3.5Ni 钢
	W107Ni	焊接-100℃以下工作的 06AlNbCuN、06MnNb 和 3.5Ni 等钢结构

(4) 不锈钢焊条的选择。不锈钢具有耐热、耐腐蚀性能。因此，焊条要根据不锈钢的材质、工作条件、温度及接触的介质来选用。选择不当会降低接头强度，增大腐蚀倾向，缩短产品使用寿命。

1) 高温工作的耐热不锈钢。所选用的焊条应满足焊缝金属的抗热裂纹性能和焊接接头的高温性能。

2) 腐蚀介质中工作的耐腐蚀不锈钢。应按介质和工作温度来选择焊条。工作温度在 300℃以上、有较强腐蚀性的介质，需选用含有钛或铌稳定化学元素或超低碳的不锈钢焊条。对于含有稀硫酸或盐酸的介质，常选用含钼或含钼和铜的不锈钢焊条。

3) 铬不锈钢。有时为了改善焊接接头的塑性，也可采用铬镍奥氏体不锈钢焊条。但要考虑高温工作时铬碳化合物和 σ 相析出引起焊缝金属脆化。

铬不锈钢焊条型号、牌号及主要用途见表 1—4。

铬镍不锈钢焊条型号、牌号及主要用途见表 1—5。

表 1—4　　　　　　　　　铬不锈钢焊条型号、牌号及主要用途

型　号	牌　号	主要用途
E410—16 E410—15 E410—15	G202 G207 G217	焊接接头属于空气淬硬材料，因此，焊接时需要进行预热和后热处理，通常用于焊接 1Cr13、0Cr13 型不锈钢，也用于在碳钢表面上的堆焊
E430—16 E430—15	G302 G307	熔敷金属中含铬量较高，具有优良的耐腐蚀性能，在热处理后可获得足够的塑性，通常用于焊接耐腐蚀、耐热的 Cr17 不锈钢

表 1—5　　　　　　　　　铬镍不锈钢焊条型号、牌号及主要用途

型　号	牌　号	主要用途
E308L—16 E308L—15	A002 A002A	熔敷金属中含碳量低，在不含铌、钛等稳定剂时，也能抵抗因碳化物析出而产生的晶间腐蚀，通常用于焊接 0Cr19Ni10、00Cr19Ni11Ti
E316L—16	A022	由于含碳量低，因此，在不含铌、钛等稳定剂时，也能抵抗因碳化物析出而产生的晶间腐蚀，可焊接尿素及合成纤维设备，也可焊接铬不锈钢、异种钢
E308—16	A101	用于焊接工作温度低于 300℃耐腐蚀的 0Cr19Ni、0Cr19Ni11Ti 等不锈钢结构
E308—16 E308—15	A102 A107	用于焊接工作温度低于 300℃相同类型的不锈钢结构，也可焊接高铬钢，如 0Cr18Ni9、1Cr18Ni9Ti
E347—16 E347—15	A132 A137	通常用于焊接奥氏体不锈钢，如 0Cr18Ni9、0Cr19Ni11Ti、0Cr18Ni9Ti 等不锈钢结构
E318—16	A212	由于加入铌，提高了焊缝金属抗晶间腐蚀能力，通常用于焊接 0Cr18Ni12Mo、0Cr17Ni12Mo2 不锈钢的重要设备，如尿素、合成纤维等设备中接触强腐蚀介质的部件

续表

型　　号	牌　号	主要用途
E318V—16 E318V—15	A232 A237	由于增加钒，提高了焊缝金属热强性和抗腐蚀能力，用于焊接同类型含钒不锈钢或焊接普通耐腐蚀的0Cr19Ni9、0Cr17Ni12Mo等不锈钢结构
E309—16 E309—15	A302 A307	通常用于焊接相同类型的不锈钢结构
E310—16 E310—15	A402 A407	通常用于焊接高温下工作的相同类型不锈钢，如0Cr25Ni20型不锈钢，也可以焊接Cr5Mo、Cr9Mo、Cr13等钢
E310Mo—16	A412	焊接高温条件下工作的耐热不锈钢
E16—25MoN—16	A502	焊接呈淬火状态下的低合金和中合金钢，如30铬锰硅等
E330MoMnWNb—15	A607	用于在850～900℃下工作的同类型耐热不锈钢焊接及制氢转化炉中集合管、膨胀管的焊接，如Cr20Ni32B、Cr18Ni37等材料

3. 焊条型号及牌号的编制方法

（1）焊条型号的编制方法

1) 低合金钢焊条。根据国家标准《低合金钢焊条》（GB/T 5118—1995），型号表示方法如下：

①型号最前列为英文字母"E"，表示焊条。

②型号中的第一、二位数字，表示熔敷金属抗拉强度的最小值。

③型号中的第三位数字，表示焊接位置，如"0"及"1"适用于全位置焊，"2"适用于平焊或平角焊。

④型号中的第三、四位数字组合，表示焊条药皮类型和焊接电流种类。

⑤后缀字母为熔敷金属的化学成分分类代号，并用短划"—"与前面的数字分开；若还具有附加化学成分时，附加化学成分直接用元素符号表示，并用短划"—"与前面的后缀字母分开。

⑥示例。

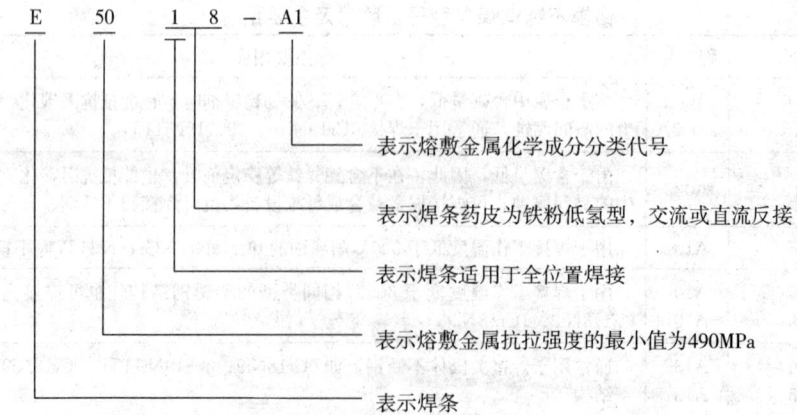

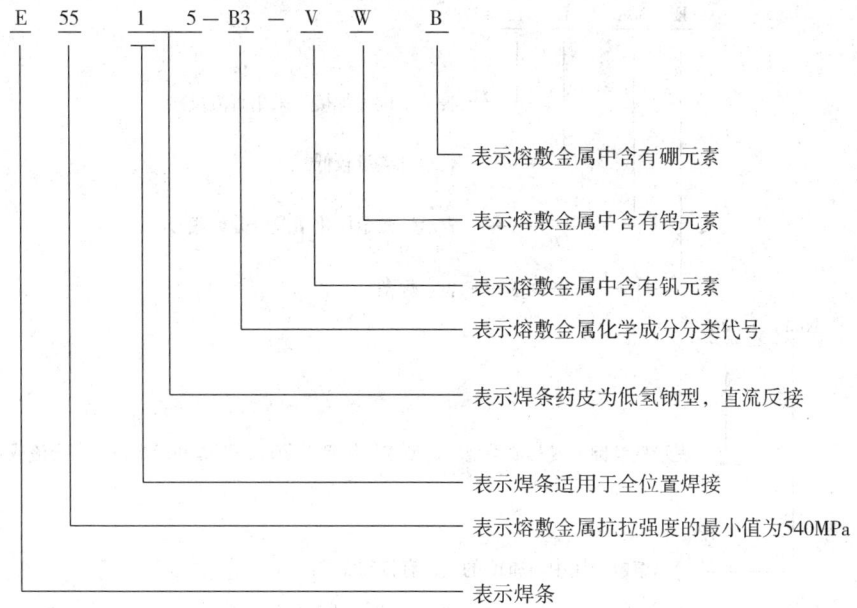

2) 不锈钢焊条。根据国家标准《不锈钢焊条》(GB/T 983—1995)，型号的表示方法如下：

①最前列为英文字母"E"，表示焊条。

②字母"E"，后面数字表示熔敷金属化学成分分类代号。如有特殊要求的化学成分，该化学成分用元素符号表示，放在数字后面。

③数字后的字母"L"表示含碳量较低，"H"表示含碳量较高，"R"表示硫、磷、硅含量较低。

④短划"—"后面的两位数字表示焊条药皮类型、焊接位置及焊接电流种类，见表1—6。

表1—6　　　　　　　　　焊接电流与焊接位置

焊条型号	焊接电流	焊接位置
E×××（×）—15	直流反接	全位置焊
E×××（×）—25		平焊、横焊
E×××（×）—16	交流或直流反接	全位置焊
E×××（×）—17		全位置焊
E×××（×）—26		平焊、横焊

⑤示例。

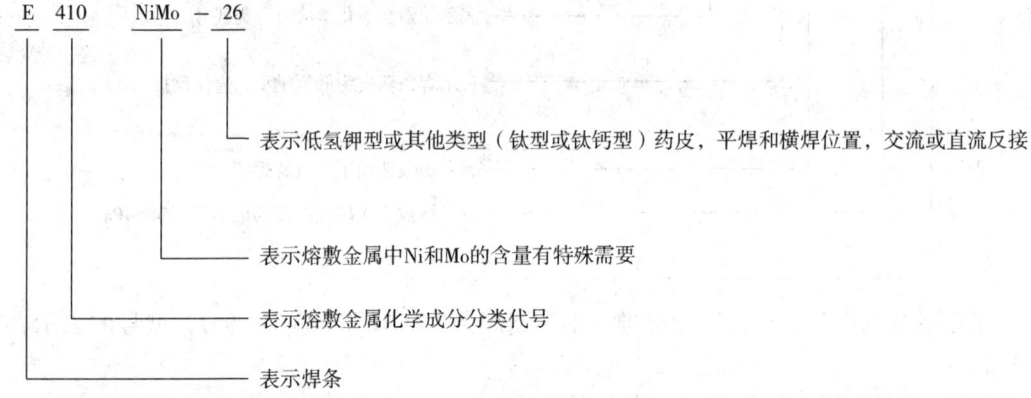

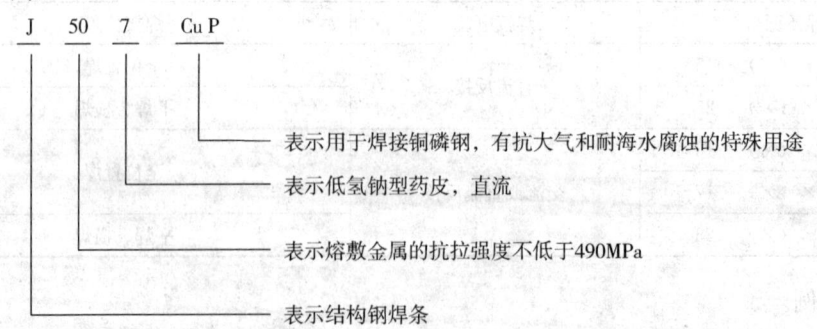

(2) 焊条牌号的编制方法

1) 结构钢焊条。包括碳钢和低合金钢焊条。

①牌号的最前列为"结"字汉语拼音第一个字母"J",表示为结构钢焊条。

②牌号的第一、二位数字,表示该焊条焊接后所形成熔敷金属的抗拉强度等级。

③牌号的第三位数字,表示药皮类型和焊接电流种类。

④第三位数字后加注起重要作用的元素符号或代表主要性能和用途的代号,表示焊条的特殊性能和用途。

⑤示例。

2) 钼和铬钼耐热钢焊条

①牌号的最前列为"热"字汉语拼音第一个字母"R",表示钼和铬钼耐热钢焊条。

②牌号的第一位数字,表示熔敷金属主要化学成分等级。

③牌号的第二位数字,表示熔敷金属主要化学成分组成等级中的不同编号,按0、1、2、…、9顺序编号。

④牌号中的第三位数字，表示药皮类型和焊接电流种类。
⑤示例。

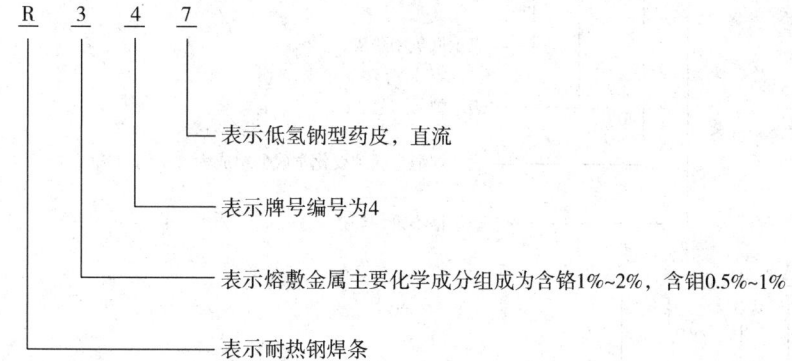

3) 低温钢焊条
①牌号的最前列为"温"字汉语拼音第一个字母"W"，表示低温钢焊条。
②牌号的第一、二位数字，表示低温钢焊条的工作温度等级，见表1—7。

表1—7　　　　　　　　低温钢焊条的工作温度等级

牌　号	容许工作温度等级（℃）	牌　号	容许工作温度等级（℃）
W60×	−60	W10×	−100
W70×	−70	W19×	−196
W80×	−80	W25×	−253
W90×	−90		

③牌号的第三位数字，表示药皮类型和焊接电流种类。
④示例。

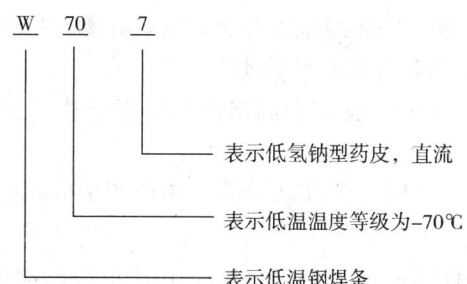

4) 不锈钢焊条。不锈钢焊条有两类：铬不锈钢焊条和铬镍不锈钢焊条。
①牌号的最前列为"铬"字或"奥"字的汉语拼音第一个字母"G"或"A"，相应表示铬不锈钢焊条或铬镍（奥氏体）不锈钢焊条。
②牌号的第一位数字，表示熔敷金属主要化学成分组成等级。
③牌号的第二位数字，表示熔敷金属主要化学成分组成等级中的不同编号，按0、1、2、…、9顺序编号。
④牌号的第三位数字，表示药皮类型和焊接电流种类。
⑤示例。

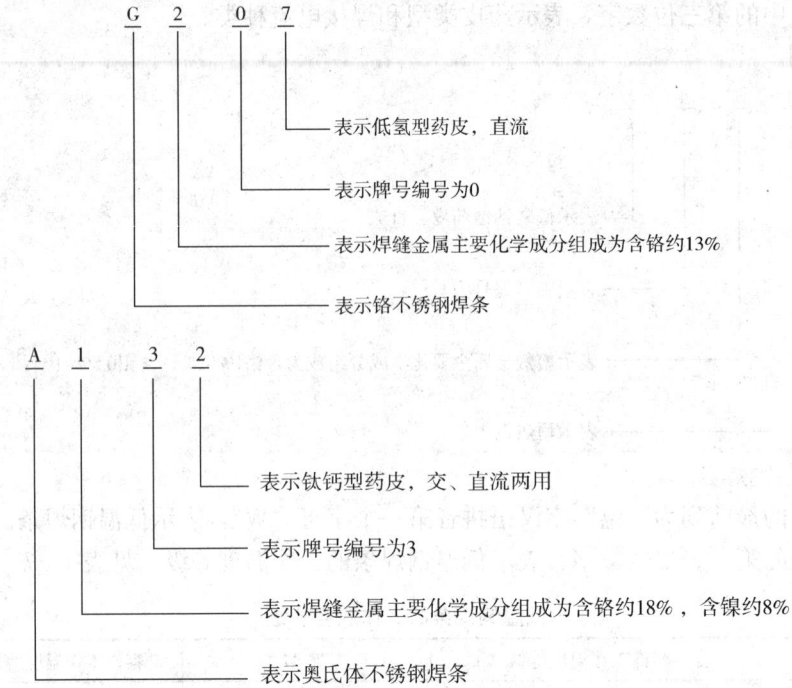

二、埋弧焊丝

埋弧焊丝有实心焊丝和药芯焊丝两类,生产中普遍使用实心焊丝,药芯焊丝只在某些特殊场合应用。焊丝包括碳素结构钢、低合金钢、高碳钢、特殊合金钢、不锈钢、镍基合金钢焊丝,以及堆焊用的特殊合金焊丝等。

1. 埋弧焊丝的作用

焊丝主要作为填充金属,向焊缝添加合金元素,并参与冶金反应。

2. 低碳钢和低合金钢常用埋弧焊丝分类

(1) 低锰焊丝(如 H08A)。常配合高锰焊剂用于低碳钢及强度较低的低合金钢焊接。

(2) 中锰焊丝(如 H08MnA、H10MnSi)。主要用于低合金钢焊接,也可配低锰焊剂用于低碳钢焊接。

(3) 高锰焊丝(如 H10Mn2、H08Mn2Si)。用于低合金钢焊接。

3. 埋弧焊丝的选用方法

(1) 低合金钢焊丝选用时,按等强原则选择焊接材料,还必须综合考虑焊缝金属的韧性、塑性及强度。

(2) 低合金高强度钢焊丝选用时,应综合考虑焊缝金属的冲击韧度、塑性及焊接接头的抗裂性。

(3) 低合金低温钢焊丝选用时,应严格控制含碳量,硫、磷含量尽量低。

(4) 耐热钢焊丝选用时,要保证焊缝金属具有抗裂性和高温工作性能,并应使焊缝的金属成分与母材相近。

(5) 不锈钢焊丝选用时，要保证与母材成分基本一致。焊接超低碳不锈钢时应采用相应的超低碳焊丝。

4. 常用埋弧焊丝牌号

(1) 低碳钢埋弧焊丝：H08A、H08E、H08MnA、H10MnA、H08MnSi、H10Mn2。

(2) 正火低合金高强钢埋弧焊丝：H08A、H08MnA、H10Mn2、H10MnSi、H08MnMoA、H08Mn2MoA、H08MnMoVA、H08Mn2NiMo、H10Mo2。

(3) 低合金低温钢埋弧焊丝：H10MnNiMoA、H06MnNiMoA、H10Mn2Ni2MoA、H08Mn2Ni2A、H05Ni3A、Ni67Cr16Mn3Ti、Ni58Cr22Mo9W。

(4) 耐候钢及耐海水腐蚀钢埋弧焊丝：H08MnA、H10Mn2。

(5) 低合金耐热钢埋弧焊丝：H08CrMoA、H10CrMoA、H13CrMoA、H08CrMoV、H08Cr3MoMnA、H13Cr2Mo1A、H08Cr2MoWVNbB、H08Mn2MoA、H08Mn2NiMo。

(6) 奥氏体耐热钢埋弧焊丝：H0Cr19Ni9、H0Cr21Ni10、H1Cr19Ni10Nb、H0Cr21Ni10Ti、H0Cr19Ni10Nb、H0Cr19Ni11Mo3、H1Cr25Ni13、H1Cr25Ni20、H0Cr25Ni13Mo3。

(7) 奥氏体不锈钢埋弧焊丝：H00Cr21Ni10、H0Cr21Ni10、H0Cr20Ni10Ti、H0Cr20Ni10Nb、H00Cr19Ni12Mo2、H00Cr18Ni14Mo2、H0Cr19Ni12Mo2Cu2。

(8) 铁素体不锈钢埋弧焊丝：H1Cr17、H0Cr21Ni10、H1Cr24Ni13、H0Cr26Ni21、H1Cr26Ni21。

三、埋弧焊剂

焊接时，对熔化金属起保护并进行复杂的冶金反应的颗粒状物质叫焊剂。它是埋弧焊不可缺少的一种焊接材料。

1. 焊剂的分类

(1) 按生产方法分类

1) 熔炼焊剂。把各种原料按配方在炉中熔炼后进行粒化得到的焊剂称为熔炼焊剂。由于熔炼焊剂制造中要熔化原料，所以焊剂中不能加碳酸盐、脱氧剂和合金剂，而且制造高碱度焊剂也很困难。熔炼焊剂根据颗粒结构的不同，又分为玻璃状焊剂、结晶状焊剂和浮石状焊剂等。玻璃状焊剂和结晶状焊剂的结构较致密，浮石状焊剂的结构比较疏松。

2) 非熔炼焊剂。把各种粉料按配方混合后加入黏结剂，制成一定尺寸的小颗粒，经烘焙或烧结后得到的焊剂，称为非熔炼焊剂。非熔炼焊剂可分为：

①黏结焊剂。通常以水玻璃作为黏结剂，经 400～500℃低温烘焙或烧结得到的焊剂。

②烧结焊剂。要在较高的温度（600～1 000℃）烧结，经高温烧结后，焊剂的颗粒强度明显提高，吸潮性大大降低，烧结焊剂的碱度可以在较大范围内调节而仍能保持良好的工艺性能，可以根据需要过渡合金元素。

(2) 按渣系分类。可按焊剂所属的渣系分为 MnO—SiO_2 系 [w（MnO＋SiO_2）>

50%］、CaO—SiO$_2$ 系［w（CaO＋MgO＋SiO$_2$）＞60%］、Al$_2$O$_3$—CaO—MgO 系［w（Al$_2$O$_3$＋CaO＋MgO）＞45%］和 CaO—MnO—CaF$_2$—SiO$_2$ 系等。

2. 焊剂的型号和牌号

（1）焊剂型号的编制方法

1）碳钢埋弧焊剂。按《埋弧焊用碳钢焊丝和焊剂》（GB/T 5293—1999）的规定，碳钢焊剂型号分类根据焊剂—焊丝组合的熔敷金属力学性能、热处理状态进行划分。其型号表示为：F×$_1$×$_2$×$_3$－H×××，其中：

①字母 F 表示焊剂。

②数字×$_1$ 表示焊剂—焊丝组合的熔敷金属抗拉强度级别。

③字母×$_2$ 表示测试熔敷金属力学性能时的试样状态，其中，"A"表示焊态，"P"表示焊后热处理状态。

④数字×$_3$ 表示熔敷金属冲击吸收功不小于 27 J 时的最低试验温度。

⑤H××× 表示焊丝牌号，表示方法及化学成分按《熔化焊用钢丝》（GB/T 14957—1994）。

⑥示例。

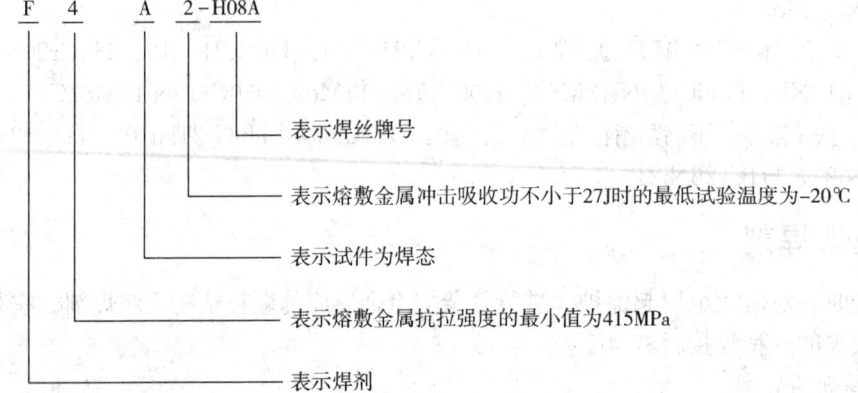

2）低合金钢埋弧焊剂。根据焊缝金属力学性能和焊剂渣系划分。按《埋弧焊用低合金钢焊丝和焊剂》（GB/T 12470—2003）的规定，型号表示为：F×$_1$×$_2$×$_3$×$_4$－H×××，其中：

①"F"表示焊剂。

②数字×$_1$ 表示熔敷金属拉伸力学性能代号，分为 5、6、7、8、9、10 六类，每类均规定了抗拉强度、屈服强度及伸长率三项指标。

③试样状态代号×$_2$ 用"0"或"1"表示焊后热处理状态。

④熔敷金属冲击吸收功代号×$_3$ 分为 0、1、2、3、4、5、6、8、10 九级。

⑤×$_4$ 为焊剂渣系代号的分类。

⑥H××× 表示焊丝牌号。按 GB/T 14957—1994 规定。

⑦示例。

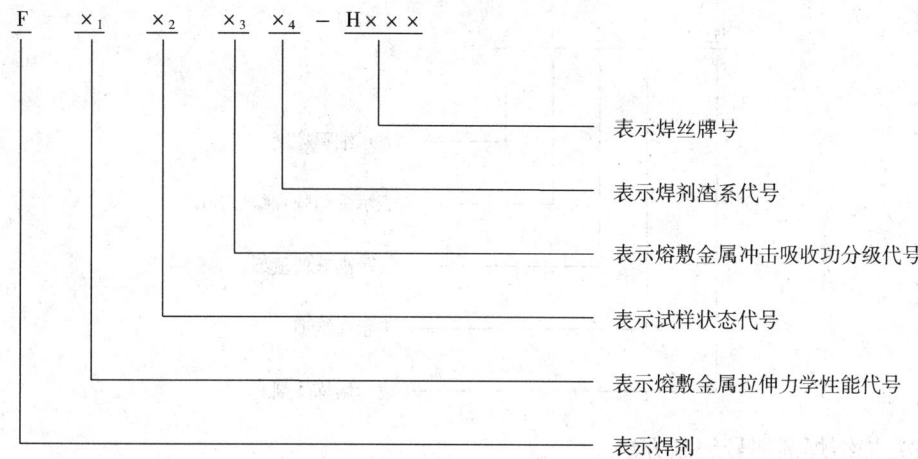

3）不锈钢埋弧焊剂。焊剂型号按"焊剂—焊丝"组合的形式编制。型号分类根据熔敷金属化学成分和力学性能进行划分。按《埋弧焊用不锈钢焊丝和焊剂》（GB/T 17854—1999）的规定，型号表示为：F××××－H×××，其中：

①字母"F"表示焊剂。

②字母"F"后的符号"×××"为三位数字，表示熔敷金属种类代号。

③如有特殊要求的化学成分，该化学成分用元素符号表示，放在数字后面。"L"表示熔敷金属中的含碳量较低。

④符号"－"后的 H××× 表示焊丝牌号。按《焊接用不锈钢丝》（YB/T 5092—2005）的规定。

⑤示例。

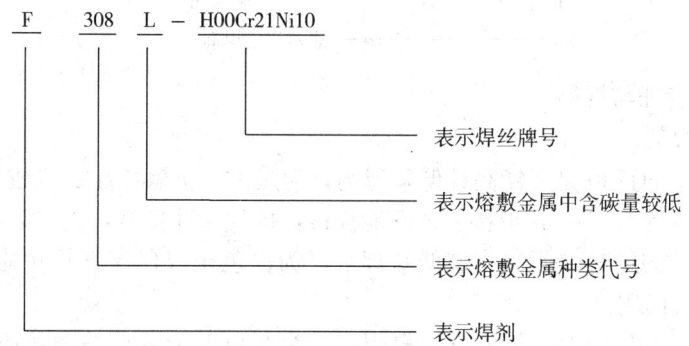

（2）焊剂牌号的编制方法

1）熔炼焊剂牌号编制方法

①牌号最前字母"HJ"表示熔炼焊剂。

②字母后第一位数字，表示焊剂中氧化锰的平均含量。

③第二位数字表示焊剂中二氧化硅和氟化钙的平均含量。

④第三位数字表示同一类焊剂的不同编号，按 0～9 顺序编号。

⑤牌号后加"细"或"X"表示细颗粒焊剂。

⑥示例。

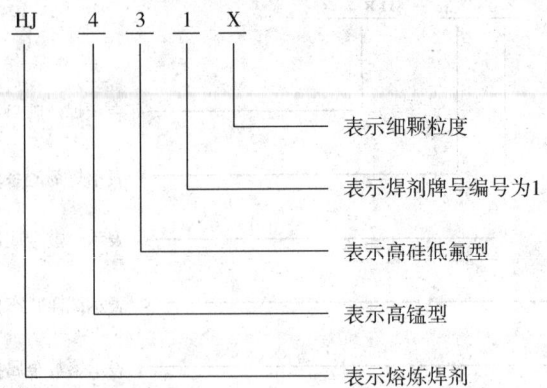

2) 烧结焊剂牌号编制方法

①牌号最前字母"SJ"表示烧结焊剂。

②字母后第一位数字表示焊剂的渣系类型。

③第二、三位数字表示同一渣系类型焊剂中的不同编号,按 01～09 顺序编号。

④示例。

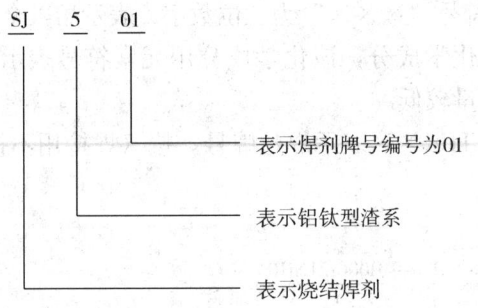

3. 焊剂的特征与性能

(1) 熔炼焊剂

1) HJ130。HJ130 是无锰高硅低氟焊剂,为黑色至灰黑色浮石状或半浮石状颗粒。由于含有一定数量的 TiO_2,焊接工艺性能优良,抗气孔性良好,抗热裂纹能力强。

2) HJ131。HJ131 是无锰高硅低氟焊剂,为白色至灰色浮石状颗粒,焊接工艺性能良好,交直流两用。

3) HJ150。HJ150 是无锰中硅中氟焊剂,为灰色至天蓝色玻璃状或白色浮石状颗粒,焊接工艺性能良好,脱渣容易。

4) HJ151。HJ151 是无锰中硅中氟焊剂,为蓝色至深灰色浮石状颗粒。焊丝或焊带接正极,焊接工艺性能良好,脱渣容易。焊接奥氏体不锈钢时,具有增碳少和铬烧损少等优点。

5) HJ172。HJ172 是无锰低硅高氟焊剂,为白色至浅灰色半透明玉石状颗粒,适应直流反接。焊接工艺性能良好,焊接含铌或钛的铬镍不锈钢时不粘渣。

6) HJ211。HJ211 是低锰中硅含钛硼焊剂,为灰黑色颗粒。适应交直流电源,直流时焊丝接正极,焊接工艺性能良好,脱渣容易。

7) HJ230。HJ230 是低锰高硅低氟焊剂，为青灰色玻璃状颗粒，交直流电源两用，直流时焊丝接正极，焊接工艺性能良好，焊缝成形美观。

8) HJ250。HJ250 是低锰中硅中氟焊剂，为浅黄色至浅绿色玉石状颗粒，由于焊剂的活度较小，焊缝含氧量较低，低温冲击韧度较高，但是焊缝含氢量较高，对冷裂纹敏感性较大，施焊时应采取直流反接及相应的预热措施。

9) HJ251。HJ251 是低锰中硅中氟焊剂，为浅黄色至浅绿色玉石状颗粒，但不含碱金属氧化物（R_2O）。MnO 的含量稍高。施焊时采用直流反接，焊接工艺性能良好。

10) HJ330。HJ330 是中锰高硅低氟焊剂，为棕红色玻璃状颗粒，交直流电源两用，电弧稳定性好，脱渣容易，焊接工艺性能良好。

11) HJ360。HJ360 是中锰高硅中氟焊剂，为棕红色至浅黄色的玻璃状颗粒。交直流电源两用，并有一定的脱硫能力。

12) HJ380。HJ380 是中锰中硅高氟焊剂，为棕红色至浅绿色玻璃状颗粒。直流反接，焊接工艺性能良好，脱渣容易。扩散氢含量低，焊缝金属具有良好的抗裂性能。

13) HJ433。HJ433 是高锰高硅低氟焊剂，为棕色至浅褐色的玻璃状颗粒。交直流电源两用，电弧稳定性好，能自动脱渣，有利于多层连续焊接。

14) HJ434。HJ434 是高锰高硅低氟焊剂，为棕色至褐绿色颗粒。交直流电源两用，焊接工艺性能良好，脱渣容易，耐锈能力较强。

(2) 烧结焊剂

1) SJ101。SJ101 是氟碱型烧结焊剂，电弧燃烧稳定，脱渣容易，焊缝成形美观。所焊焊缝金属具有较高的低温冲击韧度。焊剂具有较好的抗吸潮性。使用前须经 300～350℃烘干 2 h。

2) SJ103。SJ103 是高碱度烧结焊剂，为本色无杂质椭圆形颗粒。直流反接，电弧稳定，高温脱渣容易。

3) SJ104。SJ104 是高碱度烧结焊剂，为灰红色无杂质椭圆形颗粒。直流反接，电弧稳定，脱渣容易。

4) SJ105。SJ105 是氟碱型烧结焊剂，呈棕色圆形颗粒。适用于直流反接，电弧燃烧稳定，脱渣容易，焊缝成形美观。焊剂的抗潮性良好，焊缝金属具有良好的抗裂性能。

5) SJ201。SJ201 是铝碱型烧结焊剂，为深灰色球形颗粒。直流反接，最大焊接电流为 700 A，电弧稳定，成形美观，具有优良的脱渣性，焊缝金属具有较高的冲击韧度。

6) SJ302。SJ302 是硅钙型中性焊剂，为黑色球形颗粒。可交直流两用，直流反接。该焊剂适用于环缝和角焊缝的焊接，也可用于高速焊，抗气孔性能好，焊接工艺性能好。

7) SJ401。SJ401 是硅锰型烧结焊剂，为灰褐色至黑色圆形颗粒。可交直流两用，直流焊接时，采用反接。焊接工艺性能良好，具有较高的抗气孔性能。

8) SJ502。SJ502 是铝钛型烧结焊剂，是一种酸性焊剂，为灰褐色球形颗粒。可交直流两用，直流反接。焊接工艺性能良好，电弧稳定，脱渣容易，成形美观。使用前须经300℃烘干1 h。

9）SJ503。SJ503是铝钛型弱酸性焊剂，为球形颗粒。交直流两用。焊接工艺性能良好，电弧稳定，抗气孔性能强，对少量铁锈、氧化皮不敏感，抗潮性好，脱渣性好。

10）SJ601。SJ601是不锈钢和耐热钢专用碱性烧结焊剂。直流反接，焊接工艺性能良好。坡口内脱渣容易，耐晶间腐蚀性能好，焊缝成形美观。

11）SJ606。SJ606是超低碳不锈钢带极埋弧堆焊用烧结焊剂，为灰白色颗粒。电弧稳定，渣壳可自动脱落，焊缝成形美观。堆焊金属具有抗晶间腐蚀性能和抗脆化性能。

12）SJ608。SJ608是奥氏体不锈钢专用碱性烧结焊剂，为淡绿色圆形颗粒。交直流两用，直流反接，电弧稳定，脱渣容易，焊缝成形美观。堆焊金属具有良好的抗晶间腐蚀性能和低温冲击韧度。

13）SJ701。SJ701是钛碱型烧结焊剂。可交直流两用。焊接含钛不锈钢时，具有较强的抗气孔能力，钛元素烧损少，脱渣性好。

四、埋弧焊剂与焊丝的组合方法

1. 低碳钢埋弧焊剂与焊丝的组合

无论是单道焊还是多道焊，都应考虑焊丝向熔敷金属中过渡的锰和硅对熔敷金属力学性能的影响。为了防止产生焊道中心裂纹，必须保证熔敷金属中最低的锰含量。低碳钢埋弧焊剂与焊丝的组合见表1—8。

表1—8　　　　　　　低碳钢埋弧焊剂与焊丝的组合

母材牌号	焊丝与焊剂组合		主要用途
	焊丝牌号	焊剂牌号	
Q235	H08A、H08E	HJ430、SJ401 HJ431、SJ402 SJ403	用于中薄板及机车车辆、矿山机械等金属结构的焊接。焊接工艺性能良好
Q255			
15			
20			
15、20	H08A、H08MnA	HJ431、SJ301	用于制造锅炉、船舶、压力容器及管道等。焊接工艺性能良好。HJ431为通用熔炼焊剂
25、30	H08MnA、H10Mn2	HJ430、SJ302	
20g	H08MnA、H10Mn2、H08MnSi	HJ330、SJ501 SJ502	
20R	H08MnA	SJ503	

2. 低合金高强钢埋弧焊剂与焊丝的组合

焊接热轧钢或正火钢，按等强度原则选用的焊剂与焊丝应保证焊接接头的强度，并综合考虑韧性、塑性及焊接接头的抗裂性。一般需要采用低氢焊接工艺。低合金高强钢埋弧焊剂与焊丝的组合见表1—9。

表1—9　　　　　　　低合金高强钢埋弧焊剂与焊丝的组合

母材牌号	焊丝与焊剂组合		主要用途
	焊丝牌号	焊剂牌号	
Q295：09Mn2 09Mn2Si 09MnV	H08A H08MnA	HJ430 SJ301 HJ431	用于制造锅炉、船舶、压力容器及管道等。焊接工艺性能良好
Q345：16Mn 16MnR 16Mng 16MnCu 14MnNb	H08A H08MnA H10Mn2 H08MnMoA	HJ350 SJ301 HJ430 SJ501 HJ431 SJ502	HJ350焊剂焊接工艺性能良好，配合焊丝H10Mn2等，可焊接低合金钢及中合金钢重要结构。SJ502焊剂焊接工艺性能良好，配合焊丝H08A可焊接重要的低碳钢及某些低合金钢，如压力容器、锅炉等
Q390：15MnV 15MnVR 15MnVCu 16MnNb	H08MnMoA H10Mn2 H10MnSi H08MnA	HJ250 SJ101 HJ350 HJ430 HJ431	SJ101焊剂配合焊丝H08MnMoA、H10Mn2等可焊接强度较高的船体结构钢、压力容器用钢等
Q420：15MnVN 15MnVNR 15MnVNCu 14MnVTiRE	H10Mn2 H08MnMoA H08Mn2MoA	HJ250 SJ101 HJ252 HJ350 HJ431	可焊接普通结构钢及较高强度的船体结构钢、压力容器用钢和细晶粒结构钢等
Q460：14MnMoV 14MnMoVR 14MnMoVCu 18MnMoNb	H08Mn2MoA H08Mn2MoVA H08Mn2NiMo H08MnMoA	HJ250 SJ101 HJ252 SJ102 HJ350	可焊接14MnMoV、18MnMoNb等低合金高强度钢，用于石油化工设备、压力容器等
14MnMoVN	H08Mn2MoA H08Mn2NiMoA	HJ350 HJ250	可焊接低合金高强钢、中合金钢重要结构等。用于船舶焊接等
14MnMoNbB	H08Mn2MoA	HJ350	

3. 低合金低温钢埋弧焊剂与焊丝的组合

低温钢应选用碱性焊剂，焊丝应严格控制其含碳量，硫、磷含量应尽量低。常选用烧结焊剂配合锰—钼或含镍焊丝（如采用碳—锰焊丝），应配合熔炼焊剂，通过焊剂向焊缝过渡微量钛、硼合金元素，以保证焊缝金属的低温韧性。低合金低温钢埋弧焊剂与焊丝的组合见表1—10。

表1—10　　　　　　　低合金低温钢埋弧焊剂与焊丝的组合

母材牌号	焊丝与焊剂组合		主要用途
	焊丝牌号	焊剂牌号	
16MnDR	H10MnNiMoA H06MnNiMoA	SJ101 SJ603	用于工作温度-40℃
DG50	H10Mn2Ni2MoA	SJ603	工作温度-46℃，用于低温高强钢

续表

母材牌号	焊丝与焊剂组合		主要用途
	焊丝牌号	焊剂牌号	
09MnTiCuREDR	H08MnA H08Mn2	SJ102 SJ603	用于工作温度−60℃
09Mn2VDR 2.5Ni 钢	H08Mn2Ni2A	SJ603	用于工作温度−70℃
3.5Ni 钢	H05Ni3A	SJ603	用于工作温度−90℃

4. 低合金耐热钢埋弧焊剂与焊丝的组合

选择焊剂与焊丝的组合时，应保证焊缝金属的合金成分、力学性能与母材基本一致或达到需要的性能。焊接材料的含碳量应控制在略低于母材的含碳量，以提高焊缝金属的抗热裂性能。当焊件需要调质处理或回火处理时，则要求填充金属的含碳量与母材一致，以保证热处理后焊缝满足强度和耐氧化、耐腐蚀性能的要求。低合金耐热钢埋弧焊剂与焊丝的组合见表1—11。

表1—11　　　　　　低合金耐热钢埋弧焊剂与焊丝的组合

母材牌号	焊丝与焊剂组合		主要用途
	焊丝牌号	焊剂牌号	
15Mo	H08MnMoA	HJ350	0.5Mo 钢用于工作温度 300～500℃
12CrMo	H08CrMoA H10CrMoA	HJ350 SJ103	0.5Cr−0.5Mo 钢用于工作温度 350～540℃
15CrMo 20CrMo	H10CrMoA H13CrMoA	HJ350 SJ103	1Cr−0.5Mo、1.25Cr−0.5Mo 钢用于工作温度 340～550℃
12Cr1MoV	H08CrMoV	HJ250 SJ103 HJ350	1Cr−0.5MoV 钢用于工作温度 400～570℃
A387D	A13Cr2Mo1A	HJ350 SJ104	2.25Cr−1Mo 钢用于工作温度 400～570℃
12Cr2MoWVTiB	H08Cr2MoWVNbB	HJ250	2Cr−MoWVTiB 钢用于工作温度 600～650℃
14MnMoV 18MnMoNb	H08Mn2MoA	HJ350 SJ101 SJ603	14MnMoV 工作温度 ≤475℃，18MnMoNb 工作温度≤500℃

5. 不锈钢埋弧焊剂与焊丝的组合

（1）奥氏体不锈钢埋弧焊。奥氏体不锈钢埋弧焊常用于中厚板的焊接。由于熔深大，应防止焊缝中心区热裂纹的产生和热影响区耐腐蚀性的降低。焊接时应选用细焊丝和较小的热输入。奥氏体不锈钢埋弧焊剂与焊丝的组合见表1—12。

表 1—12　　　　　　　奥氏体不锈钢埋弧焊剂与焊丝的组合

母材牌号	焊丝与焊剂组合		主要用途
	焊丝牌号	焊剂牌号	
00Cr18Ni10N	H00Cr21Ni10	HJ107 SJ601 HJ151 SJ608 HJ172 SJ701	用于核容器、石油化工设备、海水与废水处理设备、造纸机械等
0Cr18Ni9 1Cr18Ni9	H0Cr21Ni10		
0Cr18Ni9Ti 1Cr18Ni9Ti	H0Cr20Ni10Ti H0Cr20Ni10Nb		
1Cr18Ni12Mo2Ti	H0Cr19Ni12Mo2		
0Cr18Ni12Mo2Ti	H00Cr19Ni12Mo2		
0Cr17Ni14Mo2	H00Cr18Ni14Mo2		

（2）铁素体不锈钢埋弧焊。铁素体不锈钢埋弧焊时主要是晶间裂纹和脆性问题。由于在焊接热循环的作用下会引起热影响区晶粒长大和碳、氮化物在晶界的聚集，焊接区的塑性和韧性都较差，易产生裂纹，所以焊前要预热。在选择焊剂与焊丝的组合时，必须保证熔敷金属具有足够的铬、镍以补偿损失的合金元素。铁素体不锈钢埋弧焊剂与焊丝的组合见表 1—13。

表 1—13　　　　　　　铁素体不锈钢埋弧焊剂与焊丝的组合

母材牌号	焊丝与焊剂组合		主要用途
	焊丝牌号	焊剂牌号	
1Cr17 1Cr17Ti 1Cr17Mo	H1Cr17 H0Cr21Ni10 H1Cr24Ni13 H0Cr26Ni21	HJ151 SJ601 HJ172 SJ608 SJ701	主要用于石油化工设备等
1Cr25Ti 1Cr28	H0Cr26Ni21 H1Cr26Ni21 H1Cr24Ni13		

第二节　工件准备

→ 掌握常用接头及坡口形式
→ 掌握不同位置、厚度焊件的组对及定位焊方法
→ 掌握焊前预热参数和预热方法

一、焊接接头的形式

焊接接头的形式主要有对接、角接、T 形和搭接 4 种。

1. 对接接头

两焊件端面相对平行的接头,为对接接头。它是焊接结构中采用最多的一种形式。根据坡口形式的不同,可分为I形、V形、X形、U形、双U形等,如图1—1所示。

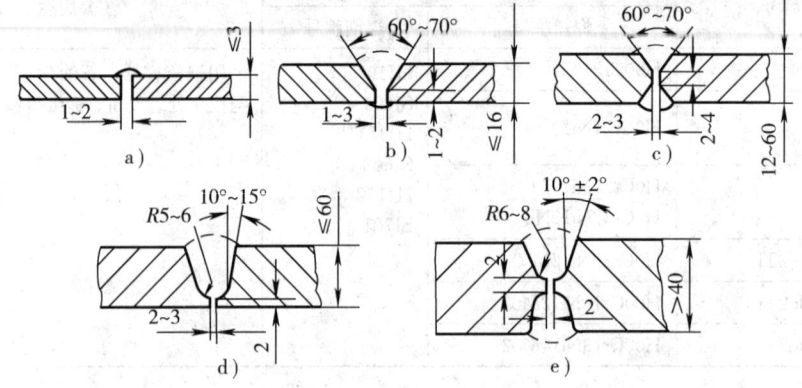

图1—1 对接接头坡口形式(单位:mm)
a)I形坡口 b)V形坡口 C)X形坡口 d)U形坡口 e)双U形坡口

2. 角接接头

两焊件端面间构成30°～135°夹角的接头,为角接接头。根据坡口形式的不同,分为不开坡口、单边V形、V形和K形4种形式,如图1—2所示。

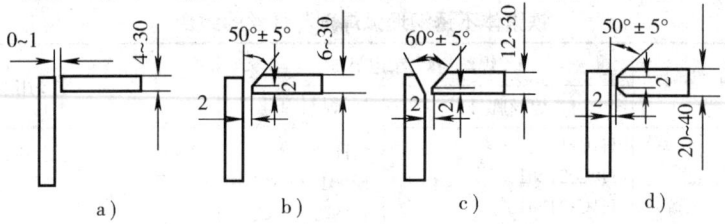

图1—2 角接接头坡口形式(单位:mm)
a)不开坡口 b)单边V形坡口 c)V形坡口 d)K形坡口

3. T形接头

一焊件端面与另一焊件表面构成直角或近似直角的接头,为T形接头。根据坡口形式的不同,分为I形、单边V形、K形和双U形4种形式,如图1—3所示。

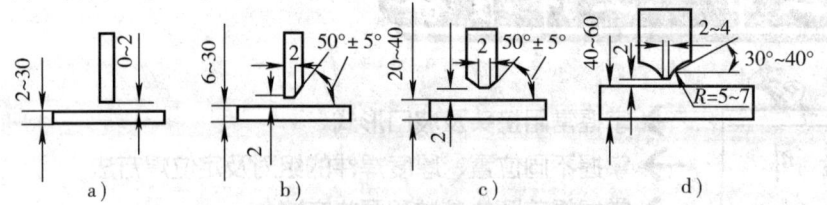

图1—3 T形接头坡口形式(单位:mm)
a)I形坡口 b)单边V形坡口 c)K形坡口 d)双U形坡口

4. 搭接接头

两焊件重叠构成的接头,为搭接接头。根据结构形式和对强度要求的不同,分为不开坡口、圆孔内塞焊和长孔内角焊3种形式,如图1—4所示。

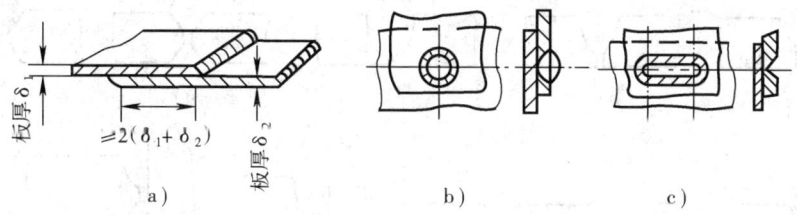

图1—4 搭接接头坡口形式
a) 不开坡口 b) 圆孔内塞焊坡口 c) 长孔内角焊坡口

二、坡口

1. 坡口作用

(1) 使热源（电弧或火焰）能深入焊缝根部，保证根部焊透。

(2) 便于操作和清理焊渣。

(3) 调整焊缝成形系数，获得较好的焊缝成形。

(4) 调节母材金属与填充金属的比例。

2. 常用坡口形式

熔焊接头的坡口根据其形状的不同，可分为基本型和组合型两类。

(1) 基本型坡口。基本型坡口是一种形状简单、加工容易、应用普遍的坡口。按照标准规定，主要有以下几种：I形坡口、V形坡口、单边V形坡口、U形坡口、J形坡口等，如图1—5所示。

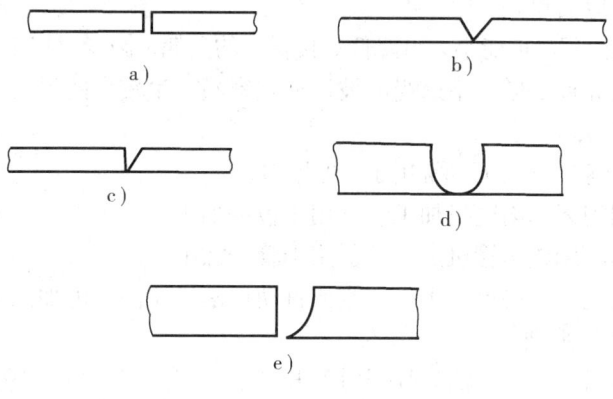

图1—5 基本型坡口
a) I形坡口 b) V形坡口 c) 单边V形坡口 d) U形坡口 e) J形坡口

(2) 组合型坡口。组合型坡口由两种或两种以上的基本型坡口组合而成。按照标准规定，主要有以下几种：Y形坡口、VY形坡口、带钝边U形坡口、双Y形坡口、双V形坡口、带钝边双U形坡口、UY形坡口、带钝边J形坡口、带钝边双J形坡口、双单边V形坡口、带钝边单边V形坡口、带钝边双单边V形坡口、带钝边J形单边V形坡口等，如图1—6所示。

3. 选择坡口的原则

坡口的选择主要取决于母材厚度、焊接方法和工艺要求。应考虑以下原则：

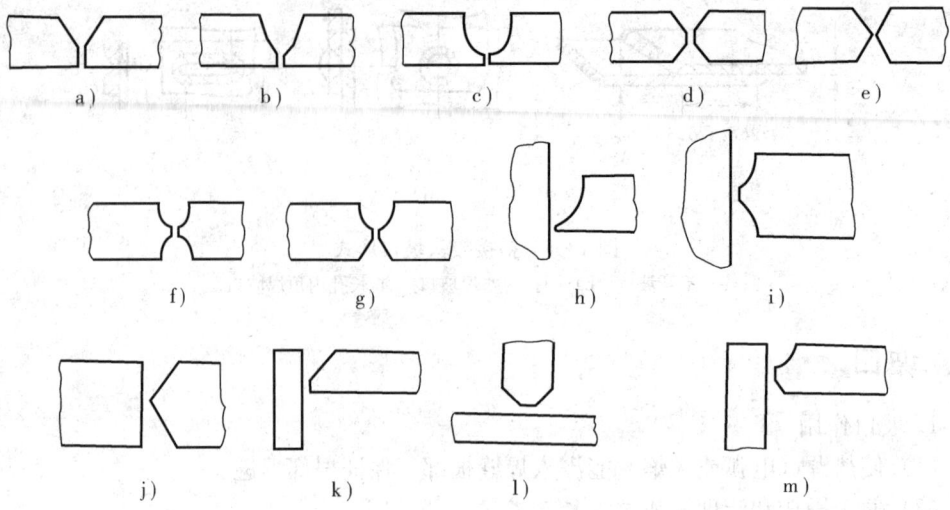

图 1—6 组合型坡口
a) Y形坡口 b) VY形坡口 c) 带钝边U形坡口 d) 双Y形坡口
e) 双V形坡口 f) 带钝边双U形坡口 g) UY形坡口 h) 带钝边J形坡口
i) 带钝边双J形坡口 j) 双单边V形坡口 k) 带钝边单边V形坡口
l) 带钝边双单边V形坡口 m) 带钝边J形单边V形坡口

(1) 保证焊接质量的要求是选择坡口的基本原则。
(2) 便于焊接操作和清理焊渣。
(3) 坡口加工应简单。
(4) 坡口的断面积尽可能小。可降低焊接材料的消耗，减少焊接工作量并节省能源。
(5) 便于控制焊接变形。不适当的坡口形式容易产生较大的焊接变形。

4. 坡口制备方法

(1) 剪边。用剪板机加工，常用于I形坡口。
(2) 刨边。用刨床或刨边机加工，常用于板件加工。
(3) 车削。用车床或车管机加工，适用于管子加工。
(4) 切割。用氧—乙炔火焰手工切割或自动切割机切割。可加工成I形坡口、V形坡口、X形坡口和K形坡口。
(5) 碳弧气刨。主要用于清理焊根时的开槽，生产效率较高，但劳动条件较差。
(6) 铲削和磨削。用手工、电动、风动工具铲削或使用砂轮机（角向磨光机）磨削加工，效率较低，多用于以上无法加工的部件。

三、焊接夹具

焊接夹具是将焊件准确定位并夹紧，用于定位焊和工件的焊接。

1. 对于夹具的要求

(1) 要有足够的强度和刚度。
(2) 便于装配和焊接作业的施焊。
(3) 能将装配好的焊件方便拆卸。

(4) 容易清理焊渣等脏物。

(5) 便于调节，必要时应具有反变形的功能。

2. 夹具的分类

夹具分为手动夹具、气动夹具、液压夹具、磁力夹具、真空夹具以及混合夹具。

四、不同位置焊件组对及定位焊

1. 板材的组对及定位焊

(1) 坡口及被焊部位正反两侧 20 mm 范围内，将油污、铁锈、氧化物等清理干净，使其呈现金属光泽。

(2) 工件应符合设计或焊接作业指导书要求。

(3) 工件组对时，严禁采用外力强制组对，以免增添附加应力。

(4) 预留一定的反变形或采取防止变形的措施。

(5) 可利用焊接夹具固定定位焊。

(6) 定位焊时，应按照正式焊接规范及工艺施焊。在坡口内引弧，且在焊缝坡口内两端进行定位焊，焊缝长度为 10～15 mm。使用焊条（焊丝）应与正式施焊相同，施焊电流与正式焊接电流相同。

(7) 工件组对后，不得有错边。

(8) 定位焊缝应尽可能焊出斜坡，以便正式焊接时接头。也可在组对后修磨出斜坡。

2. 管道的组对及定位焊

(1) 将被焊坡口及两侧内、外壁清理干净（油污、铁锈、氧化物等），直至发出金属光泽。

(2) 管件对口时坡口、钝边、间隙应符合设计或焊接作业指导书要求。

(3) 焊接材料应按作业指导书指定的型号、规格选用。与正式焊接相同。

(4) 可利用焊接夹具固定定位焊。

(5) 小径管（ϕ60 mm 以下）一般在坡口内点焊一点；中径管（ϕ60～133 mm）一般在坡口内点焊两点；大径管（ϕ159 mm 以上）一般点固三点或四点，还可根据管径增加点固数量。定位焊缝长为 10～15 mm，厚度为 2～3 mm。

(6) 定位焊缝是正式焊缝一部分，不得有超标缺欠，如存在缺欠应铲除重新焊接。

(7) 定位焊缝两端尽可能焊出斜坡，便于正式焊接时接头。也可在组对后修磨出斜坡。

(8) 组对后，检查试件同心度。如果不同心，可以对管道进行校直。校直后的定位焊缝如产生裂纹，须将定位焊缝磨去，重新组对。

3. 管板的组对及定位焊

(1) 将管板坡口及边缘 15～20 mm 范围内，管件焊接范围内 20～30 mm 处的油污、铁锈、氧化物等清理干净，使其见金属光泽。

(2) 管板对口状况应符合设计或按《焊接工艺规程》要求（坡口、钝边、间隙）。

(3) 焊接材料应按《焊接工艺规程》指定的型号、规格选用。与正式焊接相同。

(4) 可利用焊接夹具固定定位焊。

(5) 采用一点或两点定位焊,定位焊缝长度为 8~10 mm,厚度为 2~3 mm。

(6) 定位焊缝是正式焊缝一部分,单面焊双面成形定位焊缝不得有超标缺欠。如存在缺欠时应铲除重新焊接。

(7) 定位焊缝两端尽可能焊出斜坡,便于正式焊接时接头。也可在组对后修磨出斜坡。

(8) 组对后,检查钢管端部是否与管板背面平齐,如不平齐,可调整或重新焊接。定位焊缝如产生不准许缺欠,须将定位焊缝磨去,重新组焊。

五、不同厚度焊件组对及定位焊

1. 板材对接厚度不同

对于不同厚度的板材,当两板厚度差 $(\delta-\delta_1)$ 不超过表 1—14 的规定时,则接头的坡口基本形式和尺寸按厚板的尺寸来选择。否则,应对厚板做削薄。削薄根据板厚差选择单面或双面,其削薄长度 $L \geqslant 3(\delta-\delta_1)$,如图 1—7 所示。

表 1—14　　　　不同厚度钢板对接接头的两板允许厚度差　　　　mm

较薄板厚度 (δ_1)	$\geqslant 2 \sim 5$	$>5 \sim 9$	$>9 \sim 12$	>12
允许厚度差 ($\delta-\delta_1$)	1	2	3	4

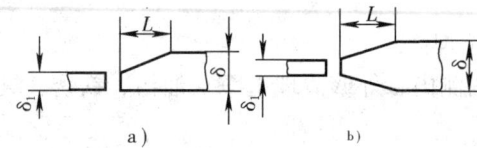

图 1—7　不同板厚的对接接头厚板的削薄

2. 管件对接壁厚不同

对于不同壁厚的管件对口时应做到内壁齐平。如壁厚不同时,壁厚的差值不应大于薄件厚度的 10% 加 1 mm,且不大于 4 mm,否则需要做成平滑的过渡斜坡。如图 1—8 所示。

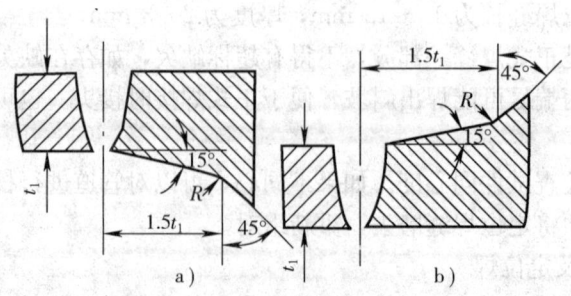

图 1—8　不同壁厚管件的对口形式
a) 内壁差　b) 外壁差
R—圆角半径

六、焊前预热

1. 预热的作用和目的

预热是焊接开始前对被焊工件的全部或局部进行适当加热的工艺措施。它可以降低焊接接头焊后的冷却速度。主要目的是改善金属材料的焊接性。它既能延长奥氏体转变温度范围内的冷却时间（$\Delta t_{800\sim500}$），降低淬硬倾向，又能延长焊接最高加热温度至100℃的冷却时间（Δt_{100}），有利于氢的逸出。预热还可以减少焊接应力及变形，有利于防止冷裂纹的产生。

对于刚度不大的低碳钢和强度级别较低的低合金高强钢一般结构，不必预热。而铬镍奥氏体不锈钢，预热会使热影响区在危险温度区的停留时间增加，会增大腐蚀倾向。因此，在焊接铬镍奥氏体不锈钢时，不进行预热。

2. 预热温度

焊接时是否需要预热及预热温度的选择，主要根据母材的化学成分、厚度、焊接接头的拘束程度和施焊环境温度及有关产品的技术标准等条件综合考虑。重要结构要经过裂纹试验确定不产生裂纹的最低预热温度。预热温度越高，防止裂纹产生的效果越好；但对有些钢材会使熔合区附近的金属晶粒粗化，降低焊接接头的质量等。常见钢材施焊前的预热温度见表1—15。

表1—15　　常见钢材施焊前的预热温度

钢种（钢号）	管材		板材	
	壁厚（mm）	预热温度（℃）	厚度（mm）	预热温度（℃）
含碳≤0.35%的碳素钢及铸件	≥26	100～200	≥34	100～150
C—Mn（16Mn）	≥15	150～200	≥30	100～150
Mn—V（15MnV）			≥28	
1/2Cr—1/2Mo（12CrMo）	—	—	≥15	100～200
1Cr—1/2Mo（ZG20CrMo、15CrMo）	≥10	150～250		
1—1/2Mn—1/2Mo—V（14MnMoV、18MnMoNbg）				
1Cr—1/2Mo—V（12Cr1MoV、ZG20CrMo）		200～300		
1—1/2Cr—1Mo—V（15Cr1Mo1V、ZG15Cr1Mo1V） 2Cr—1/2Mo—VW（12Cr2MoWV） 1—3/4Cr—1/2Mo—V 2—1/2Cr—1Mo（12Cr2Mo） 3Cr—1Mo—VTi（12Cr2MoVSiTiB）	≥6	250～350		
9Cr1Mo、9Cr—11Mo—V—Nb		200～300		200～300
12Cr—1Mo—V		300～400		200～300

3. 预热方法

预热方法主要有火焰（氧+乙炔、氧+液化石油气、氧+煤气等）加热法、工频感应加热法和远红外线加热法等。预热宽度一般在坡口每侧 75~100 mm 范围内保持均匀加热。对于厚度大的焊件，加热宽度适当加大。

（1）火焰加热法。火焰加热法主要用于其他加热器难以放置的地方，是较早采用的一种加热方法。虽然热量损失大，控制温度难度大，但不需要专门设备，对于某些数量少、焊缝分散的焊接接头经常采用。

（2）工频感应加热法。工频感应加热法是将焊件放在感应线圈里，在交变磁场中产生感应电热。当加热温度未超过居里点时，靠涡流及磁滞的作用使钢管发热。产生的热量与交变磁场的频率有关，频率越高，涡流及磁滞越大，加热越强。

工频感应加热设备简单，尽管效率低，耗电量大，温度超过居里点以后升温困难，还有剩磁等缺点，仍多为采用。

（3）远红外线加热法。远红外线加热法是近几年迅速发展起来的。加热原理是通过远红外线发热元件把能量转换为波长 2~20 μm 的远红外线辐射到焊件上（焊件表面吸收远红外线后发热），再把热量向其他方向传导。这种加热方法适用于各种尺寸、形状的焊接接头，效果仅次于感应加热。

远红外线加热耗电少，热效率高，设备比较耐用，容易实现自动化。

第三节 焊接设备

→ 掌握埋弧焊机分类、组成及工作原理
→ 掌握电阻焊机分类、组成及工作原理

一、自动埋弧焊设备

1. 埋弧焊机分类

埋弧焊机分为自动埋弧焊机和手工埋弧焊机两种。手工埋弧焊机的电弧移动是由焊工来操作，由于劳动强度大，目前在我国已基本被淘汰。自动埋弧焊机按照使用电源、用途、电极数目、电极形状、送丝方式及行走方式的不同进行分类，见表1—16。

表 1—16　　　　　　　　　　自动埋弧焊机分类

按电源分	按用途分	按电极数目分	按电极形状分	按送丝方式分	按行走方式分
交流	通用型	单丝	丝极	等速送丝	小车式
直流	专用型	多丝	带极	变速送丝	门架式
					悬臂式

（1）按电源种类分为交流（弧焊变压器）、直流（弧焊发电机或弧焊整流器）和交流直流两用。电源的选择要根据使用条件（如焊接电流的范围、焊接速度、焊剂类型以及丝极的数目）来选择。一般直流电源用于焊剂稳弧性较差，对焊接工艺参数稳

定性有较高要求的焊缝。而交流电源多用于大电流埋弧焊和采用直流焊时磁偏吹严重的场合。

(2) 按用途分为通用和专用两种。通用焊机广泛用于各种结构的对接、角接、环缝和纵缝的焊接。而专用焊机则适用于特定的焊缝和构件，如埋弧堆焊机、T形梁焊机、埋弧自动角焊机等。

(3) 按电极数目和形状分为单丝、多丝及带状电极焊机。焊接应用最多的是单丝焊机。为了提高生产率，多丝埋弧焊机目前也得到越来越多的应用，而使用最多的是双丝或三丝。带状电极埋弧焊机主要用于大面积堆焊。

(4) 按送丝方式分为等速送丝和变速送丝两种。前者适用于细丝高电流密度条件下的焊接，后者适用于粗丝低电流密度条件下的焊接。

(5) 按行走方式分为小车式、门架式、悬臂式三类。通用埋弧焊机多采用小车式，适用于平板对接、角接及筒体内外纵缝和环缝的焊接；门架式行走机构适用于大型结构的平板对接、角接；悬臂式适用于大型工字梁、化工容器、锅炉炉筒等圆筒，以及圆球形结构上的纵缝和环缝的焊接。

2. 常用埋弧焊机组成

埋弧焊机主要由电源、机械系统、控制系统三部分组成。

(1) 电源。有直流电源和交流电源。直流电源包括可控硅弧焊整流器、晶闸管弧焊整流器、电动机驱动式弧焊机和内燃机驱动式弧焊机，可提供平特性、缓降特性、陡降特性、垂降特性的输出。交流电源通常是弧焊变压器类型，一般提供陡降特性的输出。通常是高负载持续率、大电流的焊接过程。

常用埋弧焊直流电源有 ZXG－1000R、ZXG－1250R、ZDG－1000R 等，分别通过饱和电抗器、磁放大器、晶闸管等元件对励磁电流进行调节，以改变其外特性。埋弧焊交流电源有 BX2－1000 型，是一种同体式弧焊变压器，用异步电动机调节电抗器的空气间隙来改变外特性。

(2) 机械系统。埋弧焊机的机械系统由以下几部分组成。

1) 送丝机构。包括送丝传动系统（由电动机和减速器组成）、送丝滚轮和矫直滚轮等。

2) 导电嘴。由耐磨铜合金制成，它有三种结构方式，即滚动式、夹瓦式和管式。

3) 行走小车。包括行走架、行走轮、行走传动机构和离合器等。

4) 机头调节机构。为了使焊机能够适应各类焊缝的焊接，并使焊丝对准焊缝，送丝机头应有足够的调节自由度。对小车式焊机，移动调节一般由螺纹传动副手工调节，并可在焊接过程中连续进行；转动角度调节，调好后用螺钉夹紧固定，焊接过程中一般不宜调节。对于大车悬臂式焊机，采用电动机通过链传动或齿条传动进行移动调节和转动调节。

5) 焊剂回收器。小车式埋弧焊机采用手工回收焊剂，而不采用焊剂回收器；大车式埋弧焊机通常装有焊剂回收器，其结构有电动吸入式、气动吸入式、吸压式和局部真空吸入式等多种。

埋弧焊机的机械系统是焊接小车，以 MZ－1000 型埋弧自动焊机为例，如图 1—9 所示。

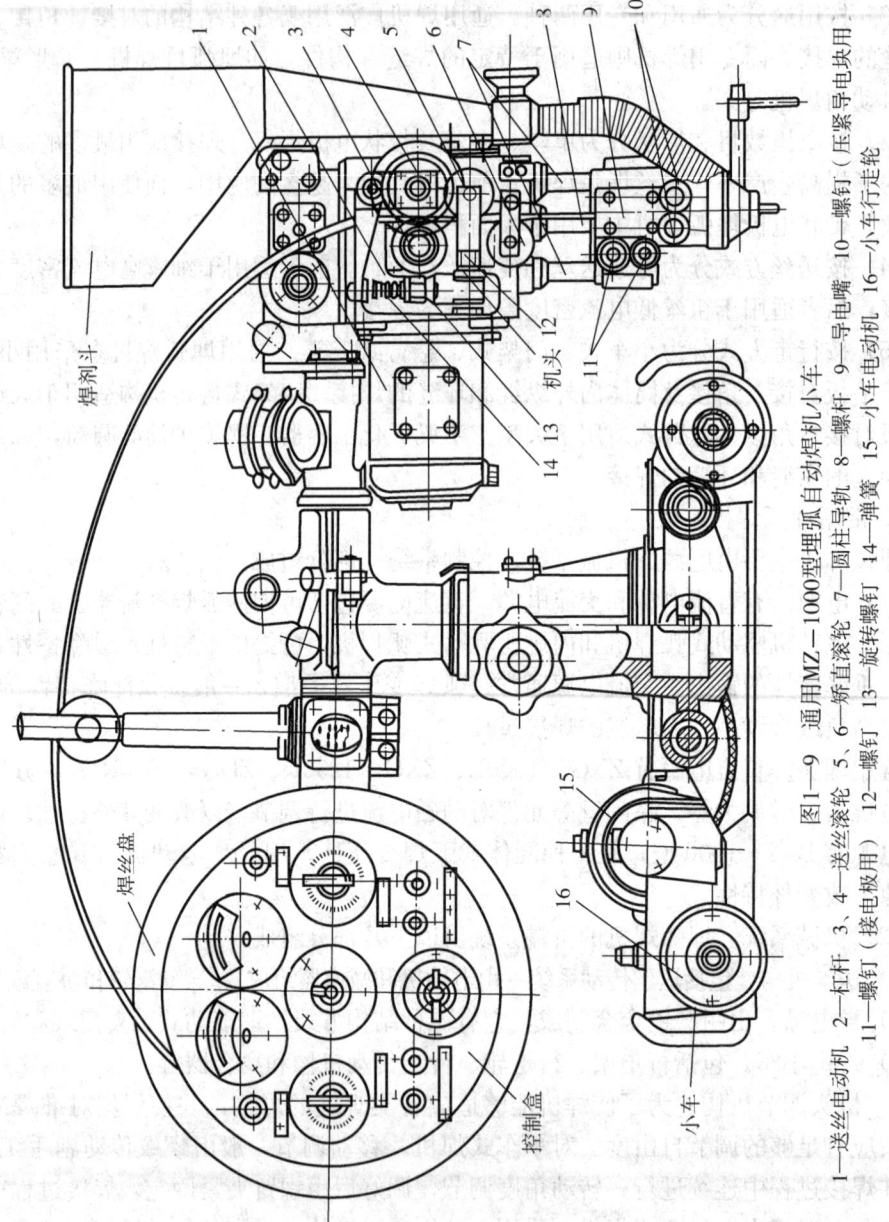

图1—9 通用MZ—1000型埋弧自动焊机小车
1—送丝电动机 2—杠杆 3、4—送丝滚轮 5、6—矫直滚轮 7—圆柱导轨 8—螺杆 9—导电嘴 10—螺钉（压紧导电块用）11—螺钉（接电极用）12—螺钉 13—旋转螺钉 14—弹簧 15—小车电动机 16—小车行走轮

（3）控制系统。小车式埋弧焊机的控制系统包括电源外特性控制、运丝控制、小车拖动控制和引弧、熄弧程序的自动控制；大车式埋弧焊机的控制系统还包括横臂升降和收缩、立柱回转及焊剂回收等控制项目。

3．常用埋弧焊机型号及主要技术参数

国产埋弧焊机主要技术数据见表1—17。

表1—17　　　　　　　　　国产埋弧焊机主要技术数据

型号 技术规格	MZA-1000	MZ-1000	MZ1-1000	MZ2-1500	MZ3-500	MZ6-2×500	MU-2×300	MU1-1000
送丝方式	变速送丝	变速送丝	等速送丝	等速送丝	等速送丝	等速送丝	等速送丝	变速送丝
焊机结构特点	埋弧、明弧两用焊车	焊车	焊车	悬挂式自动机头	电磁爬行小车	焊车	堆焊专用焊机	堆焊专用焊机
焊接电流（A）	200~1 200	400~1 200	200~1 000	400~1 500	180~600	200~600	160~300	400~1 000
焊丝直径（mm）	3~5	3~6	1.6~5	3~6	1.6~2	1.6~2	1.6~2	焊带宽30~80 厚0.5~1
送丝速度（cm/min）	50~600（弧压反馈控制）	50~200（弧压35 V）	87~672	47.5~375	180~700	250~1 000	160~540	25~100
焊接速度（cm/min）	3.5~130	25~117	26.7~210	22.5~187	16.7~108	13.3~100	32.5~58.3	12.5~58.3
焊接电流种类	直流	直流或交流	直流	直流或交流	直流或交流	交流	直流	直流
送丝速度调整方法	用电位器无级调速（通过改变晶闸管导通角来改变电动机转速）	用电位器调整直流电动机转速	调换齿轮	调换齿轮	用自耦变压器无级调节直流电动机转速	用自耦变压器无级调节直流电动机转速	调换齿轮	用电位器无级调节直流电动机转速

4．埋弧焊工作原理

埋弧焊是以电弧作为热源的机械化焊接方法。其工作原理是以焊丝（可为实心焊丝或药芯焊丝甚至焊带）与焊件间所产生的电弧热，使焊件局部熔化形成熔池，同时熔化焊丝（或焊带）端部形成熔滴，通过电弧弧柱进入熔池，电弧热同时熔化覆盖于焊缝表面的颗粒状焊剂，使之形成熔渣，全面保护焊接区域；焊丝及送丝机构自动且连续地送进，电弧不断沿坡口前进，从而形成焊缝。

埋弧焊施焊过程由4个部分来完成。

(1) 焊接电源接在导电嘴和工件之间来产生电弧。

(2) 焊丝由焊丝盘经送丝机构和导电嘴送入焊接区。

(3) 颗粒状焊剂由焊剂漏斗经软管均匀地堆敷到焊缝接口区。

(4) 焊丝及送丝机、焊剂漏斗和焊接控制盘等通常装在一台小车上，以实现焊接电弧的移动。

5. 埋弧焊的特点

(1) 埋弧焊的优点

1) 生产效率高。埋弧焊所用焊接电流大，相应电流密度也大，加上焊剂和熔渣保护，电弧的熔透能力和焊丝的熔敷速度都大大提高，以8~10 mm厚的钢板为例，单丝埋弧焊焊接速度可达30~50 m/h，若采用双丝或多丝焊，速度还可以提高1倍以上，而焊条电弧焊焊接速度则不超过6~8 m/h。同时由于埋弧焊热效率高，熔深大，单丝埋弧焊不开坡口一次熔深可达20 mm。

2) 焊接质量好。因为熔渣的保护，熔化金属不与空气接触，焊缝金属中含氮量降低，而熔池金属凝固较慢，液体金属和熔化焊剂间的冶金反应更充分，减少了焊缝中产生气孔、裂纹的可能性。焊接工艺参数通过自动调节保持稳定，焊工操作技术要求不高，焊缝成形好，焊接质量高。

3) 劳动条件好。埋弧焊弧光不外露，没有弧光辐射，机械化的焊接方法减轻了操作强度。

(2) 埋弧焊的缺点

1) 埋弧焊采用颗粒状焊剂进行保护，一般只适用于平焊和平角焊位置的焊接，其他位置焊接则需要采用特殊装置来保证焊剂对焊缝区的覆盖和防止熔池金属的流淌。

2) 焊接时不能直接观察电弧与坡口的相对位置，需要采用焊缝自动跟踪装置来保证焊缝不焊偏。

3) 埋弧焊使用电流比较大，电弧的电场强度较高，电流小于100 A时，电弧稳定性较差，因此，不适宜焊接厚度小于1 mm的薄件。

二、电阻焊设备

1. 电阻焊机分类

电阻焊设备是利用电阻加热原理进行焊接操作的一种设备。按焊接方法、电源性质及加压形式等可分为不同的种类。

(1) 按焊接方法分。有点焊机、缝焊机、凸焊机和对焊机。

(2) 按电源性质分。有单相工频电阻焊机、二次整流电阻焊机、三相低频电阻焊机、直流冲击波电阻焊机、变频电阻焊机、电容储能电阻焊机和逆变电阻焊机等。

(3) 按电极的加压形式分。有电动凸轮式、杠杆式、气压传动式、液压传动式以及气压—液压联合式等。

2. 电阻焊机组成

电阻焊机一般由电源装置、机械装置部分和程序控制部分组成。

(1) 电源装置。主要以阻焊变压器为主,包括电极及二次回路组成的焊接回路。

(2) 机械装置部分

1) 电极加压机构。它是点焊机、缝焊机、凸焊机中的主要机械组成部件,作用是以规定的压力和时间压紧零件,以规定的时间提起和放下电极。

2) 夹紧机构。紧固焊件,使焊件准确定位。传导焊接电流。

3) 送料顶锻机构。将工件连续或断续往复送进,并快速顶锻。

(3) 程序控制部分

1) 开关电路。提供信号;接通和切断焊接电流;控制焊机动作。

2) 程序控制器。按要求控制各组元件按预定的焊接循环进行工作。

3) 机械传动控制。调节夹具或可移动夹具的转动、滚动的速度。

3. 电阻焊机常用型号及技术数据

(1) 典型电阻点焊机的主要技术参数见表1—18。

表1—18　　　　　　典型电阻点焊机的主要技术参数

特性	焊机类型	型号	额定功率(kV·A)	负载持续率	二次空载电压(V)	电极臂长(mm)	可焊接板厚(mm)
工频	摇臂式点焊机	DN2—75	75	20%	3.16~6.24	500	钢2.5+2.5
		SO432—5A	31	50%	2.5~4.6	250~500	钢2.5+2.5
	直压式点焊机	SDN—16	16	50%	1.86~3.65	240	钢3+3
		DN—63	63	50%	3.22~6.67	600	钢4+4
		DN2—100	100	20%	3.65~7.30	500	钢4+4
		DN2—200	200	20%	4.42~8.85	500	钢6+6
	移动式点焊机	C130S—A2	150	50%	14~19	200	钢3+3
		KT—826	26	50%	4.7	170	钢1+1
次级整流	摇臂式点焊机	DZ—63	63	50%	3.65~7.31	500	钢3+3 铝1+1
	直压式点焊机	P260CC—10A	152	50%	4.52~9.04	1 000	钢6+6 铝3+3
低频	三相点焊机	P300DT1—A	247	50%	1.82~7.29	1 200	铝3.2+3.2
储能	储能点焊机	DR—100—1	100J	20%	充电电压430	120	不锈钢0.5+0.5

(2) 典型电阻缝焊机的主要技术参数见表1—19。

表 1—19　　　　　　　　典型电阻缝焊机的主要技术参数

特性	焊机类型	型号	额定功率(kV·A)	负载持续率	二次空载电压(V)	电极臂长(mm)	可焊接板厚(mm)
工频	横向缝焊机	FN1—150—1	150	50%	3.88~7.76	800	钢 2+2
		M272—6A	110	50%	4.75~6.35	670	钢 1.5+1.5
		M230—4A	290	50%	5.85~9.80	400	镀层钢板 1.5+1.5
		FN—100	100	50%	4.75~6.35	600	钢 1.5+1.5
	纵向缝焊机	FN1—150—2	150	50%	3.88~7.76	800	钢 2+2
		FN1—150—5	150	50%	4.80~9.58	1100	钢 1.5+1.5
整流	横向缝焊机	FZ—100	100	50%	3.52~7.04	610	钢 2+2
低频	通用缝焊机	M300ST1—A	350	50%	2.85~5.70	800	铝合金 2.5+2.5

(3) 典型电阻凸焊机的主要技术参数见表 1—20。

表 1—20　　　　　　　　典型电阻凸焊机的主要技术参数

特性	焊机类型	型号	额定功率(kV·A)	负载持续率	二次空载电压(V)	电极臂长(mm)	可焊接板厚(mm)
工频	凸焊机	TN—63	63	50%	3.22~6.67	250	—
		TN1—600	200	20%	4.42~8.85	500	—
整流		E2012T6—A	260	50%	2.75~7.60	400	—
储能		TR—3000	3 000 J	20%	充电电压 420	250	铝点焊 1.5+1.5

(4) 典型电阻对焊机的主要技术参数见表 1—21。

表 1—21　　　　　　　　典型电阻对焊机的主要技术参数

焊机类型	型号	额定功率(kV·A)	负载持续率	二次空载电压(V)	夹紧力(N)	顶锻力(N)	焊接截面积(mm²)
弹簧压力	UN—1	1	8%	0.5~1.5	80	40	1.1
	UN—3	3	15%	1~2	450	180	5.0
	UN—10	10	15%	1.6~3.2	900	350	50
人力杠杆	UNl—25	25	20%	1.76~3.52	偏心轮	—	300

4. 电阻焊工作原理

(1) 电阻点焊工作原理。电阻点焊是将两焊件装配成搭接接头或折边接头形式,将焊件压紧于两电极之间并通以电流,利用电流流经工件接触面而产生的电阻热加热到熔化状态形成焊点的方法。

电阻点焊的工作过程是预先加压,然后通电,在接触电阻和焊件内部电阻产生的电阻热及电极处的散热等作用下形成熔核；同时其周围形成塑性环，该塑性环是在压力和热的作用下产生，使待焊表面具有良好的塑性变形条件，从而使环状局部表面的原子接近到原子力作用范围内而形成焊点。

（2）电阻缝焊工作原理。电阻缝焊是利用滚轮作为电极代替点焊的圆柱形电极。将两滚轮压紧焊件与焊件做相对运动，通过电流产生熔核和塑性环面形成相互搭叠的密封焊缝。

缝焊又可分为连续缝焊、断续缝焊和步进缝焊。连续缝焊时，滚轮连续转动，电流不断通过工件。断续缝焊时，滚轮连续转动，电流断续通过工件。步进缝焊时，滚轮断续转动，电流在工件不动时通过工件。

（3）电阻凸焊工作原理。电阻凸焊是在焊件的贴合面上预先加工出一个或多个凸点，两焊件相接触后加压并通电加热，使凸点压塌后形成焊点的一种电阻焊方法。

（4）电阻对焊工作原理。电阻对焊是将两待焊焊件的端面接触并压紧。利用电阻热使接触部位加热至塑性状态，然后迅速施加顶锻压力（或不加顶锻压力保持初始压力）所完成的焊接方法。

单元测试题

一、单项选择题（下列每题的选项中，只有1个是正确的，请将其代号填在横线空白处）

1. 选用不锈钢焊条时，应遵守与母材_____的原则。
   A. 等强度　　　　B. 等冲击韧度　　　C. 等成分　　　　D. 等塑性
2. 焊接1Cr18Ni9Ti不锈钢的A137焊条，根据国家标准《不锈钢焊条》（GB/T 983—1995）的规定，新型号为_____。
   A. E308—15　　　B. E309—15　　　　C. E347—15　　　D. E410—15
3. _____焊剂是国内生产中应用最多的一种焊剂。
   A. 黏结焊剂　　　B. 烧结焊剂　　　　C. 熔炼焊剂
4. 水平固定管道组对时应特别注意间隙尺寸，应该是_____。
   A. 上大下小　　　B. 上小下大　　　　C. 左大右小　　　D. 左小右大
5. 不同厚度材料点焊时，一般规定工件厚度比不应超过_____。
   A. 1∶2　　　　　B. 1∶3　　　　　　C. 1∶4　　　　　D. 1∶5
6. 不锈钢焊条型号中数字后的字母"L"表示_____。
   A. 碳含量较低　　　　　　　　　　　B. 碳含量较高
   C. 硅含量较低　　　　　　　　　　　D. 硫、磷含量较低
7. 选用低合金高强度钢焊条的一般原则，其中不包括_____。
   A. 抗裂性　　　　B. 韧性　　　　　　C. 塑性　　　　　D. 抗氧化性
8. 选择坡口的原则，不应取决于_____。
   A. 母材厚度　　　B. 焊接方法　　　　C. 工艺要求　　　D. 钢的强度
9. 角接接头根据坡口形式的不同可分为4种，_____是正确的。

A. 单边 V 形   B. U 形   C. X 形   D. Y 形

10. 低合金耐热钢焊条选择原则，不正确的是_____。

A. 等性能   B. 接头组织的稳定性

C. 化学性能的均一性   D. 接头抗裂性

二、判断题（下列判断正确的打"√"，错误的打"×"）

1. 选用焊条时应考虑被焊工件的力学性能、化学成分、工件条件、施工条件、生产效率及经济性等因素。（　　）

2. 选用低合金焊条时，可根据母材的化学成分及力学性能来考虑。（　　）

3. 按生产方法的不同，可以把焊剂分成熔炼焊剂和烧结焊剂。（　　）

4. 板材的组对及定位焊时，严禁采用外力强制组对，以免增添附加应力。（　　）

5. 管道组对定位焊时，定位焊缝准许有气孔、夹渣、裂纹等缺陷。（　　）

6. 预热是焊前对被焊工件的全部或局部进行适当加热的工艺措施。（　　）

7. 预热的加热方法主要有火焰加热法、工频感应加热法和远红外线加热法等。（　　）

8. 埋弧焊机主要由电源、机械系统、控制系统三部分组成。（　　）

9. 常用的埋弧焊直流电源焊机有 ZXG－1000R、BX2－1000 型、ZDG－1000R 等。（　　）

10. 电阻焊机一般由电源装置、机械装置部分和程序控制部分组成。（　　）

单元测试题答案

一、单项选择题

1. C   2. C   3. C   4. A   5. B   6. A   7. D   8. D   9. A   10. C

二、判断题

1. √   2. ×   3. √   4. √   5. ×   6. √   7. √   8. √   9. ×   10. √

第 2 单元

焊接技术

- 第一节 焊接接头的质量控制/36
- 第二节 金属材料的焊接/50
- 第三节 焊条电弧焊/77
- 第四节 手工钨极氩弧焊/95
- 第五节 自动埋弧焊/109
- 第六节 熔化极气体保护电弧焊/119
- 第七节 电阻焊/134
- 第八节 等离子弧焊接与切割技术/147

第一节 焊接接头的质量控制

→ 了解熔池的结晶过程，熟知焊接接头中的各种金相组织
→ 控制有害气体及有害元素对接头组织的影响
→ 能够降低焊接残余应力，控制焊接残余变形

一、焊接接头的组织和性能

焊接接头是指用焊接方法连接的接头（简称接头）。焊接接头包括焊缝区、熔合区和热影响区。

1. 焊接接头的组成

（1）焊缝区。焊件经焊接后形成的结合部分。

（2）熔合区。焊缝与母材交接的过渡区，即熔合线处微观显示的母材半熔化区。

（3）热影响区。焊接过程中，母材因受热的作用而发生组织和力学性能变化的区域。

焊接接头是整个焊接结构中的关键部位，其性能可靠与否将直接影响整个焊接结构的制造质量和使用的安全性。接头中焊缝的性能取决于它的化学成分和组织。热影响区母材性能的变化取决于其组织的变化。而母材的组织变化又取决于焊接加热与冷却的过程。

2. 焊接热循环

焊接热循环是指在焊接热源作用下，焊件上某点的温度随时间变化的过程。如图 2—1 所示。施焊时，接头上某点被加热，温度急剧上升，达到最高温度后，开始降温，形成焊接热循环。

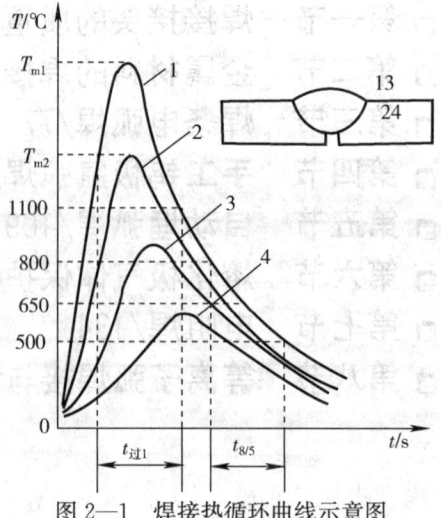

图 2—1 焊接热循环曲线示意图

(1) 焊接热循环的主要参数

1) 最高加热温度。焊件上某点被加热达到的最高温度。

2) 高温停留时间。在高温（1 100℃以上）停留的时间。

3) 冷却速度。主要研究从800℃降到500℃的冷却速度。因为在这个温度区间冷却速度对接头的组织和性能的影响将起关键作用。

(2) 焊接热循环的主要特点

1) 加热速度快且温度高。熔池附近区域最高加热温度要比一般热处理加热温度高，发生过热甚至严重过热，致使该区域金属晶粒长大且粗化。

2) 冷却速度快。易使接头发生淬硬，形成淬硬组织，促使焊接冷裂纹的产生。

(3) 影响焊接热循环的因素

1) 焊接工艺参数的影响。焊接时，为保证焊接质量而选定的各项参数（如焊接电流、电弧电压、焊接速度、热输入等），总称为焊接工艺参数。

焊接时，由焊接热源输入给单位长度焊缝上的热量叫热输入。热输入的计算公式为：

$$q = IU/v$$

式中　I——焊接电流，A；

　　　U——电弧电压，V；

　　　v——焊接速度，cm/s；

　　　q——热输入，J/cm。

由此可见，热输入是一个综合参数，与焊接电流、电弧电压和焊接速度有关。焊接电流或电弧电压越大，热输入越大；焊接速度越快，热输入越小。

热输入对焊接热循环有很大影响，见表2—1。热输入变大，高温停留时间变长，焊后的冷却速度就变慢；热输入变小，高温停留时间变短，焊后冷却速度变快。

表2—1　　　　　热输入和预热温度对焊接热循环的影响

热输入（J/cm）	预热温度（℃）	1 100℃以上停留时间（s）	650℃时的冷却速度（℃/s）
20 000	27	5	14
38 400	27	16.5	4.4
20 000	260	5	4.4
38 400	260	17	1.4

2) 预热温度和层间温度的影响。从表2—1中可以看出，热输入相同时，焊前预热并不增加高温停留时间，但可以降低焊后冷却速度。因此，预热不会使晶粒粗大加剧，却可避免淬硬，是防止裂纹的有效工艺措施。层间温度是指多层多道焊时，在施焊后续焊道之前，其相邻焊道应保持的温度。控制层间温度的作用与控制预热温度一样。

3) 焊接方法的影响。焊接方法不同，其加热速度、高温停留时间和焊后冷却速度都会有所不同。因此，热输入也是不同的，见表2—2。

表 2—2　　　　　　　　　　不同焊接方法的热输入

焊接方法	焊接电流（A）	电弧电压（V）	焊接速度（cm/s）	热输入（J/cm）
焊条电弧焊	180	24	0.25	17 280
手工钨极氩弧焊	160	11	0.25	7 040
自动埋弧焊	700	38	0.66	40 300

4）其他因素的影响。当焊件厚度增大时，冷却速度加快，高温停留时间减小。T形接头焊接时的冷却速度比对接接头快得多。导热好的金属材料焊后冷却速度快，高温停留时间短。

3. 焊缝金属的结晶

焊缝是由熔池液态金属冷却凝固而成。从液体凝固成晶体为熔池的一次结晶。一次结晶后组织还会发生变化，这种组织的变化为熔池的二次结晶。

（1）熔池的一次结晶

1）一次结晶的特点。熔池体积小，冷却速度快。焊条电弧焊时，熔池体积最大约为 30 cm^3。熔池平均冷却速度为 4～100℃/s。

熔池液态金属温度高。焊条电弧焊时，低碳钢和低合金钢的熔池温度为 (1 770±100)℃。

熔池在运动状态下结晶。焊接过程中，熔池随热源而移动，加之电弧吹力对熔池的搅拌作用，有利于熔池中的气体和夹杂物的溢出。

熔池一次结晶的过程是：结晶从熔合线的未完全熔化的晶粒上开始，沿垂直熔合线的方向，向熔池中心发展长大。如图 2—2 所示。

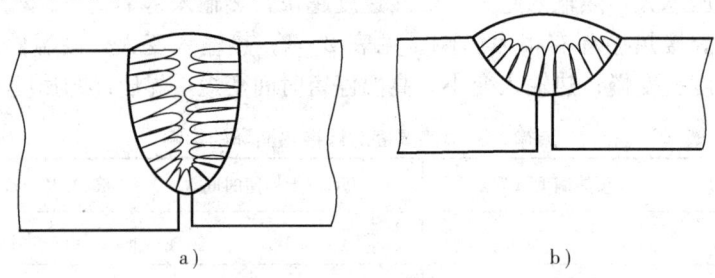

图 2—2　一次结晶示意图
a）窄而深的焊缝　b）宽而浅的焊缝

2）一次结晶的组织特征。焊缝熔池一次结晶时，有时会出现自发或非自发的晶核向四周长大，形成等轴晶粒。但通常都是从熔合线上还未熔化的晶粒开始结晶，沿着与散热相反的方向长大，形成柱状晶。柱状晶是熔池一次结晶的组织特征。

3）焊缝中的夹杂与偏析

①夹杂。焊条、焊剂及母材夹层在冶金反应过程中生成的氧化物、硫化物等在熔池快速凝固条件下残留在焊缝金属中形成夹杂。夹杂的存在不仅降低焊缝金属的塑性，增大低温脆性，还降低韧性和疲劳强度。因此，在焊接生产中必须限制夹杂物的数量、大小和形状。氧化物夹杂的主要成分是 SiO_2、MnO、TiO_2、CaO 和 Al_2O_3 等，多以复合

硅酸盐形式存在，连续的夹杂物往往引起热裂纹的产生。硫化物夹杂，以 MnS 和 FeS 形式存在于焊缝中。FeS 的危害程度远比 MnS 大。因为 FeS 沿晶界析出与 Fe 或 FeO 形成低熔点共晶，增加了热裂纹生成的敏感性。夹杂物多以多角、链状和球状的形式存在。有些细小、均匀分布的夹杂物（如 TiO_2 等）在焊缝中可以作为固态相变的形核剂促进焊缝金属中针状铁素体的形成，细化组织，改善焊缝金属的韧性与塑性。减少有害夹杂物的措施是正确选择焊条、焊剂的渣系，以便在焊接过程中脱氧、脱碳、脱硫。其次是选用较大的热输入，仔细清理层间熔渣，摆动焊条，压低电弧。

②偏析。焊缝金属非平衡凝固所产生的偏析分为晶间偏析、层状偏析和宏观偏析。

a. 晶间偏析。晶间偏析又称微观偏析，也称晶界偏析。这种偏析发生在柱状晶内亚结构的交界处。常见于液相线与固相线温度区间较宽的钢。

b. 层状偏析。焊缝金属横截面经腐蚀可看到颜色深浅不同的分层结构，这是由于化学成分不均匀形成的，称为层状偏析或结晶层偏析。

c. 宏观偏析。柱状晶晶体在熔合线生长过程中，晶界化学成分不断发生变化，到焊缝中心杂质浓度急剧增高，形成严重偏析，这种偏析称为宏观偏析。宏观偏析对焊缝质量影响很大，是产生热裂纹、夹杂和气孔的主要原因之一。

(2) 焊缝金属的二次结晶

1) 焊缝金属的二次结晶组织。焊接时，熔池一次结晶后的显微组织一般为奥氏体，在冷却至室温的过程中，焊缝金属还会发生组织转变，这就是焊缝金属的二次结晶。二次结晶的组织转变与焊缝金属的化学成分、冷却速度和热处理等因素有关。

①低碳钢的焊缝组织。低碳钢焊缝组织一般为粗大的柱状铁素体加少量珠光体。高温停留时间过长时出现魏氏体组织。多层多道焊缝由于后一焊道对前一焊道的热处理作用，使部分柱状晶消失，形成细小的等轴晶粒，其组织为细小的铁素体加少量珠光体。

②低合金高强度钢的焊缝组织。合金元素含量较少的低合金钢，其焊缝组织与低碳钢焊缝组织相近。一般冷却条件下为铁素体加少量珠光体，冷却速度增大时会出现少量粒状贝氏体。合金元素含量较多的低合金高强度钢，其焊缝组织焊态为低碳马氏体或贝氏体，高温回火后为回火索氏体。

③铬钼耐热钢的焊缝组织。合金元素含量较少的珠光体耐热钢，在焊前预热、焊后缓冷焊接条件下，焊缝组织为珠光体和部分淬硬组织，高温回火后为珠光体组织。

④奥氏体不锈钢的焊缝组织。奥氏体不锈钢的焊缝组织一般为奥氏体加少量铁素体。

2) 焊缝金属的组织与性能的关系

①一次结晶组织与性能的关系。粗大的柱状晶不仅降低焊缝金属的强度，而且降低塑性和韧性。细小的柱状晶性能比粗大的柱状晶性能好。

②二次结晶组织与性能的关系。二次结晶组织的类型、特征和形态直接影响焊缝金属的性能。铁素体、奥氏体的强度较低，而塑性和韧性好，抗裂性能好。珠光体的强度比铁素体高，塑性和韧性比铁素体差。马氏体强度高，含碳量高的马氏体硬而脆；但低碳马氏体则具有相当高的强度和良好的塑性、韧性相结合的特点。粒状贝氏体的强度与塑性、韧性介于马氏体和铁素体加珠光体之间。低碳钢焊缝因过热形成的粗大的魏氏体组织，使塑性和韧性有所降低。

4. 焊缝区的组织和性能

焊缝的组织取决于母材的钢种和型号,且与焊后热处理有关。如铬钼耐热钢与奥氏体不锈钢的焊缝组织是不同的。焊缝金属的性能又取决于它的组织和化学成分。钢的焊缝化学成分的特点是碳的质量分数低,但含有一定数量的合金元素。所以说焊缝的化学成分比较理想,焊缝组织较差,没有轧制的母材好。因此,焊缝的强度可与母材等同,但塑性和韧性比母材差一些。

5. 熔合区的组织和性能

熔合区的温度处于液相线和固相线之间。熔合区很狭窄。此区金属处于部分熔化状态,晶粒非常粗大,冷却后为粗大的过热组织。当焊缝化学成分与母材化学成分差别很大或是异种钢焊接时,在熔合区附近还会发生碳和合金元素的相互扩散,成分和组织极不均匀,还可能产生新的不利的组织带。因此,熔合区的塑性和韧性很差,是焊接接头中性能最差的区域。

6. 热影响区的组织和性能

(1) 不易淬火钢的热影响区的组织和性能。低碳钢及合金元素较少的低合金高强度钢和低温钢等属于不易淬火钢。不易淬火钢的焊接热影响区一般分为过热区、正火区和部分相变区3个区域。冷轧钢板等冷塑性变形状态的不易淬火钢的焊接热影响区分为过热区、正火区、部分相变区和再结晶区4个区域,如图2—3所示。

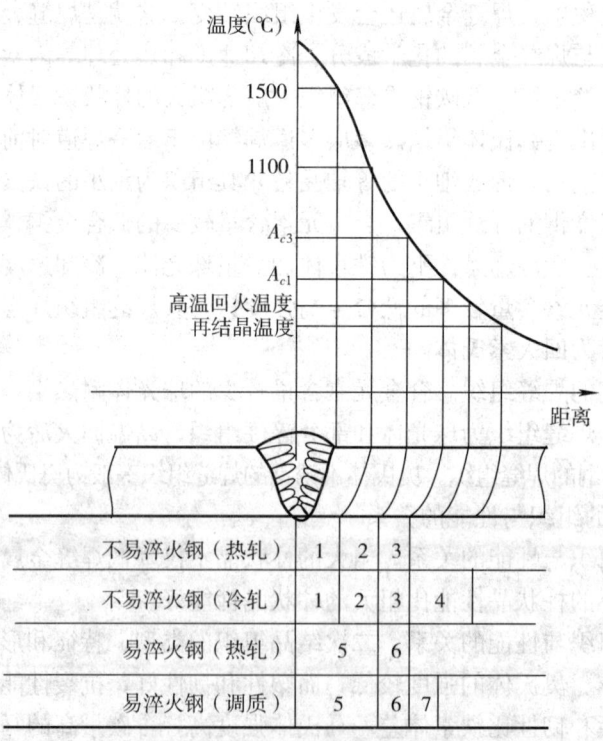

图2—3 焊接热影响区示意图
1—过热区 2—正火区 3—部分相变区 4—再结晶区
5—淬火区 6—部分淬火区 7—回火软化区

1) 过热区（粗晶区）。加热温度在固相线和晶粒开始急剧粗大化的温度之间，对低碳钢为 1 100～1 490℃的区域。此时其组织全部变为奥氏体，而且晶粒开始急剧长大。长大程度和过热程度有关。高温下，尤其在 1 300℃以上，晶粒严重长大。高温停留时间越长，晶粒长大也越严重。空冷后的过热组织与母材有关。低碳钢的过热组织为粗大的魏氏体组织，塑性和韧性大大降低，是热影响区中性能最差的区域。

2) 正火区。加热温度在晶粒开始急剧长大温度至 A_{c3} 之间的区域，对低碳钢为900～1 100℃的区域。加热时为全部奥氏体，晶粒未急剧长大，空冷后组织为均匀细小的铁素体加珠光体，比母材组织还细，相当于热处理正火组织，故称为正火区。正火区强度很高，塑性和韧性也较好，是不易淬火钢焊接热影响区中综合力学性能最好的区域，比母材的性能还好。

3) 部分相变区。加热温度在 A_{c3} 到 A_{c1} 之间的区域，对低碳钢为 750～900℃的区域。加热时的组织为铁素体加珠光体。空冷后，奥氏体转变为细小的铁素体和珠光体，加热时的铁素体组织不发生转变，晶粒比较粗大。因此，部分相变区的组织和晶粒大小很不均匀，力学性能有所下降。

4) 再结晶区。加热温度在 A_{c1} 到 450℃之间的区域，对低碳钢为 450～750℃的区域。对冷塑性变形状态的母材，经过再结晶，变为细小等轴晶粒，塑性和韧性提高了，但强度降低了。对于热轧等非冷塑性变形状态的母材，不存在再结晶区。

(2) 易淬火钢的热影响区的组织和性能。合金元素含量较多的高强度钢、耐热钢和低温钢等都属于易淬火钢。易淬火钢的焊接热影响区一般分为淬火区和部分淬火区，调质状态的易淬火钢焊接热影响区分为淬火区、部分淬火区和回火软化区。

1) 淬火区。加热温度在固相线和 A_{c3} 之间的区域。加热时全部变为奥氏体，相当于过热区加热温度高的区域晶粒急剧长大。冷却后奥氏体转变为淬火组织马氏体。在紧靠焊缝相当于过热区部分为粗大马氏体，相当于正火区部分为细小马氏体。因此，淬火区的硬度和强度增高，塑性和韧性下降。尤其是粗晶马氏体区的塑性和韧性严重下降。

2) 部分淬火区。加热温度在 A_{c3} 到 A_{c1} 之间的区域。加热时的组织为铁素体和奥氏体。冷却后，奥氏体变为马氏体，原铁素体保持不变，其晶粒较大。因此，部分淬火区的组织为细小的马氏体和粗大的铁素体。这种不完全淬火组织使部分淬火区的性能不均匀程度增加，塑性和韧性下降。

3) 回火软化区。对于调质状态的易淬火钢热影响区，加热温度在 A_{c1} 至高温回火温度之间的区域称为回火软化区。由于加热温度高于高温回火温度，其强度下降，故称软化区。对于热轧、正火和退火状态的易淬火钢热影响区，则没有回火软化区。

(3) 不锈钢热影响区的组织和性能。奥氏体不锈钢的焊接热影响区可分为过热区、σ 相脆化区和敏化区 3 个区域。铁素体不锈钢的焊接热影响区可分为过热区、σ 相脆化区和 475℃脆性区 3 个区域。

1) 过热区。加热温度在固相线温度至晶粒开始急剧长大温度之间的区域。由于加热和冷却时奥氏体不锈钢和铁素体不锈钢都不发生相变，故过热区组织为粗大的奥氏体或粗大的铁素体，塑性和韧性下降。

2) σ 相脆化区。加热温度在 650～850℃之间，并在此温度下停留时间过长，铁素体不锈钢会析出一种脆性相——σ相。σ相很硬很脆,并且割断了晶间的联系,使此区的塑性和韧性严重下降,抗晶间腐蚀能力也有所降低。

3) 敏化区。加热温度在450～850℃之间,在此温度下停留一定时间后,奥氏体不锈钢晶粒中的碳跑到晶粒边界与铬形成$Cr_{23}C_6$,使晶粒边界处贫铬。使用时在腐蚀介质作用下,晶粒边界处发生腐蚀。

4) 475℃脆性区。加热温度在400～600℃之间。在此温度下停留一定时间后,铁素体不锈钢的硬度显著提高,冲击韧度严重下降,此现象通常称为475℃脆性。

综上所述,焊接接头是一个成分、组织和性能都不一样的不均匀体。其组织和性能存在着极大的不均匀性。由于接头区熔合线附近产生了粗大的过热组织,析出不利的组织带和脆性相,使接头区的性能大大下降。接头中性能最差的是熔合区和热影响区中的粗晶区。此外,接头中还存有焊接缺欠、焊接残余应力和焊接变形、应力集中等,因而使焊接接头成为焊接结构中的薄弱环节。

二、有害气体和有害元素对接头组织的影响

1. 有害气体对接头组织的影响

焊缝中的有害气体主要指氢、氧、氮。

(1) 氢对接头组织的影响

1) 氢的来源。焊缝金属中的氢主要来源于各种形态的水分,如药皮和焊剂中的水分、锈蚀中的结晶水、空气中的水蒸气以及油污和药皮中的有机物等。

2) 氢的危害。氢脆和白点,降低焊缝金属的塑性。熔池凝固时氢在金属中的溶解度急剧下降,析出很多氢气,受结晶金属的阻碍,来不及逸出形成气孔。焊缝中的扩散氢聚集在焊接缺陷处,促使裂纹产生。

3) 控制氢的方法。焊前烘干焊条、焊剂,清除锈、水和油污,选用低氢型焊条,焊后采用消氢热处理。

(2) 氧对接头组织的影响

1) 氧的来源。空气中的氧进入熔池;焊条药皮和焊剂中的氧化物;药皮和焊剂中的水分;锈蚀中的结晶水。这些水分在电弧作用下分解为氢和氧。

2) 氧的危害。氧在焊缝金属中的存在形式主要是FeO夹杂物。焊缝中含氧量较多时,会降低焊缝金属的力学性能。焊接过程中,FeO与碳生成CO,会产生气孔,引起飞溅,影响焊接过程的稳定性。

3) 控制氧的方法。加强保护,选择合适的气体流量,采用短弧焊接,防止空气侵入。焊前清理坡口,烘干焊条、焊剂。在焊条药皮或焊丝中加入铁合金(硅、锰等)脱氧。

(3) 氮对接头组织的影响。焊接时,空气中的氮进入熔池中。这也是焊缝中氮的唯一来源。和氢一样,在熔池凝固时,氮在熔池中的溶解度急剧下降,析出很多氮气,来不及逸出形成气孔。控制焊缝中氮的含量,只能是加强机械保护。

2. 有害元素对接头组织的影响

焊缝中的有害元素有硫和磷。

(1) 硫对接头组织的影响。硫是钢中的有害元素，炼钢时由矿石带入。硫几乎不溶于铁素体，与铁形成FeS。FeS与铁形成熔点很低的共晶体，分布于奥氏体晶界上。由于钢的热加工开始温度高于该共晶体熔点，使钢在轧、锻过程中沿晶界脆裂，这种现象称为钢的热脆性。硫还会降低钢的耐蚀性，使钢的焊接性能变坏。焊接时，硫以FeS和MnS夹杂物形式存在于焊缝金属中，导致高温脆性，产生热裂纹。

(2) 磷对接头组织的影响。磷也是钢中的有害元素，炼钢时由矿石带入。磷在钢中溶于铁素体，引起强烈的固溶强化作用，硬度、强度显著提高，塑性、韧性急剧下降，特别是在低温下，冲击韧度明显降低，使钢产生裂纹，这种现象称为钢的冷脆性。焊接时，磷会导致低温脆性，产生裂纹。磷在奥氏体不锈钢中也会产生低熔点杂质，引起热裂纹。

(3) 控制硫和磷的方法。焊缝中，除母材带入的硫、磷以外，焊条药皮、焊剂也是来源之一。控制方法主要是限制药皮、焊剂和母材中硫、磷的质量分数。其次是进行冶金处理，脱硫、脱磷。

三、提高和改善接头性能的方法

1. 选择合适的焊接工艺方法

各种焊接工艺方法对焊缝和热影响区的性能都有不同影响。

(1) 焊条电弧焊。焊条电弧焊机械保护效果较好，合金元素烧损较少，焊缝中气体元素和杂质元素含量较低。焊条电弧焊的热输入较小，接头高温停留时间较短，焊缝和热影响区的组织较细，热影响区较窄。因此，焊条电弧焊的焊缝和热影响区性能较好。

(2) 手工钨极氩弧焊。手工钨极氩弧焊是由氩气作为保护气体，其保护效果最好，合金元素基本没有烧损，焊缝中杂质含量极少，焊缝金属纯净。加之钨极作电极使氩弧热量集中，热输入小，接头高温停留时间短，焊缝和热影响区组织细腻，热影响区很窄。所以，手工钨极氩弧焊的焊缝和热影响区性能最好。

(3) CO_2气体保护焊。利用从送丝焊嘴中喷出的CO_2气体隔离空气，保护焊接电弧和熔化金属，并且不断向熔池送进焊丝与熔化的母材金属熔合形成焊接接头的工艺方法，简称MAG焊。除具有气体保护焊的共同优点外，还具有抗氢气孔能力强、适合薄板焊接、易进行全位置焊接等优点。其优点是其他焊接方法不可比拟的。它是一种高效率、节能、低成本的焊接方法。在不同的焊接条件下，正确地调整焊丝成分，将对焊接过程产生很大的影响，也是CO_2气体保护焊能得到高质量焊接接头的保证。

(4) 自动埋弧焊。自动埋弧焊的机械保护效果也较好，合金元素烧损较少，焊缝中杂质含量较低。由于自动埋弧焊电弧功率比焊条电弧焊大得多，热输入大，因此，自动埋弧焊的焊缝和热影响区组织较粗大，热影响区也较宽。总之，自动埋弧焊的焊缝和热影响区性能是较好的，但焊缝金属的冲击韧度比焊条电弧焊低。

2. 选择正确的焊接工艺参数

焊接工艺参数直接影响焊缝形状和焊接热循环特征，从而影响接头的组织和性能。

(1) 焊接工艺参数对焊缝性能的影响

1) 采用小的焊接电流、较高焊接电压施焊时，可获得宽而浅的焊道。结晶时，最后凝固的低熔点杂质被推向焊缝表面，因而可以改善焊缝中心线处的力学性能，并可防止产生中心线裂纹。若采用大电流、低电压施焊时，焊缝形状窄而深，凝固时形成严重的中心线偏析，使焊缝中心线处性能下降，易产生热裂纹。

2) 热输入的大小影响金属晶粒的粗细。热输入过大，高温停留时间过长，会产生粗大的过热组织。因此，在满足工艺和操作要求的条件下，尽量减小焊接热输入。采用较小的焊接电流和较快的焊接速度，以获得较细的焊缝组织，减小偏析程度，避免出现粗大的过热组织，同时还可降低焊接应力，提高焊缝金属的力学性能和抗裂性能。

(2) 焊接工艺参数对热影响区的过热区性能的影响。焊接热输入越大，高温停留时间越长，过热区越宽，过热现象越严重，晶粒也越粗大，致使塑性和韧性下降越严重，甚至造成冷脆。所以，应尽量采用较小的热输入，以减小过热区的宽度，降低晶粒长大的程度。热输入变小，焊后的冷却速度变快。对于不易淬火钢，过热区铁素体减少而珠光体变细。对于易淬火钢，更容易产生硬脆的马氏体组织，导致塑性和韧性下降，在焊接应力和扩散氢的共同作用下，很容易产生冷裂纹。因此，对于易淬火钢，为避免产生淬硬组织，常采用焊前预热，控制层间温度和焊后缓冷等工艺措施，以降低焊后冷却速度，改善热影响区的性能，防止冷裂纹的产生。

(3) 焊接工艺参数对不锈钢焊接接头性能的影响。焊接不锈钢时，尽量采用小的热输入，用小电流、快焊速焊接。不应预热和缓冷，有时甚至采取强制冷却措施，以减小高温停留时间，加快冷却速度，获得细小的接头组织。避免在 400～850℃ 之间停留，防止产生 σ 脆性相、475℃脆性和晶间贫铬，使不锈钢焊接接头保持良好的塑性、韧性和抗晶间腐蚀的能力。

3. 选择合理的操作方法

焊接操作方法有单道焊法、多道焊法和多层多道焊法。

(1) 单道焊法。为满足工艺上单道焊法的要求，必然选择大的焊接电流，造成大的热输入，加上高温停留时间较长，势必造成焊缝和过热区晶粒粗大，导致塑性和韧性下降。

(2) 多道焊法。采用多道焊法对单道焊法所产生的不利影响有所消除，但还是不能满足重要结构和部件焊后要求的技术条件。

(3) 多层多道焊法。熔敷两个或两个以上焊层，每焊层又有两个或两个以上焊道所进行的焊接。由于热输入小，焊接热影响区小，焊缝和过热区晶粒较细，塑性和韧性得到改善。此外，多层多道焊的后焊道对前焊道的热影响区进行再加热，在 A_{c3} 以上的再加热区，如同正火处理一样，形成细小的等轴晶，使焊缝中的柱状晶消失，塑性和韧性得到改善。

4. 控制熔合比

焊接时，熔化的母材在焊缝金属中所占的百分比称为熔合比。熔合比对焊缝金属的化学成分有影响，能够影响焊缝金属的性能。当焊接材料与母材的化学成分相当时，熔合比对焊缝和熔合区的性能影响不大。当焊接材料中合金元素含量较多而母材中合金元素含量较少时，焊接材料中的合金元素对改善焊缝性能起关键作用的情况下，熔合比应小一些。增大熔合比会导致焊缝性能下降。当母材中碳的含量及硫、磷的含量较多时,应减小熔合比,以减小碳、硫、磷进入焊缝,提高焊缝的塑性和韧性,防止裂纹的产生。奥氏体不锈钢和珠光体耐热钢焊接时,如选用含铬、镍元素较多的奥氏体不锈钢焊条,应减小熔合比,使焊缝组织为奥氏体加少量铁素体,避免出现马氏体组织。

5. 焊后热处理

焊接后,为改善焊接接头的组织和性能或消除残余应力而进行的热处理称为焊后热处理。焊后热处理的方法有多种,需根据具体情况选用。

电渣焊的焊缝和热影响区晶粒粗大,为细化晶粒,改善焊缝的塑性和韧性,焊后应进行正火处理。对于易淬火的低合金高强度钢和低合金耐热钢,为改善焊接接头的性能、消除淬硬组织,必须进行高温回火处理,以得到高温回火组织。

四、焊接应力与变形

任何物体受力时,其内部任意截面上的两侧都会出现相互作用的力;或者说,物体单位截面上所作用的力叫应力。物体在力的作用下,其几何尺寸和形状发生改变的现象叫变形。

金属物体产生应力与变形的因素主要有两种,一种是受外力作用引起的;另一种则是在工件本身内部存在的力所形成的。

1. 焊接变形的种类

由于进行焊接,在焊件中所产生的变形叫焊接变形。焊接变形的种类,一般分为收缩变形、角变形、弯曲变形、扭曲变形和波浪变形5种。

(1) 收缩变形。焊接时,工件局部受热,温度极不均匀,温度较高部分的膨胀金属受到周围温度较低金属的限制,不能自由膨胀而产生压缩塑性变形,致使接头焊后发生缩短现象,即收缩变形。沿焊缝长度方向的缩短叫纵向收缩,沿焊缝垂直方向的缩短叫横向收缩,如图2—4所示。

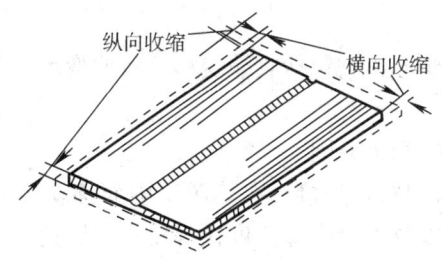

图2—4 焊接工件收缩变形

(2) 角变形。焊接时,由于焊接区沿板材厚度方向不均匀地横向收缩而引起的回转变形,称为角变形。如图2—5所示,角变形主要是由于焊缝截面形状沿厚度方向不对称或施焊层次不合理,致使焊缝在厚度方向上横向收缩量不一致所造成的。

(3) 弯曲变形。较长构件因不均匀加热和冷却,焊后发生两端翘起的变形称为弯曲变形。这是由于结构上焊缝布置不对称或端面形状不对称,焊缝的纵向收缩或横向收缩所产生的变形,如图2—6所示。

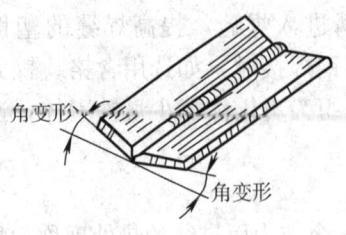 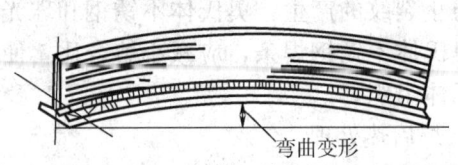

图 2—5 焊接工件角变形　　　　图 2—6 焊接工件弯曲变形

(4) 扭曲变形。由于装配不良，施焊顺序不合理，焊后发生扭曲，称为扭曲变形。这与焊缝角变形沿长度上的分布不均匀性及工件的纵向错边有关，如图 2—7 所示。

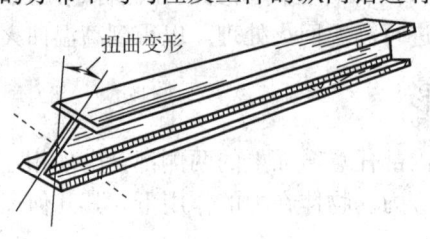

图 2—7 焊接工件扭曲变形

(5) 波浪变形。薄板焊接时，因加热不均匀，焊后构件呈波浪状变形，如图 2—8 所示。

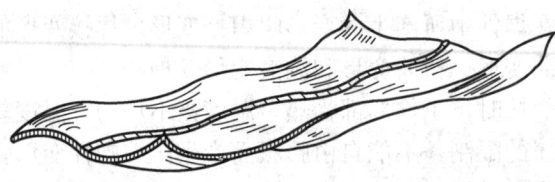

图 2—8 焊接工件波浪变形

2. 焊接残余变形

焊接后，焊件残留的变形，它包括收缩变形、弯曲变形、角变形、波浪变形、错边变形和螺旋变形等。

(1) 焊接应力与变形的产生原因

1) 不均匀加热。众所周知，焊接具有热源集中而移动、工件局部受热和温度向四周传送而造成很大的温差以及焊缝冷却速度快等特点。因此，焊接是一种加热不均匀过程。

焊缝是由一滴滴填充金属与母材金属熔合而成的。焊接时工件受热体积增大。开始时，如图 2—9b 所示，A 侧受热膨胀，B 侧阻碍 A 侧膨胀，而使 A 侧拱起。继续施焊时，A 侧不断膨胀，工件进一步上拱（见图 2—9c）。施焊最后一段时，前面的焊缝冷却，在收缩应力的作用下使工件逐渐由拱起变为下沉（见图 2—9d）。焊缝全部冷却后，工件的中心部位下沉，两端翘起，如图 2—9e 所示。

上述情况是工件处于自由状态下受热冷却发生变形的过程，工件内部产生的残余应力很小，即应力被变形所吸收。如果工件处于拘束条件下施焊时，工件的变形量小，而其内部的残余应力却很大（应力无法释放）。总之，工件越厚，吸收的热量也就越多，残余应力也就越大，工件的变形也就越大。这就是由于温差而引起的应力与变形。

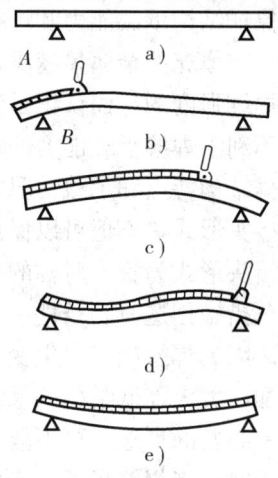

图2—9 工件受热变形过程
a）焊前 b）始焊时的局部变形 c）工件的拱起
d）工件一端收缩下沉 e）冷却后两端翘起

2）焊缝金属的收缩力。焊缝冷却所形成的收缩力，使工件向相反的方向变形，致使该段工件下沉，但残余应力不大（见图2—9d）。如果工件在约束条件下，焊缝中便存在着巨大的残余应力。这就是由于焊缝冷缩过程所引起的应力与变形。

3）金属组织的改变。金属都是晶体，同时也有不同形态的金属组织。在同一金属内部，随温度的不同金属组织也不一样。因此，加热膨胀，冷却收缩，都会在焊缝内部产生应力。

4）焊件的刚性固定。金属工件在拘束的条件下施焊时，金属的热胀冷缩均受阻碍。虽然变形得到控制，但焊缝内部却残留着巨大的应力。

（2）焊接残余应力的分类。焊后，残留在焊件内的焊接应力为焊接残余应力。

1）按照焊接应力产生的原因分为：

①热应力。焊件内部由于受热不均匀，温差大所引起的应力为热应力，也叫温度应力。

②拘束应力。结构本身或外加约束作用而引起的应力，为拘束应力。

③相变应力。由于焊接接头区产生不均匀的组织转变而引起的应力，为相变应力，也叫组织应力。

④氢致集中应力。由于扩散氢聚集在显微缺欠处而引起的应力，为氢致集中应力。

2）按照焊接应力在空间的方向分为：

①单向应力。在焊件中沿一个方向存在的应力，为单向应力。

②双向应力。作用在焊件某一平面内两个互相垂直方向上的应力，为双向应力，也叫平面应力。

③三向应力。作用在焊件内互相垂直的三个方向的应力，为三向应力。

(3) 控制焊接残余变形的措施及方法

1) 控制焊接残余变形的措施。控制措施主要从焊接结构的设计角度考虑。

①设计合理的焊缝尺寸。在保证结构承载能力和焊接质量的前提下，设计时应采用较小的焊缝尺寸。焊缝尺寸越小，需填充的金属量越少，焊缝的收缩量越小，焊接变形也就越小。增加焊缝尺寸可加大焊缝强度的片面认识是错误的。焊缝尺寸的加大，会造成应力集中、变形和浪费，反而不利于焊缝承载能力的保证和变形的控制。

②设计合理的接头形式。依据结构特点和承载情况，设计合理的接头形式，也是控制变形的一项重要措施。合理的接头形式，不但可以保证结构稳定性，同时还可有效地控制焊接变形。一般以设计对称接头形式为宜。对称的接头形式，可以利用结构受力情况，控制变形，能为正确实施工艺措施创造有利条件。

③尽可能减少不必要的焊缝。因为焊缝越多产生变形的概率越大，甚至容易造成某个部位的应力或变形的集中或叠加，大大降低结构的承载能力和装配质量。因此，在设计焊接结构时，力求减少和避免不必要的焊缝，更不能任意增加焊缝数量。

④设计合理的焊缝位置。设计时，将焊缝尽可能安排在对称于结构的中性轴或接近中性轴的位置。焊缝接近中性轴可减小挠曲变形；对称中性轴可使挠曲变形有互相减小和抵消的作用。

2) 控制焊接残余变形的方法。控制方法主要从工艺角度考虑。

①反变形法。施焊前，估算出结构变形的大小和方向，装配时预设一个反方向预变形，使其与焊接时变形相抵消，保证结构设计的要求。

②刚性固定法。利用专用夹具将焊件强制固定，以限制产生焊接变形的方法叫刚性固定法。这种方法对防止角变形和波浪变形较为有利，但其不利因素是焊后残余应力较大，不适于焊接淬硬倾向较大的材料。

③选择合理的焊接方法和规范。选用热输入较小的焊接方法，可有效地防止焊接变形。如选用手工钨极氩弧焊、二氧化碳半自动焊代替气焊和焊条电弧焊，就是一个较好的方法。由于该方法热量集中、热影响区小，可有效地减少变形，焊接效率也可提高。

④选择合理的装配和焊接顺序。装配和焊接顺序对构件整体变形的控制起重要作用，不同的方法产生的效果也不一样。对大型构件的装配焊接原则是：用整体装配法组合构件，然后选择焊接顺序；对不能进行整体装配或形状复杂的构件，可分解成若干部分组合装配与焊接。

3) 焊接变形的矫正。尽管在设计和工艺方面采取一些控制措施，焊后也难免产生变形。当这些变形超出技术要求或影响整体装配时，需采取矫正方法进行矫正。矫正方法有两种：

①机械矫正法。利用外力，如锤击、机械抗压等方法，使构件产生与焊接变形反方向的塑性变形，抵消原焊接变形。其方法简单易行，但仅适用于厚度不大的构件。

②火焰矫正法。利用火焰局部加热时产生塑性变形及金属在冷却后收缩，达到矫正变形的目的。从本质上看，其机理与焊接变形是相近的，但是与焊接变形的趋势是相反的。

(4) 降低焊接残余应力的措施及方法

1) 降低焊接残余应力的措施。焊接方法确定之后,可采取正确的工艺技术,调节焊接应力状况,降低焊缝应力峰值,避免在大面积内产生较大的应力,使应力分布更为合理。

①焊前预热。焊前预热对降低焊接应力(特别是温度应力)起重要作用。一般情况下,待焊处周围为加热部位。对不同的构件和材料,加热部位是不同的,目的是使加热区的热胀伸长带动焊接部位,产生一个与焊缝收缩方向相反的伸长量。冷却时加热区的收缩与焊缝收缩基本同步,使焊缝收缩大大减小,降低了焊接的内应力。在焊接加热和焊后冷却时,焊缝和加热区的热胀冷缩是同方向的,焊缝的内应力减低。应用这个原理,可焊接一些刚度大、可焊性差的部件。

②合理的焊接顺序。合理的焊接顺序是,使焊缝处于自由收缩状态,以减少焊缝金属变形的拘束应力。降低焊接应力的施焊顺序的基本原则是:

a. 长焊缝或大型工件焊接时,应从中间向两端或向四周进行,焊接方向始终指向焊接的自由端。

b. 焊接交叉焊缝时,应采用保证交叉部位焊缝收缩自由的施焊顺序。如大板材料拼接时,先焊短的横焊缝,后焊直通的长焊缝,以保证焊缝收缩的自由度。交叉焊缝处,应将前焊道铲掉,并修好坡口,焊接时避免在交叉处起弧,以免引起应力集中。

③收缩量大的焊缝应先焊。因为先焊的焊缝收缩受阻小,应力也小。当构件上有对接焊缝和角焊缝时,应先焊收缩量大的对接焊缝,后焊收缩量小的角焊缝。

④选用较小的热输入。较小的热输入可缩小焊接受热区范围,焊缝金属收缩量变小,焊接应力降低。

⑤预留自由收缩量。焊接封闭焊缝或其他刚度大、自由度小的焊缝,应预先留出焊缝能自由收缩的余量,并用反变形增加焊缝变形的自由度,以降低焊接残余应力。

⑥锤击碾压焊缝。每一道焊缝要在红热状态下用锤子进行锤击,使焊缝金属得到延伸,降低收缩时的拉伸应力。锤击用力应均匀。多层焊时,第一道焊缝和表面焊缝不要锤击,防止产生根部裂纹和表面焊缝硬化。同时,应避免在钢材脆性温度下锤击。

⑦开缓和槽。为减小结构接头的局部刚度,缓和应力,可采用开缓和槽法(见图2—10)。如厚壁容器管座焊接,接头拘束应力很大,在不影响强度的前提下,在焊缝附近开一圆弧槽,使焊缝有自由收缩的可能,接头的应力状态即可得到改善。

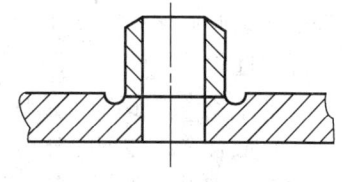

图2—10 开缓和槽的方法

2) 降低焊接残余应力的方法。降低焊接残余应力的常用方法是对焊件或焊缝进行焊后热处理。热处理具有松弛应力的作用,可使应力分布均匀,降低应力峰值。残余应力对结构、容器或管道的危害性很大,焊后必须进行热处理,其要求和规范按具体规定执行。焊后热处理有整体和局部高温回火两种方法,以局部高温回火工艺采用较多,经常用在管子对接接头的焊后消除应力。

第二节 金属材料的焊接

培训目标
→ 能够选择低合金结构钢的焊接材料和焊接工艺
→ 能够选择珠光体耐热钢的焊接材料和焊接工艺
→ 能够选择奥氏体不锈钢的焊接材料和焊接工艺
→ 能够选择低温钢的焊接材料和焊接工艺

一、低合金结构钢的焊接

1. 焊接性概念

（1）焊接性。焊接性是指金属材料对焊接加工的适应性。主要指在一定的焊接工艺条件下，获得优质焊接接头的难易程度。其范畴包括工艺焊接性、使用焊接性、冶金焊接性及热焊接性等。这里主要讨论工艺焊接性。影响焊接性的因素有金属材料的种类及其化学成分、焊接方法、构件类型和使用要求等。其中，材料的种类和化学成分是主要的影响因素。

（2）碳当量。评定一种钢的焊接性，最直接的方法是进行焊接性能试验。对于碳钢和低合金结构钢来说还有一种间接的评估方法，即碳当量法。所谓碳当量法就是根据钢材的化学成分与焊接热影响区淬硬性的关系，把钢中合金元素（包括碳）的含量，按其作用折算成碳的相当含量（以碳的作用系数为1），作为粗略评定钢材焊接性的一种参考指标。对于碳钢和低合金结构钢的碳当量，国际焊接学会推荐的计算公式为：

$$w(Ce) = w(C + Mn/6 + Cr + Mo + V/5 + Ni + Cu/15)\%$$

式中，化学元素表示该元素在钢中的质量百分数。在计算碳当量时，元素含量均取其成分范围的上限。经验表明：当 $w(Ce)$ 小于 0.40% 时，钢材的淬硬冷裂倾向不大，焊接性优良，焊接时可不预热；当 $w(Ce)$ 等于 0.40%～0.60% 时，钢材的淬硬冷裂倾向增大，焊接时需采取预热等措施，焊接性一般；当 $w(Ce)$ 大于 0.60% 时，钢材的淬硬冷裂倾向增强，属于较难焊接的钢材，需采取较高的预热温度和严格的工艺措施，焊接性较差。

2. 低合金结构钢的焊接性分析

（1）低合金结构钢的分类及应用。低合金结构钢是在碳素钢基础上加入一定量合金元素的合金钢。其合金元素的总含量一般不超过 5%，以提高钢的强度并保证其具有一定的塑性和韧性，或使其具有某些特殊性能，如耐低温、耐高温或耐腐蚀等。

焊接中常用的低合金结构钢，可以分为强度用结构钢和专业用结构钢两大类。强度用结构钢专指高强钢，专业用结构钢包括低温钢、耐蚀钢及珠光体耐热钢 3 种。

1) 高强钢

①按屈服强度等级分为 Q295、Q345、Q390、Q420、Q460 5 种。

a. 属于 Q295 的有 09MnV、09MnNb、12Mn 等。

b. 属于 Q345 的有 12MnV、14MnNb、16Mn 等。

c. 属于 Q390 的有 15Mn、15MnTi、16MnNb 等。

d. 属于 Q420 的有 15MnVN、14MnVTiRe 等。

e. 属于 Q460 的有 18MnMoNb、14MnMoV 等。

低合金高强度结构钢用于制造锅炉、压力容器、桥梁、船舶、车辆、飞机、起重机、工程机械等。

②按热处理状态分

a. 热轧或正火状态。屈服强度为 295~490 MPa 的低合金高强度钢都在热轧或正火状态下使用，属于非热处理强化钢。上述的 Q295~Q460 均为此类钢，其用途最为广泛。

b. 低碳调质钢。此类钢的屈服强度为 490~980 MPa，在调质状态供货使用，属于热处理强化钢，既有高的强度，又有较好的塑性和韧性。它可直接用于焊接，且焊后不做调质处理。此类钢有 15MnMoVN、14MnMoNbB、12Cr3NiMoV 等。随着我国工业制造业的发展这类钢的用途在不断扩大。

c. 中碳调质钢。屈服强度在 880~1 176 MPa，钢中碳的质量分数较高（0.25%~0.50%）。此类钢有 30CrMnSiA、35CrMoVA、40CrNiMoA 等。一般是在退火状态下焊接，焊后进行调质处理。该钢种常用于强度要求很高的产品或部件，如火箭发动机壳体、飞机起落架等。其焊接性能较差。

2) 低温钢。强度要求不高，但低温（＜－20℃）韧性要求较高，此类设备及结构需用低温钢制造。如空气分离设备、石油分离设备及各种低温容器等。低温钢牌号有 09Mn2VDR、09MnCuTiRe、16MnDR 等。

3) 耐蚀钢。这种钢主要用于制造车辆、石油、化工、海底电缆等设备，能耐大气、海水及硫化氢等介质的腐蚀。钢材牌号有 09AlVTiCu、12AlMoV、15Al3MoWVTi、12MnCuCr、16MnCu 等。一般在热轧或正火状态下使用，属于非热处理强化钢。在低碳钢或低合金钢表面，采用热浸、电镀或其他方法镀上耐蚀层（如镀锌钢、渗铝钢等）形成耐蚀钢，可提高使用寿命，在电力、化工、农机等部门应用较多。

4) 珠光体耐热钢。能在高温条件下工作的钢叫耐热钢。这类钢具有良好的高温化学稳定性和高温强度。高温化学稳定性是指钢在高温条件下工作，不致因介质侵蚀而发生破坏的能力。高温强度是指钢在高温条件下工作，具有足够的强度而不致大量变形或断裂的性能。珠光体耐热钢在正火状态下显微组织由细片珠光体和铁素体组成，加入的合金元素主要为铬、钼、钒等。在热力设备中，合金元素含量较低的铬钼钢（如 12CrMo、15CrMo）主要用于 510℃ 以下的蒸汽管道及 550℃ 以下的锅炉受热面管子。合金元素含量较高的低碳铬钼钢和铬钼钒钢（如 12Cr1MoV、10CrMo910 等）主要用于 540℃ 以下的蒸汽管道、集箱及 580℃ 以下的锅炉受热面管子。

(2) 低合金结构钢的焊接性。低合金结构钢一般是指低合金高强度钢，又指应用最为广泛的热轧、正火钢。即低合金高强度结构钢。

1) 热轧正火钢的焊接性。这类钢焊接时的主要问题是产生焊接裂纹和热影响区脆化。

①焊接裂纹的敏感性。此类钢的合金体系以 C－Mn 和 Mn－Si 系为主，在低碳高

锰前提下，除非杂质偏析极不正常，热裂纹几乎不可能发生，但对冷裂纹的敏感性不容忽视。正火钢还有发生再热裂纹的可能，在特定条件下厚板产生层状撕裂的概率也是存在的。

a. 冷裂纹。产生冷裂纹的必要条件是氢的聚集和淬硬组织的存在。就材料本身而言，是否产生淬硬组织是由其成分和焊接热循环方式所决定的。而产生冷裂纹的关键是马氏体的存在及其量的多少。一般认为，从焊接结构的安全性评价来说，焊后须经消除应力热处理的焊接接头，其不发生冷裂纹的热影响区的最高马氏体的体积分数应小于50%，而焊后不做消除应力热处理的，则应控制在30%以下。若能使冷却速度控制在低于临界冷却速度（指对应于产生体积分数为30%和50%的马氏体的冷却速度），就有可能避免冷裂纹的产生。

b. 再热裂纹。大多数热轧正火钢不含对再热裂纹敏感元素 Cr、Mo、V、Nb，故不会引起再热裂纹。某些含有上述元素的钢则有可能出现再热裂纹。如 18MnMoNb 钢虽含上述元素，但仍对再热裂纹不敏感。

c. 层状撕裂。与板厚、冶炼因素及 Z 向拘束力的大小有关。从设计角度上分析，板厚及 Z 向拘束力往往很难控制。这就要求从冶金角度控制硫及各类非金属夹杂物的含量和形态。在焊接工艺上则力求降低 Z 向拘束力，如选择合适的坡口、预热及控制焊接热输入等。

②热影响区脆化。脆化分为两类：一类是过热区脆化，另一类是热应变脆化。

a. 过热区脆化。取决于母材成分和焊接热循环方式，后者以高温停留时间和冷却速度为主要指标。奥氏体晶粒在过热区（高于1 100℃区域）显著长大甚至产生魏氏体，使韧性急剧降低；一些钢的碳化物、氮化物难溶质点高温时溶入过热区，冷却时未能及时析出而保留在奥氏体晶粒中，均是引起脆化的原因。此外，冷却过程中还可能产生一系列不利的组织转变，如生成粗大马氏体、铁素体—贝氏体—高碳马氏体混合组织和M—A 组元，都是产生脆化的原因。热轧钢不存在产生难熔质点的脆化基因。产生脆化的主因是晶粒长大，以及因冷却速度过快而在过热区形成粗大马氏体和贝氏体混合组织。正火钢的脆化机理主要归因于难熔质点的溶入和是否及时析出，晶粒粗大的问题可以通过正火热处理加以改善。

b. 热应变脆化。在热和应变同时作用下产生的一种动态应变时效，易发生于一些固溶 N 含量较高的低碳钢和强度不很高的 C—Mn 钢中。它与是否热轧、正火或调质无关。与材料的缺口敏感性有关，焊后产生的缺口影响小于焊前存在的缺口。Q345、Q390、Q420 及其派生钢种都对缺口敏感，必须引起注意。加入强氮化物形成元素 Al、Ti、V 等或是焊后退火，均可减弱其脆化倾向。试验表明，Q345 钢焊后经 600℃ 保温 1 h 退火可有效地消除热应变脆化的影响。

2) 低碳调质钢的焊接性。低碳调质钢的含碳量较低，合金系统的设计在于加入多种能提高淬透性的元素，以实现强化和具有较高韧性的目的。这类钢一般是在调质状态下直接焊接，且焊后不再做调质热处理。与热轧正火钢相比，除焊接裂纹和热影响区脆化问题同样存在以外，又多出一个焊接接头软化区的问题。热影响区软化是低碳调质钢焊接的普遍问题，强度越高，问题越突出。软化发生区域为热影响区内加热温度高于母

材回火温度至 A_{c1} 的范围，越是靠近 A_{c1} 的区域，软化越严重。软化是由于碳化物的积聚长大而引起的。如焊后不做调质处理，在制定焊接工艺时就应注意在不致发生脆化的情况下，尽可能降低预热温度，并以较小的热输入施焊。如有必要，进行焊后调质处理，软化问题即可消除。

3) 中碳调质钢的焊接性。与低碳调质钢的主要区别在于含碳量的增加，导致焊接性能严重恶化，裂纹发生概率上升，热影响区的脆化和软化加剧。施焊时，必须采取相应措施，才能使焊接性能得到改善。

①焊接区裂纹

a. 热裂纹。由于含碳量和合金元素含量都较高，导致焊缝凝固时结晶温度区间的增大，偏析加重，使热裂纹敏感性增加。因此，力求降低杂质 S、P 的含量，当 Si 不作为合金元素加入时，其含量不应过高，同时配以低 C、S、P 的焊接材料，适当增加 Mn 以提高 Mn/S 比，操作上还应避免产生弧坑裂纹。

b. 冷裂纹。碳和合金元素的增加，使 M_s 点降低，淬硬倾向增加，从而使冷裂纹发生的可能性增加。与低碳调质钢相比，首先是 M_s 点较低，难以形成"自回火"效应，其次是碳的富集不可能得到低碳马氏体，只能得到脆硬的高碳马氏体，冷裂纹的发生就很难避免。中碳调质钢是低合金钢中冷裂纹倾向最为严重的，是焊接工作面临的难题之一。

②热影响区的性能

a. 过热区脆化。过热区脆化是由脆硬的高碳马氏体引起的，冷却速度越大，马氏体生成量越多，脆化越严重。大的热输入焊接虽能减缓冷却速度，但却增加了高温区停留时间，使奥氏体过热发生晶粒长大，冷却后将会形成更粗大的马氏体，不利于脆性的改善。采用较小的热输入焊接，辅以预热、缓冷和后热等措施，既能避免高温停留时间过长，又可降低冷却速度，使马氏体生成数量减少。

b. 接头软化区。软化发生于热影响区中被加热超过调质处理时回火温度直到 A_{c1} 的区域。该类钢种淬火后的回火温度有两种选择：低温下（200～300℃）回火可得到较高强化效果；高温下（500～600℃）回火有助于得到较高韧性。由于 200℃ 以上区域几乎覆盖了整个热影响区，即便采用低温回火，软化的发生也是不可避免的。从焊接工艺考虑，选择合适的热输入和能量较为集中的焊接方法（如 TIG 焊、MIG 焊）可减小热影响区的宽度，但根本的方法还是进行焊后调质热处理。

3. 低合金结构钢的焊接工艺

(1) 焊接工艺特点。与低碳钢相比，低合金结构钢焊接时淬硬冷裂倾向稍大一些，焊接性稍差。所以，在接焊工艺上有更高的要求。

1) 预热。焊前预热能降低焊后冷却速度，避免出现淬硬组织，减小焊接应力，是防止裂纹的有效措施，也有助于改善接头组织与性能。屈服强度在 390 MPa 以下的低合金结构钢焊接时，仍可不预热。只有在厚板、刚度大的结构且环境温度低的条件下，需预热至 100～150℃。屈服强度在 390 MPa 以上的低合金结构钢焊接时，一般需要预热。预热温度决定于钢材的化学成分、厚度、结构形状和拘束度及环境温度等。随着碳当量、厚度、结构拘束度的增加和环境温度的降低，预热温度相应提高。由于试验条件

和生产环境状况不同,资料中所列的预热温度的数值也不一样,需根据实际情况选择执行。必要时根据工况条件做焊接性试验来确定预热温度数值。表2—3列举了几种热轧和正火钢的焊前预热温度和焊后热处理工艺参数,供参考。如采取局部预热时,预热的宽度范围是焊缝两侧各不小于焊件厚度的3倍,且不小于100 mm。

表2—3　几种热轧和正火钢的焊前预热温度和焊后热处理工艺参数

屈服强度（MPa）	钢号	焊前预热温度（℃）	焊后热处理工艺参数	
			焊条电弧焊	电渣焊
295	09Mn2 09Mn2Si 09MnV	不预热 （一般供应的板厚$\delta \leqslant 16$ mm）	不热处理	—
345	16Mn 14MnNb	100～150 （$\delta \geqslant 30$ mm）	600～650℃回火	900～930℃正火 600～650℃回火
390	15MnV 15MnTi 16MnNb	100～150 （$\delta \geqslant 28$ mm）	550℃或650℃回火	950～980℃正火 550℃或650℃回火
420	15MnVN 14MnVTiRe	100～150 （$\delta \geqslant 25$ mm）	—	950±10℃正火 650±10℃回火
490	14MnMoNb 18MnMoNb	>200	600～650℃回火	950～980℃正火 600～650℃回火

2) 控制热输入。由于低合金结构钢的脆化倾向和淬硬冷裂倾向各不相同,所以对热输入的要求也不一样。例如,用碳的质量分数低的Q295钢和16Mn钢焊接时,由于脆化倾向和淬硬冷裂倾向较小,热输入就没有严格限制。当焊接含碳量偏高的16Mn钢时,为降低淬硬倾向,防止冷裂纹的产生,热输入应偏大一些。对于强度级别较高的低合金结构钢,淬硬倾向增大,应选择较大的热输入,但不能过大,以免增大粗晶区脆化倾向。从防止产生裂纹角度考虑采取预热措施时,可用小的热输入焊接,既可防止粗晶区脆化,又能降低焊接应力。

3) 后热及焊后热处理。焊后立即对焊件进行全部（或局部）加热到150～250℃并保温一定时间,达到使其缓冷的工艺措施称为后热。后热是防止焊后淬硬冷裂的有效方法之一。对低合金结构钢采取后热,主要是进行消氢热处理。其方法是:焊后立即将焊接区加热到250～350℃,保温2～6 h,使焊缝中的扩散氢逸出焊缝表面。其效果比低温后热更好。焊后热处理是防止焊接冷裂纹的有效措施。焊后热处理工艺参数见表2—3。

(2) 焊接方法的选择。热轧和正火钢焊接性良好,几乎可以用现行的所有熔焊方法进行焊接,这要考虑具体焊件和可能提供的施工条件及相应的经济效益。首先考虑热输入低的焊接方法,如钨极氩弧焊、熔化极氩弧焊、CO_2气体保护焊及焊条电弧焊。长直焊缝和直径较大的环焊缝的平焊或平角焊可考虑选用埋弧自动焊。厚壁压力容器或大型厚板结构可考虑选用电渣焊,但焊后需进行正火热处理。

(3) 焊接材料的选择。低合金结构钢属于强度用钢。在选择焊接材料时,应考虑能否保证焊缝的强度、韧性和塑性等性能指标。

1) 以安全性为主。按等强原则选择与母材强度相当的焊接材料,同时还应综合考虑焊缝金属的韧性、塑性和抗裂性能。

2) 在某些情况下,选择低匹配焊接材料,以保证接头的塑性和韧性。

3) 选择低氢或超低氢焊接材料,以增强抗冷裂性。

4) 选择焊条或焊丝宜细不宜粗,以减小热输入。

5) 保护气体宜选富氩混合气,可提高接头的塑性和韧性。

常用热轧和正火钢焊接材料选择见表2—4。

表2—4 常用热轧和正火钢焊接材料选择

屈服强度(MPa)	钢号	焊条	埋弧焊 焊丝	埋弧焊 焊剂	电渣焊 焊丝	电渣焊 焊剂	CO_2气体保护焊焊丝
295	09Mn2 09Mn2Si 09MnV	E4303 E4301 E4316	H08A H08MnA	HJ431			H08Mn2SiA
345	16Mn 14MnNb	E5003 E5001 E5016 E5015	Ⅰ形坡口对接 H08A 中板开坡口对接 H08MnA H10Mn2 H10MnSi 厚板深坡口 H10Mn2	HJ431 HJ350	H08MnMoA	HJ431 HJ360	H08Mn2SiA
390	15MnV 15MnTi 16MnNb	E5003 E5001 E5016 E5015 E5516—G E5515—G	Ⅰ形坡口对接 H08MnA 中板开坡口对接 H10Mn2 H10MnSi H08Mn2Si 厚板深坡口 H08MnMoA	HJ431 HJ350 HJ250	H08Mn2MoVA	HJ431 HJ360	H08Mn2SiA
420	15MnVN 14MnVTiRe	E5516—G E5515—G E6016—D1 E6015—D1	H08MnMoA H08MnVTiA	HJ431 HJ350	H10Mn2MoVA	HJ431 HJ360	

(4) 热轧、正火钢的焊接工艺

1) 焊接方法。由于热轧、正火钢的焊接性良好,所有的熔焊方法均可使用,使用较多的方法有SMAW焊、TIG焊、MIG焊及MAG焊等。

2) 焊接材料。一般情况下,热轧、正火钢焊接时发生热裂、冷裂的倾向都不大,选择焊接材料主要还是按等强度原则或等性能原则。即与母材强度、塑性、韧性保持一致。常用热轧、正火钢焊条电弧焊焊条的选择见表2—5。

表 2—5　　常用热轧、正火钢焊条电弧焊焊条的选择

供应状态	钢号	强度等级（MPa）及碳当量 Ce（%）	主要特点	主要工艺措施	热处理规范（℃）	焊条选用 型号	焊条选用 牌号
热轧	Q295（09Mn2 09Mn2Si 09MnV 09MnNb 12Mn）	295 Ce=0.28~0.35	碳当量较低，强度不高，具有良好的塑性、韧性及焊接性，焊接热影响区淬硬倾向稍大于低碳钢。焊件较厚，接头刚度大，环境温度低时容易产生冷裂纹	1. 要求焊缝与母材等强度的焊件，选用相应强度的焊条 2. 不要求等强度的焊件，可选用强度略低的焊条，以提高塑性、韧性 3. 尽量选择低氢型焊条，对强度级别低的低合金钢、非动载荷件，可使用酸性焊条 4. 当板厚增加、刚度变大时，应提高预热温度 5. 在环境温度小于0℃时，工件应预热至100~150℃	—	E4301 E4303 E4315 E4316	J423 J422 J427 J426
	Q345（14MnNb, 16Mn 16MnR 16MnqA 16MnRE 12MnNb 16MnCu）	345 Ce=0.31~0.39			预热 δ>40 mm t>100 回火 600~650	E5001 E5003 E5015 E5015—G E5016 E5016—G E5018 E5028	J503、J503Z J502 J507、J507H、J507X J507D、J507DF J507R、J507RH J506、J506X J506DF、J506D J506GM J507R、J507RH J506Fe、J507Fe J506Fe16、J506Fe18 J507Fe16
	Q390（15MnV 15MnVR 15MnVCu 15MnVRE 15MnTi 16MnNb） Q420（15MnVNb 15MnTiCu）	390 Ce=0.38~0.42			预热 δ>32 mm t>100 回火 560~590 630~650	E5001 E5003 E5015 E5015—G E5016 E5016—G E5018 E5028 E5515—G E5516—G	J503、J503Z J502 J507、J507H、J507X J507D、J507DF J507R、J507RH J506、J506X、J506DF J506GM J506R、J506RH J506Fe、J507Fe J507Fe16、J506Fe18 J506Fe16 J557、J557Mo J557MoV J556、J556RH

续表

供应状态	钢号	强度等级（MPa）及碳当量 Ce（%）	主要特点	主要工艺措施	热处理规范（℃）	焊条选用 型号	焊条选用 牌号
正火	Q420 (15MnVN 15MnVNR 15MnVNCu 14MnVTiRE)	440 Ce= 0.41~0.43	碳当量较高，焊接热影响区有明显的淬硬倾向，焊后于 800~500℃下冷却速度越大，淬硬越严重。由于出现低塑性马氏体组织，冷裂纹敏感性增强。接缝区含氢量增多，结构刚度增加。产生冷裂纹的倾向增大。输入焊件的热输入不可过低，否则热影响区产生淬硬组织，易产生裂纹。而热输入过大，晶粒粗大，接头塑性降低	1. 要求焊缝与母材等强度的焊件，应选用相应强度级别的焊条。不要求等强度的焊件，可选用强度略低的焊条。 2. 使用塑性、韧性好的低氢型焊条 3. 适当控制线能量和焊后冷却速度 4. 强度级别高或厚度较大的焊件，焊后应及时进行热处理，或在 200~350℃保温 2~6 h 5. 焊件、焊条应保持低氢状态 6. 定位焊也应预热 7. 严禁在非焊部位引弧	预热 δ>32 mm t>100	E5515—G E5516—G E6015—D1 E6015—G E6016—D1 E6016—G	J557、J557Mo J557MoV J556、J556RH、J556XG J607 J607Ni、J607RH J606 J606RH
	Q460	460 Ce= 0.45~0.55					
正火+回火	14MnMoV 14MnMoVg 18MnMoNb 14MnMoVN 18MnMoNbg 15MnMoVCu 18MnMoNbR 12Ni4CrMoV	490 Ce= 0.5~0.59			预热 δ>32 mm t>150 回火 600~650 预热 t>150 回火 620~650	E6015—D1 E6015—G E6016—D1 E7015—D2 E7015—G	J607 J607Ni、J607RH J606 J707 J707Ni、J707RH J707NiW
	14MnMoVB	540 Ce=0.47			预热 200~250 回火 660±20	E7015—D2 E7015—G	J707 J707Ni、J707RH J707NiW J757、J757Ni
控轧	X60 X65	414 450				E4310 E5011 E5015 E5016	J425G J505、J505MoD J507XG、J507 J506XG、J506

3）焊接注意事项

①热输入。热轧及正火钢从增加一定塑性、韧性储备的角度考虑，选用小的热输入更为有利。

②预热。一般认为 Ce<0.40% 时不必预热，Ce>0.40% 时应考虑预热。薄板及环境温度不太低时可不预热，板厚及负温下应考虑预热。预热与拘束条件有关，拘束越大，预热温度越高。还应考虑焊材的含氢量，含氢量越高，预热温度越高。再有，如果不需要进行后热或消除应力热处理的焊件，预热温度应适当提高。

③后热处理。无特殊要求，一般不进行后热处理。焊后消除应力退火（550~600℃），有助于降低硬度，提高塑性、韧性，并能消除大部分焊接残余应力。对于屈服强度大于等于 490 MPa 的低合金高强度钢为减少延迟裂纹的危险，可只做后热（消氢）

处理，因加热温度低，不会降低原来的强度。

（5）低碳调质钢的焊接工艺。低碳调质钢的合金体系设计得非常合理，冷却速度恰当时，最终可以得到理想的低碳回火马氏体＋下贝氏体组织。其焊接工艺主要是从焊接热循环的特点出发，包括焊接方法、焊接热输入、接头和坡口形式、预热及焊后热处理等方面综合考虑，达到理想的焊接效果。

1）焊接材料的选择。结构刚度过大，冷裂纹倾向严重时应选择强度低一档的焊接材料。纵向受切应力的角焊缝，为防止高拘束条件下的焊缝开裂，也宜采用低匹配选择焊接材料。严格控制焊接材料中的含氢量，特别是药皮焊条，要采用低氢或超低氢型焊条，并严格遵守烘焙规范。气体保护焊时，应严格控制保护气体中的水分含量。表2—6提供了常用低碳调质钢焊条电弧焊焊条选择的依据。

表2—6　　　　　　常用低碳调质钢焊条电弧焊焊条选择依据

供应状态	钢号	屈服强度(MPa)及碳当量C_e（%）	主要特点	主要工艺措施	热处理规范（℃）	焊条选用 型号	焊条选用 牌号
调质	WCF60 WCF62	450 490	母材为低碳马氏体或贝氏体组织，具有较高的强度，又有较高的塑性、韧性和焊接性，如果焊接过程中冷却速度较慢，热影响区则出现上贝氏体、高碳马氏体及铁素体混合组织，韧性降低。适当速度冷却时，可以获得由低碳马氏体或下贝氏体构成的焊缝组织。但如果冷却速度过快，热影响区会产生淬硬组织，使接头抗裂性和塑性降低	1. 按设计要求选用相应强度等级的低氢型结构钢焊条 2. 焊件、焊条严格保持低氢状态 3. 根据板厚、预热温度、层温，确定合适的焊接热输入。在焊接过程中严格控制在规定的范围内。随着母材强度提高，碳当量增大，热输入的控制也应更为严格 4. 焊后热处理温度应比母材回火温度低20～30℃ 5. 控制坡口加工边缘的切割裂纹和装配定位焊裂纹，必须打磨掉坡口处渣和氧化皮	预热≥150	E6015—D1 E6015—G E6016—D1 E6016—G	J607 J607Ni、J607RH J606
正火＋回火	HQ70A HQ70B 14MnMoVN 12Ni3CrMoV 12MnCrNiMoVCu	590 C_e=0.58～0.65			预热80～120	E7015—D2 E7015—G	J707 J707Ni、707RH J707NiW
调质	14MnMoNbB 15MnMoVN HQ80C	685 C_e=0.55			预热≥150	E7015—D2 E7015—G E7515—G E8015—G	J707 J707Ni、J707RH J707NiW J757、J757Ni J807、J807RH
调质	12Ni5CrMoV	785 C_e=0.67			预热120～140	E8015—G E8515—G	J807RH J857、J857Cr J857CrNi
调质	T—1(美) T—1A(美) T—1B(美) HY—80(美)	686			预热≥150	E7015—D2 E7015—G E7515—G	J707 J707Ni、J707RH J757、J757Ni

2) 焊接方法的选择。低碳调质钢焊后不需调质热处理，因此，焊接热循环对接头性能有极大影响，而焊接热循环又受到焊接方法的制约。热输入大的焊接方法（如电渣焊、粗丝埋弧焊）明显不适宜该类钢种的焊接。而热输入不大的 TIG 焊、SMAW 焊、细丝 MIG/MAG 焊对所有低碳调质钢都是合适的。

3) 焊接工艺参数的选择。焊接工艺参数的确定，首先确定热输入，进而确定冷却速度。在不至于引起冷裂纹的情况下，尽可能以较小的热输入进行焊接。必要时辅以预热措施。预热温度的确定，如在允许热输入范围内可避免冷裂纹，最好不预热。否则也只有采取较低的预热温度，即小于等于 200℃。

4) 后热处理的确定。该类钢一般不做焊后调质热处理，也不做焊后消除应力热处理。如必须进行焊后热处理，则热处理温度至少要低于母材原始回火温度 30℃ 左右。对再热裂纹敏感的钢种，应尽可能避开对再热裂纹敏感的回火温度，且缩短该区域停留时间。

(6) 中碳调质钢的焊接工艺。中碳调质钢的淬硬倾向远高于低碳调质钢。焊接首先要保证无裂纹产生，其次才是设法使接头性能达到或接近母材。预热是防止裂纹的重要措施，焊后热处理也是必不可少，这就是与低碳调质钢和热轧、正火钢的不同之处。

1) 退火状态下的中碳调质钢焊接。常规工艺是工件先退火，后焊接。焊后经调质以恢复其性能。焊接的主要问题是防止裂纹。

①焊接方法的选择。由于是在退火状态下焊接，一般不会产生裂纹。可完全服从常规焊接方法的选择原则。

②焊接工艺参数的选择。确定工艺参数的主要依据是保证在焊后调质处理前不出现裂纹，往往是选择较小的焊接热输入，辅以较高的预热温度（200～350℃）。

③热处理方法的选择。中间回火热处理：当焊后不能及时进行调质热处理时，为避免延迟裂纹导致结构的破坏，需进行中间回火热处理；当产品结构复杂，焊接持续时间较长时，如不进行中间回火热处理很难保证延迟裂纹不会发生，需进行中间回火热处理。中间回火热处理可采用中碳调质钢消除应力热处理的温度，但应避开有可能发生再热裂纹的敏感区域，这样既可达到防止延迟裂纹产生的目的，又可及时起到去氢和消除焊接残余应力的作用。除中间回火热处理方法外，还有一种热处理方法，即焊后立即进行回火热处理；对于一些淬硬倾向更大的中碳调质钢，不论是否进行了中间回火热处理，焊后都必须在预热温度以上温度段进行回火，回火后再进行调质处理。

④焊接材料的选择。首先是应选择低碳合金系统的焊接材料并严格控制 S、P 等杂质含量，以降低各类裂纹的发生率。其次是选择低氢或超低氢焊接材料，这对淬硬性极高的材料避免氢致裂纹非常必要。最后是选择合金系统与母材一致的焊接材料，以使焊缝在调质后能达到与母材同等水平。常用中碳调质钢焊条电弧焊焊条的选择见表 2—7。

⑤预热温度的选择。中碳调质钢不能以大的热输入来避免淬火区高碳马氏体的形成，因此，预热是不可避免的选择。其预热的温度高达 200～350℃，而且就高不就低。

表 2—7　　　　常用中碳调质钢焊条电弧焊焊条的选择

供应状态	钢号	屈服强度（MPa）	主要特点	主要工艺措施	热处理规范	焊条选用 型号	焊条选用 牌号
退火（一般是在退火状态下进行焊接，焊后调质）	25CrMnSiA 30CrMnSiA 35CrMoA 35CrMoVA 30CrMnSiNi2A 34CrNi3MoA	≥580	焊缝金属和母材强度相等时，韧性低于母材，由于含碳量高，热影响区及焊缝容易形成高碳马氏体。冷裂纹倾向严重。冷裂纹对焊接应力及扩散氢含量的敏感性大 由于母材熔入焊缝金属中的碳和合金元素增加，可能会产生热裂纹 焊接接头还可能产生微裂纹，在焊后使用期间有可能开裂（延迟裂纹） 一般都在退火状态下焊接，焊后进行调质处理，以获得要求的接头性能	1. 若构件焊后进行调质处理，则应选用焊缝金属调质处理规范与母材相似的焊条，合金成分尽可能相近，杂质尽量降低 2. 若对焊缝金属韧性要求高，则应选择韧性好的焊条 3. 对调质后焊接，焊后又不进行调质处理的不要求等强，要求在动载荷、冲击载荷下具有良好性能或提高抗冷裂性能的，可选用镍基合金或铬镍奥氏体焊条 4. 焊后修整焊缝外形，防止应力集中 5. 严格保持低氢状态 6. 尽量使用小焊接工艺参数焊接	预热300℃，焊后调质、淬火+回火	E9015G E8518G E10015G	J907、J907Gr J857、J857Gr J857CrNi J107、J107Cr HTJ—2 （低氢型 H18CrMoA） HTJ—3 （低氢型 H18CrMoA）
	40Cr				200～300℃	E8515—G E9015—G E10015—G	J857Cr、J907 J907Cr J107Cr、J107
调质后焊接（不要求等强度时）	25CrMnSiA	—			预热层温及后热温度应较淬火后的回火温度低50℃		
	30CrMnSiA	≥833				E1—16—25 Mo6N—15 E1—16—25 Mo6N—16	A507 A502 HTG—1 （低氢型 GH30） HTG—2 （低氢型 GH41） HTG—3 （低氢型 H1Cr19Ni11Si4AlTi）
	30CrMnSiNi2A	≥1 372				—	
	34CrNi3MoA	≥833					
	40CrNiMoA	≥833					

2) 调质状态下的中碳调质钢焊接

①焊接方法的选择。宜采用能量密度较大的焊接方法。薄板首先采用 TIG 焊、细丝短路过渡 MIG 焊和脉冲气体保护焊，其次是焊条电弧焊。中厚板首选富氩混合气体保护焊、细丝埋弧焊和窄间隙埋弧焊。

②焊接材料的选择。参见表 2—7。

③焊接工艺参数的选择。选择较低的热输入，辅以较高的预热温度及层间温度。预热温度的选择范围：200～350℃。

④焊后热处理。在焊后不进行调质处理的前提下，为避免裂纹可以进行中间热处理和焊后回火热处理，但焊后热处理温度必须比母材原始淬火后的回火温度低50℃左右，否则不仅焊接接头，连母材非焊接热影响区也可能发生软化和韧性降低现象。

二、珠光体耐热钢的焊接

具有足够的高温强度和较好的抗高温氧化性能的钢叫耐热钢。耐热钢按正火组织（供货状态下的组织）分为珠光体钢、马氏体钢、铁素体钢和奥氏体钢等。珠光体耐热钢的室温组织基本为珠光体加铁素体。

1. 珠光体耐热钢的焊接性分析

钢的焊接性能的好坏，主要取决于钢中各种合金元素的含量，其次是施焊方法、焊接材料、接头形式和工艺操作要求。确定钢材的焊接性，有两种方法：一是直接实验法，二是间接判定法。直接实验法是以标准试件形式测定对裂纹敏感性的方法，做起来比较麻烦，因此，经常采用的是间接判定法，也就是碳当量法。以典型的珠光体耐热钢12Cr1MoV为例，因钢中加入了铬、钼、钒等合金元素，通过计算，碳当量值约为0.55%，证实其焊接性较差，需采取焊前预热、焊后热处理等特殊措施。

2. 珠光体耐热钢的焊接工艺

（1）焊接方法的选择。珠光体耐热钢的焊接，通常采用的是手工钨极氩弧焊打底，焊条电弧焊盖面。选择直流焊机作为焊接电源。

（2）焊接工艺参数的选择

1）钨极氩弧焊打底时

①焊丝与钨极的选择。牌号为TIG-R30、TIG-R31的焊丝是珠光体耐热钢的专用氩弧焊丝。用于氩弧焊的钨极有两种：一种是钍钨极，另一种是铈钨极。钍钨极中的钍元素有一定的放射性，对人体有害，故多选用铈钨极作电极。钨极的规格以选用$\phi 2$～2.5 mm为宜。

②钨极伸出喷嘴长度。钨极伸出喷嘴长度为6～8 mm。氩气流量按下列公式确定：

$$Q=KD$$
$$D=2d+4$$

式中　Q——氩气流量，L/min；

　　　K——系数，依喷嘴直径大小确定，一般取0.8～1.2，Q值一般控制在8～10 L/min范围内；

　　　D——喷嘴直径，mm；

　　　d——钨极直径，mm。

③焊接电流的选择。通常以管径为准，管径小于76 mm，焊接电流选用80～110 A；管径为76～159 mm，焊接电流选用110～130 A；管径大于159 mm，焊接电流选用130～150 A。

④填丝方法的选择。填丝方法有外填丝和内填丝两种。采用外填丝法时焊枪在管子

对口外面引燃电弧，焊丝也在对口外面向熔池内填充熔融金属。外填丝法要求间隙适当，内壁平齐，方可避免未焊透缺欠。外填丝法的优点是焊丝用量少，焊接速度快，易于操作。

采用内填丝法时焊枪在管子对口外面引弧，焊丝从对口间隙中伸入管内，从管口背面向熔池填充熔融金属。内填丝要求对口间隙稍大于焊丝直径，便于焊丝伸入管内摆动。内填丝的优点是对困难位置适应性较强，不易出现未焊透和内凹等缺欠。填丝方法如图2—11所示。

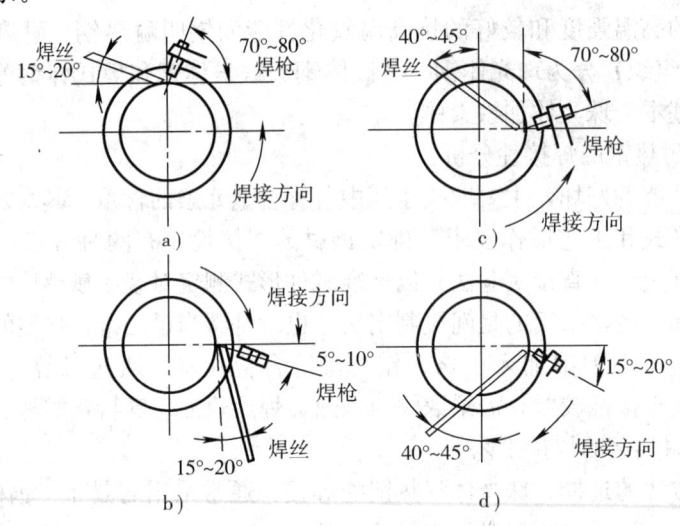

图2—11 焊丝填充方法
a) 外填丝，立向上焊　b) 外填丝，立向下焊
c) 内填丝，立向上焊　d) 内填丝，立向下焊

⑤焊枪与焊丝的倾角。因填丝方法和焊接位置的不同，焊枪与焊丝的相互倾角也不同。以外填丝为例，对水平固定管来说，采取由下向上的外填丝法施焊，焊枪在后，焊丝在前，焊枪向已焊焊缝倾斜，倾角保持在70°～85°之间（与管子水平中心线的夹角），焊丝则向未焊部分倾斜，倾角一般在15°～20°之间（见图2—11a）。如由上向下施焊，焊枪在焊丝之前，均倾向未焊接部分（见图2—11b）。对垂直固定管来说，焊枪指向未焊侧并始终保持70°～80°倾角，焊丝也倾向未焊侧并保持在15°～20°之间。

2）焊条电弧焊盖面时

①焊接规范的选择。首先是焊接电流的确定。焊接电流与焊条直径、母材厚度、焊缝空间位置、坡口形式和焊接层次有关。焊条直径确定后，焊接电流也随之在一定的范围内变化。焊条直径与焊接电流的关系用下式确定：

$$I = (25 \sim 60)d \text{ 或 } I = Kd$$

式中　I——焊接电流，A；
　　　d——焊条直径，mm；
　　　K——经验系数。

当焊条直径为1～2 mm时，K取25～30；焊条直径为2～4 mm时，K取30～40；

焊条直径为 4~6 mm 时，K 取 40~60。其次是电弧电压的选择。电弧电压是指电弧长度，弧长变化电压随之变化，根据焊条药皮性质，酸性焊条选用长弧焊接，碱性焊条选用短弧焊接。一般情况下，弧长约等于焊条直径。再有，根据焊件的厚度大小及焊接层次选择焊接速度。焊件越厚越大，散热能力越强，焊接速度就应慢些；焊接层次越多，越靠近外层温度越高，焊接速度应稍快些。

②焊条的选择。焊条的选择必须满足使用条件的要求。焊接 12CrMo 或 15CrMo 钢时，可选用 E5515B2 焊条；焊接 12Cr1MoV 钢时，应选用 E5515B2V 焊条。由于这些焊条中铬、钼含量均稍高于母材，可弥补焊接时的烧损，达到焊缝与母材的化学成分相近。使用这些焊条前须进行严格的烘干处理。

(3) 焊前预热及焊后热处理

1) 焊前预热。由于铬钼珠光体耐热钢的淬硬冷裂倾向较大，因此，焊前预热是焊接铬钼珠光体耐热钢的重要工艺措施。不论是定位焊还是焊接过程中，都应预热，并保持略高于预热温度的层间温度。预热温度根据钢的化学成分、接头的拘束度和焊缝金属的含氢量选定。对于铬钼珠光体耐热钢的焊接，为防止冷裂纹的产生，规定较高的预热温度是必要的，但并非越高越好。采用钨极氩弧焊打底或 CO_2 气体保护焊时，可以降低预热温度或不预热。

2) 焊后热处理。珠光体耐热钢焊后应立即进行高温回火，以防止产生延迟裂纹，消除焊接残余应力，改善接头组织与性能。还可提高接头的高温蠕变强度和组织稳定性，降低焊缝及热影响区的硬度等。焊前预热和焊后热处理温度见表 2—8。

表 2—8   铬钼珠光体耐热钢的焊前预热和焊后热处理温度选择

钢 号	预热温度（℃）	焊后热处理温度（℃）
12CrMo	200~250	650~700
15CrMo	200~250	670~700
12Cr1MoV	250~300	710~750
12Cr2Mo	250~350	720~750
12Cr2MoWVB	250~300	760~780
12Cr3MoVSiTiB	300~350	740~760
12MoVWBSiRe	200~300	750~770

3. 珠光体耐热钢水平固定管件焊接工艺指导书

12Cr1MoV 焊接工艺指导书

操作方法：钨极氩弧焊打底，焊条电弧焊盖面　　接头形式：对接
焊接位置：水平固定　　　　　　　　　　　　　规格（mm）：$\phi42\times5$

焊前准备：

坡口形式及装配间隙图　　　　　焊接位置示意图

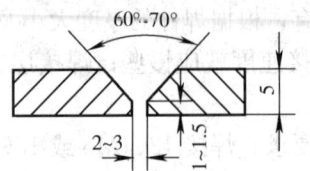
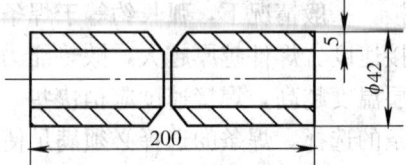

焊丝牌号：TIG—R31　　　　　氩弧焊电流种类与极性：直流正接
焊条型号：E5015—B2—V　　　焊条电弧焊电流种类与极性：直流反接

主要焊接参数

焊道分布	焊接层次	焊条（丝）直径（mm）	焊接电流（A）
第1道	打底层	焊丝：2.5	70～80
第2道	盖面层	焊条：3.2	120～140

工艺要点：

1. 清理距坡口10 mm工件内、外壁上的油、锈，直至露出金属光泽。
2. 采用与正式施焊时相同的焊接材料和工艺点固一点即可，长度为10 mm左右。
3. 打底层焊接时，必须保证焊透。保护气体流量应控制在6～8 L/min。
4. 盖面层焊接时，焊条做横向摆动。要随时注意焊条角度的变化。
5. 按要求严格烘干焊条并放入保温桶内，随用随取。
6. 按上述表2—8热处理工艺规范，进行焊前预热和焊后热处理。

三、低温钢的焊接

1. 低温钢的分类及用途

（1）低温钢的分类。按合金体系及金相组织，可以分为Fe—Cr—Ni系的奥氏体型钢和奥氏体—铁素体型钢、Fe—Cr—Ni—Mn—N系和Fe—Mn—Al系的奥氏体型钢、Fe—Ni系的低碳马氏体型钢以及以Fe—Mn系合金为主的含Ni或无Ni铁素体型钢等类别。按最低使用温度可分为－40℃、－50℃、－60℃、－70℃、－80℃、－90℃、－100℃、－196℃、－253℃ 9个温度级别。

（2）低温钢的用途。低温工程的主要领域是钢铁冶炼、化工工程、航空航天、超导工程、电子学、生物化学、食品工业和形形色色的低温设备。

1) －40℃用钢。16MnD（16MnDR）、09Mn2VD（09Mn2VDR）、15MnNiDR、20MnMoD、16MnMoD、09MnD等。

2) －70℃用钢。09MnNiD（09MnNiDR）、2.5Ni等。

3) －90℃用钢。06MnNbDR、3.5Ni等。

4) －100℃用钢。06AlNbCuN、6Ni、5Ni 等。

5) －196℃用钢。9Ni。

2. 低温钢的焊接性分析

(1) 对低温钢焊接接头的要求。必须保证在使用温度下具有足够的夏比 V 形缺口冲击吸收功或冲击韧度,以此保证接头在此温度下具有足够的抗脆断能力。一些重要结构还要求接头具有抗脆性裂纹扩展的止裂功能。接头的屈服强度与抗拉强度之比不宜过高,以使接头具有足够的塑性储备。从安全角度考虑,塑性储备甚至比强度储备更为重要。接头的 C、S、P、O、H、N 等含量应加以控制,Mn/C 应在较高范围。并应尽量降低应力集中。尽可能得到细晶粒组织,焊接热循环不应导致晶粒粗大。

(2) 低温钢焊接的主要问题

1) 无镍钢

①热影响区的淬硬倾向不仅增加冷裂纹敏感性,而且对低温冲击韧度也有显著影响。因此,在选择母材和焊接材料时应严格控制 C、S、P 的含量,在预热和焊接热输入选择上要防止晶粒长大和产生过热组织。

②杜绝各种焊接缺欠,特别是裂纹、未焊透等二维缺欠以及咬边、凹陷、余高过大和焊缝成形不良,这些缺欠都会引起应力集中,是产生低温脆断的危险因素。

2) 含镍钢

①冷裂纹敏感性。Ni 使钢的淬透性明显增大,但由于 Ni 钢的含碳量较低,对 S、P 控制严格,故低镍钢(如 2.5Ni 钢、3.5Ni 钢)的冷裂倾向并不大,薄板焊接时可不预热。9Ni 钢采用奥氏体焊接材料,厚度较大时须预热 100~150℃。

②热裂纹敏感性。Ni 元素显著扩大奥氏体相区,降低 S、P 的溶解度,使偏析程度加大,热裂纹倾向增加,有可能产生液化裂纹,其必要条件是 C、S、P 的含量已达到一定数值。在设计 Ni 钢的成分时,已对这些元素的含量予以严格控制。

③回火脆性。根据晶界富集和偏析理论,Ni 在回火加热时易使硫在晶界富集和偏析,形成硫化物析出相,因此,镍钢存在回火脆性问题。而镍钢的焊后高温回火又是提高其低温冲击韧度的必要手段,为此必须在回火温度和冷却速度上加以控制。如能将回火温度提高到 600~625℃(回火脆性敏感温度区在 450~550℃),并减少在敏感温度区的停留时间,就可避免回火脆性的发生。

综上所述,可见低温钢的焊接性能也不是很好。

3. 低温钢焊接工艺

(1) 无镍低温钢的焊接工艺

1) 焊接方法选择。除气焊、电渣焊以外的其他熔焊方法均可选择,使用最多的是 TIG 焊、焊条电弧焊、熔化极活性气体保护焊和埋弧焊。

2) 焊接材料选择。焊条电弧焊低温钢焊条的选择见表 2—9。气体保护焊低温钢焊丝的选择见表 2—10。

表 2—9　焊条电弧焊低温钢焊条选择

牌号	型号	药皮类型	焊接电源	主要用途
W707 W707Ni W907Ni W107Ni	E5515—C1 E5515—C2	低氢钠型	直流	焊接-70℃温度下工作的09Mn2V及09MnTiCuRE 焊接-70℃温度下工作的3.5Ni钢和06MnVAl钢 焊接-90℃温度下工作的3.5Ni钢 焊接-100℃温度下工作的06AlNbCuN钢、06MnNb钢和3.5钢

表 2—10　气体保护焊低温钢焊丝选择

母材类别	母材牌号	焊丝型号	相关说明
低温钢	16MnDR 09MnTiCuREDR	ER55—C1 ER55—C2 MGS—1N	CO_2或二元、三元混合气体保护
	3.5Ni钢	ER55—C3 MGS—3N	二元或三元混合气体保护

(2) 含镍低温钢的焊接工艺

1) 焊接方法选择。焊接方法同无镍低温钢。

2) 焊接材料选择。含镍低温钢焊条选择见表 2—11。

表 2—11　含镍低温钢焊条选择

母材牌号	热处理状态	平均w(Ni)	国产焊条 型号	国产焊条 牌号	外国焊条 型号	外国焊条 牌号
SL—2N25（日） ASTM A203A，B（美） 2.25Ni（法） 24Ni8（德）	正火或正火+回火	2.5%	E5515—C1	W707Ni	JISDL5016—D—2（日） AWSE7016—C_1L（美）	NB—2N（日）
SL—3N26（日） SL—3N45（日） ASTM A203D，E（美） 3.5Ni（法） 10Ni14（德） 503（英）		3.5%	E5515—C1 E5515—C2 E5515—C_2L	W707Ni W907Ni W107Ni	JISDL5016—D—3（日） AWSE8016—G（美）	NB—3N（日）

3) 焊接工艺要点

①焊条电弧焊。用小电流快焊速多层多道焊，控制热输入小于 20 kJ/mm，焊接电流见表 2—12。对于厚度大于 25 mm、刚度较大的焊件焊前应预热到150℃，层间温度不大于150℃，焊后经 600~620℃回火，保温时间 3 min/mm。

表 2—12　　　　　　　　焊接电流推荐表

焊条直径	2.5 mm	3.2 mm	4 mm	5 mm
平焊	55～85	90～130	130～180	180～240
仰焊或立焊	50～80	80～115	100～170	—

②MAG 焊。建议采用含氩（75%～85%）+二氧化碳（25%～15%）的二元混合气体，半自动焊用 ϕ1.2～1.6 mm 实心焊丝或 ϕ1.6～2.4 mm 药芯焊丝。自动焊用 ϕ2～3 mm 焊丝，采用多层多道焊，层厚不大于 10 mm，板厚小于 50 mm 时可不预热，板厚大于 50 mm 时预热 100～150℃，层间温度小于 200℃。焊后热处理规范同焊条电弧焊。

四、奥氏体不锈钢的焊接

铬的质量分数大于 12% 的钢，在空气、水、蒸汽中能不受腐蚀和生锈的钢称为不锈钢。在酸及其他化学侵蚀介质中能耐腐蚀的钢称为不锈耐酸钢。不锈钢包括不锈钢和不锈耐酸钢两种。

1. 不锈钢的分类及用途

（1）不锈钢的分类。不锈钢的分类方法一种是按合金元素的特点分为铬不锈钢和铬镍不锈钢。另一种方法是按正火状态下钢的组织状态分为马氏体不锈钢、铁素体不锈钢、奥氏体不锈钢和奥氏体—铁素体型不锈钢。

1）马氏体不锈钢。这类钢的铬的质量分数较高（13%～17%），碳的质量分数也较高（0.1%～1.1%）。属于此类钢的有 1Cr13、2Cr13、3Cr13、4Cr13 等，其中应用最为广泛的是 2Cr13。此类钢具有淬硬性。当温度不超过 30℃ 时，在弱腐蚀介质中具有良好的耐腐蚀性。对淡水、海水、蒸汽、空气亦有足够的耐腐蚀性。经调质热处理后有很好的力学性能。

2）铁素体不锈钢。这类钢的铬的质量分数高达 13%～30%，碳的质量分数较低（小于 0.15%）。此类钢耐酸能力强，有很好的抗氧化能力，强度低，塑性好。属于此类钢的有 00Cr12、1Cr17、1Cr17Mo 等。

3）奥氏体不锈钢。此类钢是目前应用最为广泛的不锈钢钢种。它以铬、镍为主要合金元素，具有更加优良的耐腐蚀性、塑性、韧性极好，且焊接性能良好，但强度较低。属于此类钢的有 1Cr18Ni9、1Cr18Ni9Ti、Cr25Ni20 等。

（2）不锈钢的用途

1）马氏体不锈钢。此钢种多用于制造力学性能要求较高、耐腐蚀性能要求相对较低的零件，如汽轮机叶片、医疗器械等。

2）铁素体不锈钢。主要用于制造化工设备中的容器、管道等。还广泛用于硝酸、氮肥工业中。

3）奥氏体不锈钢。主要用于化工容器、设备和零件等。

2. 奥氏体不锈钢的焊接性

奥氏体不锈钢的塑性和韧性很好，具有良好的焊接性，焊接时一般不需要采取特殊的焊接工艺措施。如果焊接材料选用不当或焊接工艺不合理时，会降低焊接接头抗晶间腐蚀的能力和产生热裂纹。

(1) 焊接接头的抗腐蚀性。奥氏体不锈钢焊接时容易造成抗晶间腐蚀和抗应力腐蚀能力的下降。

1) 晶间腐蚀。即沿焊缝晶粒边界发生的腐蚀破坏现象。

①焊缝的晶间腐蚀。当采用多层多道焊时，前面已焊焊缝正处于敏化温度区，会使晶间产生贫铬，此时接触腐蚀介质，就会发生晶间腐蚀。要防止晶间腐蚀，焊接时需选用含钛或铌稳定剂的奥氏体不锈钢焊接材料，还可选用超低碳的焊接材料。

②热影响区的晶间腐蚀。由于焊接热循环的加热和冷却速度都非常快，因此，焊接热影响区的敏化温度区略高于热处理敏化温度区，在600~1 000℃。防止热影响区晶间腐蚀的措施是除选用含钛或铌的奥氏体不锈钢母材或选用超低碳的奥氏体不锈钢母材外，在工艺上选用小的热输入焊接，选用快速冷却的焊接工艺，以减小在敏化温度区的停留时间，降低晶界产生 $Cr_{23}C_6$ 的概率。

③熔合线过热区的刀状腐蚀。含钛或铌的奥氏体不锈钢焊接热影响区紧邻熔合线的过热区。温度超过1 200℃，TiC 或 NbC 全部溶解于奥氏体中，冷却时部分固溶的碳原子扩散并偏聚在奥氏体晶界上。在随后的多层焊时处于600~1 000℃的敏化区，晶界上碳原子浓度增大，与铬结合成 $Cr_{23}C_6$，造成晶间贫铬。在一定的腐蚀介质作用下，将从表面开始产生晶间腐蚀，直至形成刀状腐蚀的破坏。防止措施首先是选用超低碳奥氏体不锈钢母材，其次是在焊接顺序上安排接触腐蚀介质表面上的焊缝最后焊。

2) 应力腐蚀。根据不锈钢设备与制件的应力腐蚀断裂事例和试验，可以看出：在一定静拉伸应力和温度条件下的特定电化学介质共同作用下，不锈钢均有产生应力腐蚀的可能。引起奥氏体不锈钢应力腐蚀主要是盐酸和氯化物等含有氯离子的介质，还有硫酸、硝酸、氢氧化物等介质。应力主要是焊接应力。防止应力腐蚀的措施主要是消除焊接残余应力的焊后热处理，在焊接工艺上采取措施减小残余应力。

(2) 热裂纹。奥氏体不锈钢焊接时容易产生热裂纹，其原因之一是：单相奥氏体焊缝易形成方向性强的柱状晶组织，硫、磷、镍、碳等元素形成的低熔点共晶杂质偏析比较严重，形成晶间液态夹层；不锈钢的液相线与固相线距离较大，结晶时间较长，也使低熔点杂质偏析严重。其原因之二是：不锈钢热导率小，线膨胀系数大，导致焊接应力较大。

防止热裂纹的措施：

1) 选用碱性焊条和焊剂，降低焊缝中的杂质含量，改善偏析程度。

2) 采用小的热输入，用小电流快速不摆动焊，降低焊接应力。

3) 严格控制焊缝中硫、磷等杂质元素的质量分数，以减少低熔点共晶杂质。

4) 选用双相组织的焊条，使焊缝形成奥氏体和少量铁素体的双相组织，以细化晶粒，打乱柱状晶的方向，降低偏析程度。

5) 控制焊接电流和电弧电压，适当提高焊缝成形系数，采用多层多道焊，避免中心线偏析，防止中心线裂纹。

(3) 焊接接头的脆化。奥氏体不锈钢的脆化有两种情况，一是焊缝金属的低温脆化，二是焊接接头的σ相脆化。

1)金属的低温脆化。单相奥氏体组织具有理想的低温性能,故工作于低温的奥氏体不锈钢最好全为奥氏体组织,铁素体的存在不利于低温韧性。

2)焊接接头的σ相脆化。σ相是一种脆硬的金属间化合物,可在晶界或顺着孪晶界和滑移带形成。γ相和δ相都会发生σ相转变,并和温度有极大关系。为防止焊接接头的σ相脆化,可采取以下措施:

①适当控制焊缝的铁素体含量,不能为防止热裂而增加过多的铁素体。
②严格控制焊材中能加速形成σ相的元素,如 Mo、Si、Nb 等,适当降 Cr 增 Ni。
③选择低的热输入焊接方法,不预热,控制层温不过高以及减少高温停留时间。
④避免在 600~850℃高温区域进行焊后热处理。

3. 奥氏体不锈钢的焊接工艺

(1) 工艺要点

1)奥氏体不锈钢焊接时宜选用小的热输入,采用小电流短弧快速焊。施焊过程中焊条不做横向摆动,焊道宜窄不宜宽。有利于防止晶间腐蚀、应力腐蚀和热裂纹。

2)快速冷却。必要时,焊后采取强制冷却措施,减小在敏化温度区停留时间,可有效防止晶间腐蚀。

3)奥氏体不锈钢焊接时,不能采取预热和后热工艺措施,防止降低焊后冷却速度。

4)关于焊后热处理。一般情况下可不进行。特殊情况下(如用 18-8 系列不锈钢制作的容器接触氯化物溶液、高温高压水等),在焊接残余应力的作用下,会产生应力腐蚀裂纹导致破坏,这时可做低于 350℃或高于 850℃的退火处理。

5)奥氏体不锈钢的焊后处理方法。为增加奥氏体不锈钢的耐腐蚀性,焊后可做表面处理。其方法有表面抛光和表面钝化。

(2) 焊接方法的选择。理论上讲绝大多数的熔焊方法都可用于奥氏体不锈钢的焊接,实际上使用最多的还是焊条电弧焊、各类气体保护焊和等离子弧焊。埋弧焊在奥氏体不锈钢的焊接中使用也比较普遍。

(3) 焊接材料的选择

1)焊条电弧焊时焊条选择见表 2—13。

表 2—13　　　　奥氏体不锈钢焊条电弧焊焊条的选择

牌号	型号	药皮类型	焊接电源	焊缝金属主要成分(质量分数)(%)	主要用途
A001G15	E308L—16	氧化钛型	交直流	C≤0.03 Cr19.0 Ni10.0	焊接同类不锈钢
A002	E308L—16	钛钙型	交直流	C≤0.04 Cr18.0~21.0 Ni9.0~11.0	焊接 00Cr19Ni11 不锈钢或 0Cr19Ni10 不锈钢结构,如合成纤维、化肥、石油等设备
A002A	E308L—17	钛钙型	交直流	C≤0.03 Cr19.0 Ni10.0	焊接同类不锈钢

续表

牌号	型号	药皮类型	焊接电源	焊缝金属主要成分（质量分数）(%)	主要用途
A022	E316L—16	钛钙型	交直流	C≤0.04 Cr17.0~21.0 Ni11.0~14.0 Mo2.0~2.5	焊接尿素及合成纤维设备
A032	E317MoCuL—16	钛钙型	交直流	C≤0.04 Cr18.0~21.0 Ni12.0~14.0 Mo2.0~2.5 Cu—2	焊接合成纤维等设备，在稀、中浓度硫酸介质中工作的同类型超低碳不锈钢结构
A042	E309MoL—16	钛钙型	交直流	C≤0.04 Cr22.0~25.0 Ni12.0~14.0 Mo2.0~3.0	焊接尿素合成塔中衬里板（AlS1316L）和焊接同类型超低碳不锈钢结构
A062	E309L—16	钛钙型	交直流	C≤0.04 Cr22.0~25.0 Ni12.0~14.0	焊接合成纤维、石油化工设备用同类型的不锈钢、复合钢和异种钢等结构
A101	E308—16	钛型	交直流	C≤0.08 Cr18.0~21.0 Ni9.0~11.0	焊接工作温度低于300℃、耐腐蚀的0Cr19Ni9、0Cr19Ni11Ti不锈钢结构
A102	E308—16	钛钙型	交直流	C≤0.08 Cr18.0~21.0 Ni9.0~11.0	焊接工作温度低于300℃、耐腐蚀的0Cr10Ni9、0Cr19Ni11Ti不锈钢结构
A102T	E308—16	钛钙型	交直流	C≤0.08 Cr18.0~21.0 Ni9.0~11.0	焊接工作温度低于300℃、耐腐蚀的0Cr19Ni9、0Cr19Ni11Ti结构
A107	E308—15	低氢型	直流	C≤0.08 Cr18.0~21.0 Ni9.0~11.0	焊接工作温度低于300℃、耐腐蚀的Cr19Ni9不锈钢结构
A132 (A132A)	E347—16 (E347—17)	钛钙型	交直流	C≤0.08 Cr18.0~21.0 Ni9.0~11.0	焊接重要的含钛稳定的0Cr19Ni11Ti不锈钢结构
A137	E347—15	低氢型	直流	C≤0.08 Cr18.0~21.0 Ni9.0~11.0	焊接重要的含钛稳定的0Cr19Ni11Ti不锈钢结构
A201	E316—16	钛型	交直流	C≤0.08 Cr17.0~20.0 Ni11.0~14.0 Mo2.0~2.5	焊接在有机酸和无机酸（非氧化性酸）介质中工作的0Cr17Ni12Mo2不锈钢设备

续表

牌号	型号	药皮类型	焊接电源	焊缝金属主要成分（质量分数）（%）	主要用途
A202	E316－16	钛钙型	交直流	C≤0.08 Cr17.0～20.0 Ni11.0～14.0 Mo2.0～2.5	焊接在有机酸和无机酸介质中工作的0Cr17Ni12Mo2不锈钢设备
A207	E316－15	低氢型	直流	C≤0.08 Cr17.0～20.0 Ni11.0～14.0 Mo2.0～2.5	焊接在有机酸和无机酸介质中工作的0Cr17Ni12Mo2不锈钢设备
A212	E316Nb－16	钛钙型	交直流	C≤0.08 Cr17.0～20.0 Ni11.0～14.0 Mo2.0～2.5 Nb6×C%～1.00	焊接重要的0Cr17Ni12Mo2不锈钢设备，如尿素、合成纤维等设备
A222	E316Cu－16	钛钙型	交直流	C≤0.08 Cr18.0～21.0 Ni12.0～14.0 Mo2.0～2.5 Cu－2	焊接相同类型含铜不锈钢结构，如0Cr18Ni12Mo2Cu2
A232	E318V－16	钛钙型	交直流	C≤0.08 Cr17.0～20.0 Ni11.0～14.0 Mo2.0～2.5 V0.30～0.70	焊接一般耐热腐蚀的0Cr19Ni9及0Cr17Ni12Mo不锈钢结构
A237	E318V－15	低氢型	直流	C≤0.08 Cr17.0～20.0 Ni11.0～14.0 Mo2.0～2.5 V0.30～0.70	焊接一般耐热腐蚀的0Cr19Ni9及0Cr17Ni12Mo2不锈钢结构
A242	E317－16	钛钙型	交直流	C≤0.08 Cr18.0～21.0 Ni12.0～14.0 Mo3.0～4.0	焊接同类型的不锈钢结构
A302	E309－16	钛钙型	交直流	C≤0.15 Cr22.0～25.0 Ni12.0～14.0	焊接同类型的不锈钢结构
A307	E309－15	低氢型	直流	C≤0.15 Cr22.0～25.0 Ni12.0～14.0	焊接同类型的不锈钢结构

续表

牌号	型号	药皮类型	焊接电源	焊缝金属主要成分（质量分数）（%）	主要用途
A312	E309Mo—16	钛钙型	交直流	C≤0.20 Cr22.0～25.0 Ni12.0～14.0 Mo2.0～3.0	焊接耐硫酸介质腐蚀的同类型不锈钢结构
A402	E310—16	钛钙型	交直流	C≤0.20 Cr25.0～28.0 Ni20.0～22.5	焊接高温条件下工作的同类型耐热不锈钢，也可焊接Cr5Mo、Cr9Mo、Cr13等钢种
A407	E310—15	低氢型	直流	C≤0.20 Cr25.0～28.0 Ni20.0～22.5	焊接高温条件下工作的同类型耐热不锈钢，也可焊Cr5Mo、Cr9Mo、Cr13等钢种
A412	E310Mo—16	钛钙型	交直流	C≤0.12 Cr25.0～28.0 Ni20.0～22.0 Mo2.0～3.0	焊接在高温下工作的耐热不锈钢
A432	E310H—16	钛钙型	交直流	C0.25～0.45 Cr25.0～28.0 Ni10.0～22.5	用于焊接HK40耐热钢
A502	E16—25MoN—16	钛钙型	交直流	C≤0.12 Cr14.0～18.0 Ni22.0～27.0 Mo5.0～7.0 N≤0.1	焊接呈淬火状态下的低合金钢和中合金钢，如30CrMnSi等
A507	E16—25MoN—15	低氢型	直流	C≤0.12 Cr14.0～18.0 Ni22.0～27.0 Mo5.0～7.0 N≤0.1	焊接呈淬火状态下的低合金钢和中合金钢，如30CrMnSi等
A607	E330Mo MnWNb—15	低氢型	直流	C≤0.20 Cr15.0～17.0 Ni33.0～37.0 Mo2.0～3.0 Mn3.5 W2.0～3.0 Nb1.0～2.0	用于在850～900℃下工作的同类型耐热不锈钢及制氢转化炉中集合管、膨胀管的焊接，如Cr20Ni32B、Cr18Ni37等材料

2）气体保护焊时焊丝选择见表2—14。

表 2—14　　　　　　　奥氏体不锈钢气体保护焊焊丝的选择

母材牌号	焊丝牌号	相关说明
00Cr18Ni10N	H0Cr21Ni10	TIG 焊：Ar 或 Ar＋He 保护 MIG 焊：Ar（98%）＋O_2（2%）或 Ar（95%）＋CO_2（5%）保护
0Cr18Ni9 1Cr18Ni9	H0Cr21Ni10	
0Cr18Ni9Ti 1Cr18Ni9Ti	H0Cr20Ni10Ti	
1Cr18Ni11Nb	H0Cr20Ni10Nb	
00Cr17Ni14Mo2 00Cr17Ni14Mo3	H0Cr18Ni14Mo2	
0Cr18Ni12Mo2Ti	H0Cr19Ni12Mo2 H0Cr18Ni12Mo2	
00Cr18Ni14Mo2Cu2	H0Cr19Ni12－Mo2－Cu2	
0Cr18Ni9 1Cr18Ni9 0Cr18Ni9Ti 1Cr18Ni9Ti	YA102－1 YA107－1	CO_2 气体保护或混合气体保护
1Cr18Ni11Nb	YA132－1	

3）埋弧焊时焊丝及焊剂的选择（见表 2—15）。

表 2—15　　　　　奥氏体不锈钢埋弧焊时焊丝及焊剂的选择

母材牌号	焊丝牌号	焊剂牌号
00Cr18Ni10N	H00Cr21Ni10	HJ107、SJ601 HJ151、SJ608 HJ172、SJ701
0Cr18Ni9 1Cr18Ni9	H0Cr21Ni10	
0Cr18Ni9Ti 1Cr18Ni9Ti	H0Cr20Ni10Ti H0Cr20Ni10Nb	
1Cr18Ni12Mo2Ti	H0Cr19Ni12Mo2	
0Cr18Ni12MoTi	H00Cr18Ni12Mo2	
0Cr17Ni14Mo2	H00Cr18Ni14Mo2	
0Cr18Ni14Mo2Cu2	H00Cr19Ni12Mo2Cu2	

（4）焊接工艺参数的选择

表 2—16、表 2—17、表 2—18 分别介绍了奥氏体不锈钢焊条电弧焊、CO_2 气体保护焊及埋弧焊的工艺参数。

表 2—16　奥氏体不锈钢对接焊缝焊条电弧焊的坡口形式及焊接工艺参数

板厚(mm)	坡口形式	层厚(mm)	坡口尺寸 间隙 b (mm)	坡口尺寸 钝边 p (mm)	坡口尺寸 坡口角度 α (°)	焊接电流(A)	焊接速度(mm/min)	焊条直径(mm)	备注
2		2	0～1	—	—	40～60	140～160	2.5	—
5		2	3	—	—	80～110	120～140	3.2	反面铲焊根
		2	4	—	—	120～150	140～180	4.0	加垫板
		2	2	2	75	90～110	140～180	3.2	—
9		4	0	3	80	130～140	140～160	4.0	反面铲焊根
		3	4	—	60	140～180	140～160	4.0、5.0	加垫板
		4	2	2	75	90～140	140～160	3.2、4.0	—
16		7	0	6	80	140～180	120～180	4.0、5.0	反面铲焊根
		6	4	—	60	140～180	110～160	4.0、5.0	加垫板
		7	2	2	75	90～180	140～160	3.2、4.0、5.0	—

表 2—17　　　奥氏体不锈钢 CO_2 气体保护焊的焊接工艺参数

板厚 (mm)	接头形式	钨极直径 (mm)	焊丝直径 (mm)	焊接电流 (A)	焊接速度 (cm/min)	氩气流量 (L/min)	电弧电压 (V)	喷嘴直径 (mm)	备注
0.5	I 形	1.0	—	15~20	20~30	3~4	8~12	8	采用直流正接,较大电流适用于在夹具垫板上焊接,较小电流适用于悬空焊接(不用垫板)
0.8		1.6	1.0	20~30					
1.0		2.0	1.6	30~50					
1.5		2.0	1.6	40~70		5~6			
2.0		3.0	2.0	80~110					
2.5	V 形 $p=0~0.5$ mm $\alpha=60°~70°$	3.0	2.0	95~130		6~8		12	
3.0		3.0	2.5	110~160					
4.0		3~4	3.0	120~180	15~25	8			
>4.0		4~5	3.0	150~250					

注：p、α 的意义同表 2—16。

表 2—18　　　奥氏体不锈钢埋弧焊的焊接工艺参数

坡口形式	间隙 b (mm)	坡口角度 α (°)	钝边 p (mm)	板厚 (mm)	焊丝直径 (mm)	焊接层次 正/反	焊接电流 (A)	电弧电压 (V)	焊接速度 (m/h)
	0~2	—	—	6	4	1/1	450	35	60
									54
				8	4	1/1	550	35	60
									54
				10	4	1/1	600	35	60
									54
				12	5	1/1	750	35	54
									48
	0~2	60°±5°	10	16	5	1/1	800	34	39
								36	33
				20	6	1/1	925	36	27
								38	
	0~2	60°±5°	8~10	25	6	1/1	925	36	27
				30	6	1/1	925	36	27

4. 奥氏体不锈钢水平固定管件焊接工艺指导书

Cr18Ni9Ti 焊接工艺指导书

操作方法：钨极氩弧焊　　　　　　　接头形式：对接

焊接位置：水平固定　　　　　　　　试件规格（mm）：φ42×3.5

焊前准备：

坡口形式及装配间隙图　　　　　　焊接位置示意图

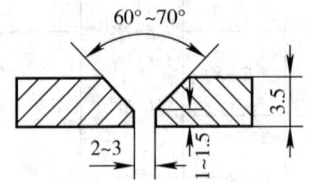
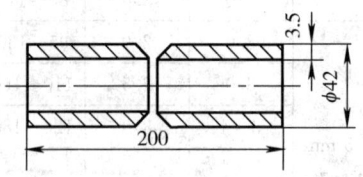

焊丝牌号：H0Cr19Ni20　　　　　　电流种类与极性：直流正接

主要焊接参数

焊道分布	焊接层次	焊丝直径（mm）	焊接电流（A）
第1道	打底层	2.5	70～80
第2道	盖面层	2.5	120～140

工艺要点：

1. 工件做焊前清理。清理距坡口 10 mm 工件内、外壁上的油、锈及焊丝表面，直至露出金属光泽。

2. 采用与正式焊接时相同的焊接材料和工艺，点固一点即可，长度约为 10 mm。

3. 打底层焊接时，必须保证焊透。背面保护气体的流量应控制在 4～6 L/min，正面保护气体的流量应控制在 6～8 L/min，氩气纯度不应低于 99.85%。

4. 盖面层焊接时，焊丝可做小幅横向摆动并随时注意焊条角度的变化。

第三节 焊条电弧焊

→ 能够进行低碳钢板材对接的立焊、横焊
→ 能够进行垂直固定和水平固定管件的单面焊双面成形
→ 能够进行低碳钢管板插入式各种位置的焊接

一、钢板对接立焊

1. 焊前准备

（1）工件尺寸及要求

1）工件材料。Q235。

2）工件及坡口尺寸。300 mm×250 mm×12 mm，如图 2—12 所示。

3）焊接位置。立焊。

4）焊接技术要求。单面焊双面成形。

5）焊接材料。E4303。规格：$\phi 3.2$ mm、$\phi 4.0$ mm。

（2）焊机选择及施焊准备

1）选择 BX3－300 型弧焊变压器。使用前应对焊机进行仔细检查：焊机应完好无缺，焊机外壳必须牢固接地并可见。二次接线柱接线要稳固。按要求调整焊接电流及弧焊电压。同时检查焊条质量并按要求严格烘干。

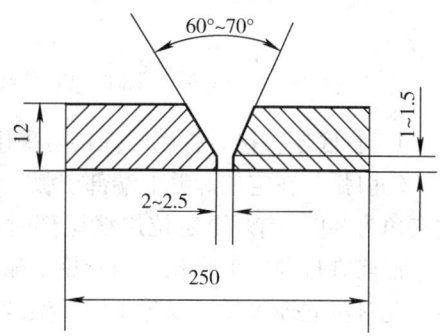

图 2—12 钢板对接立焊工件及坡口尺寸

2）清理工件坡口及正反面两侧 20 mm 内的油、锈，直至露出金属光泽。

3）按劳动保护要求身着焊工工作服，穿绝缘胶鞋，戴焊工手套。备好面罩、锉刀、钢丝刷等工器具。

（3）工件对口

1）对口间隙。始端 3.0 mm，终端 4.0 mm。

2）定位焊。定位焊是整个焊缝的一部分，所使用的焊接材料和焊接规范应和正式施焊时相同。应在坡口内两端点点固，点固长度 10～15 mm，并削成斜坡。

3）预制反变形。角度为 3°～4°。

4）错边量。应小于等于 1.2 mm。

2. 焊接工艺

（1）焊接工艺参数选择见表 2—19。

表 2—19　　　　　　　　钢板对接立焊工艺参数

焊接层次	焊条直径（mm）	焊接电流（A）
打底层（第一层第1道）	3.2	100~110
中间层（第二、三层第2、3道）	3.2	110~120
盖面层（第四层第4道）	4.0	120~130

（2）操作要点及注意事项。分四层、四道施焊，如图 2—13 所示。

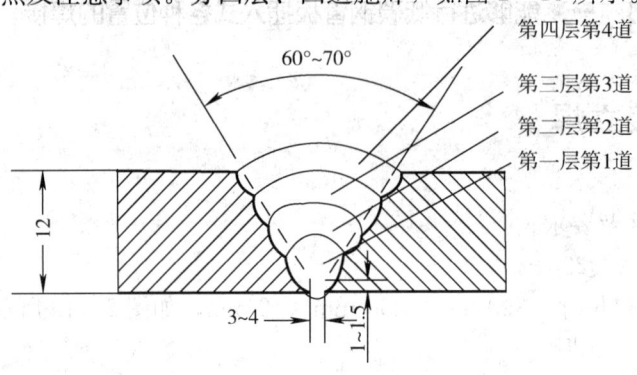

图 2—13　钢板对接立焊层、道示意图

1）打底层焊接。打底层焊接可采用连弧焊，也可采用断弧焊。

①引弧。在定位焊缝上端部引弧，焊条与工件的下倾角为 75°~80°，与焊缝左右两边夹角为 90°。当焊至定位焊缝尾部时，稍做停留进行预热，将焊条向坡口根部略压，在熔池前方打开一个小孔。当听见电弧穿过间隙发出清脆的"噗噗"声，表示根部已熔透。此时应立即灭弧，以防止熔池温度过高使铁水下坠产生焊瘤。

②焊接。焊缝施焊时，采用月牙形运条法或正锯齿形运条法短弧操作并做横向摆动。弧长应小于焊条直径，否则易产生气孔。灭弧后稍等一会儿，这时熔池温度迅速下降，通过面罩可见原有白亮的熔池金属迅速凝固，液体金属越来越小直到消失。在这个过程中，明显看到液体金属与固体金属之间有一道细白发亮的交接线，不要等到交接线轮廓迅速变小直到消失再重新引弧。重新引弧的时间应掌握在交接线缩小到焊条直径的1.5倍时，位置应在交接线前部边缘的下方 1~2 mm 处。这时，电弧的一半将前方坡口完全熔化，另一半将已凝固的熔池的一部分重新熔化，形成新的熔池。新熔池大部分压在原先的熔敷金属上，与母材及原先的熔池形成良好的结合。焊条可继续送进和向上运动，如此反复，便可得到整条焊缝。

③收弧。停止焊接（暂停）或更换焊条收弧时，在熔池上方做一个熔孔，回焊10 mm 左右再灭弧，使其形成斜坡状，以便再次引弧。如果是停止焊接，需将熔池填满。

④接头。接头分为冷接头和热接头两种。

a. 冷接头。熔池已经冷却。将焊道收弧处削成斜坡，在斜坡处引弧并预热，当焊至斜坡最低处时，将焊条沿预制的熔孔向坡口根部略压一下，听到"噗噗"声后稍做停顿，恢复正常角度继续焊接。

b. 热接头。熔池处在红热状态,在熔池下方约 15 mm 坡口处引弧,做横向摆动焊至收弧处,使熔池温度逐步升高,然后将焊条沿着预先做好的熔孔向坡口根部略压一下,同时使焊条与工件的下倾角度增加到约 90°。这时能够听到"噗噗"的声音。稍做停留,恢复正常焊接。

⑤打底层焊缝厚度。坡口背面 1～1.5 mm,正面约 3 mm。

2) 中间层(填充层)焊接。在焊缝始焊端上方约 10 mm 处引弧后,将电弧迅速拉至始焊端施焊。每层始焊及每次接头都应重复上述操作方法,避免各种缺欠的产生。采用月牙形运条方法,焊条与工件的下倾角为 70°～80°。当焊条摆动到两侧坡口边缘时,要稍做停顿,防止焊缝两边未熔合或夹渣。中间层高度应低于母材表面 1～1.5 mm,不得熔化坡口边缘,以利于盖面层的焊接。

3) 盖面层焊接。引弧操作方法与中间层焊接相同。焊条与工件下倾角为 70°～80°。采用月牙形运条方法。焊条从坡口边缘左侧摆动到坡口边缘右侧时应稍做停顿,熔化坡口 1～2 mm,然后从右侧向左侧摆动也是如此,摆动速度要均匀。换焊条时,引弧位置应在弧坑上方约 15 mm 中间层焊缝金属处,引弧后迅速将电弧拉至原熔池处,填满弧坑后继续施焊。

4) 防止缺欠产生的注意事项

①立焊焊接时,应时刻关注熔池形态,发现铁水有下淌趋势时,表示熔池温度已高,应迅速灭弧,降低熔池温度,防止焊瘤产生。

②控制熔池尺寸,打底焊时,熔孔直径大约为焊条直径的 1.5 倍,待坡口钝边熔化后再继续施焊,确保焊缝背面焊透。熔孔直径过小,易造成未焊透缺欠。

③每层焊道的熔渣必须清理干净,尤其是边缘死角部位,避免夹渣缺欠的产生。

④盖面层焊接时,要防止咬边缺欠的产生,并保持成形良好。

3. 焊接工艺指导书

Q235 钢板焊接工艺指导书

操作方法:焊条电弧焊　　　　　接头形式:对接
焊接位置:立焊　　　　　　　　规格(mm):300×250×12

焊前准备:
坡口形式及装配间隙图　　　　　焊接位置示意图

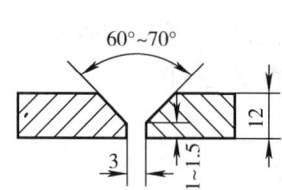

焊条型号:E4303

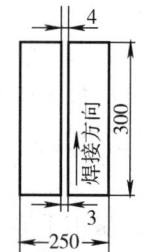

电流种类与极性:交流

主要焊接参数

焊道分布	焊接层次	焊条直径（mm）	焊接电流（A）
第1道	打底层	3.2	100～110
第2、3道	中间层	3.2	110～120
第4道	盖面层	4.0	120～130

工艺要点：

1. 打底层焊接时，采用连弧焊或断弧焊均可。可根据自己掌握的熟练程度选择。
2. 中间层焊接时，注意焊条角度的变化，并将打底层焊缝的熔渣清理干净。
3. 盖面层焊接时，应将中间层焊缝的熔渣清理干净，收弧时应满弧坑，避免弧坑裂纹和咬边。
4. 保持焊缝成形美观，避免焊缝超宽、超高。操作时，还要保持焊缝的直线度，不可超标。

二、钢板对接横焊

1. 焊前准备

(1) 工件尺寸及要求

1) 工件材料。16Mn。

2) 工件及坡口尺寸。300 mm×250 mm×12 mm，如图2—14所示。

3) 焊接位置。横焊。

4) 焊接技术要求。单面焊双面成形。

5) 焊接材料。E5015。

(2) 焊机选择及施焊准备。选用 ZX5－400 型或 ZX7－400 型弧焊整流器，工件接负极（直流反接），基本要求同"对接立焊"。

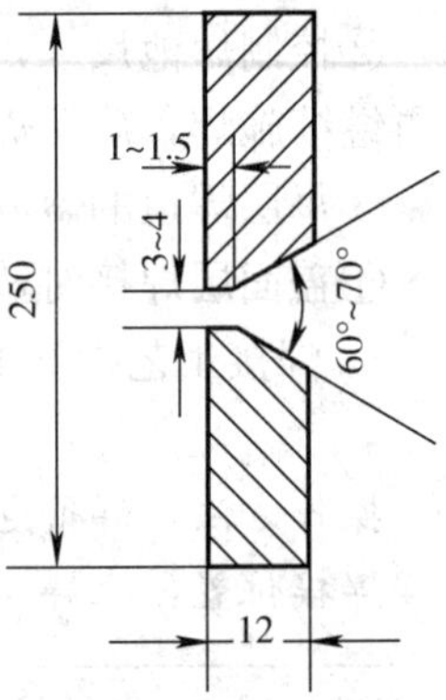

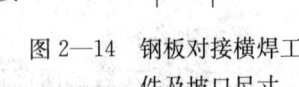

图2—14 钢板对接横焊工件及坡口尺寸

(3) 工件对口

1) 对口间隙。始焊端为 3.0 mm，焊接终端为 4.0 mm。

2) 定位焊。同"对接立焊"。

3) 预制反变形。同等条件下的工件横焊时，其焊接的层数和道数要多于立焊，热输入相对较多，变形量也就越大，因此，预制反变形角度也应偏大一些。对接横焊预制反变形量以 6°为宜。

4) 错边量。错边量小于等于 1.0 mm。

2. 焊接工艺

(1) 焊接工艺参数选择见表2—20。

表 2—20　　　　　　　　　钢板对接横焊工艺参数

焊接层次	焊条直径（mm）	焊接电流（A）
打底层（第一层第 1 道）	2.5	70～80
中间层（第二层第 2、3 道，第三层第 4、5 道）	3.2	120～140
盖面层（第四层第 6、7、8 道）	3.2	120～130

（2）操作要点及注意事项。采用连弧焊或断弧焊均可。焊缝可设计为四层 8 道进行焊接，如图 2—15 所示。

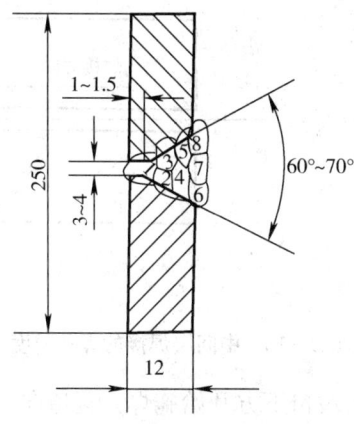

图 2—15　钢板对接横焊示意图

1）打底层焊接

①采用连弧焊接时。在焊件起始端定位焊缝上引弧，稍做停留进行预热后，将焊条上下摆动，快速移至定位焊缝与坡口连接处，压低电弧待坡口击穿，形成熔池，转入正常焊接。焊接过程中运条要均匀，在坡口上侧停留时间应稍长一些，填满焊道，避免形成沟槽。运条方法和焊条角度如图 2—16 所示。

②采用断弧焊接时。横焊打底焊采用间断灭弧法，运条方法和焊条角度如图 2—17 所示。

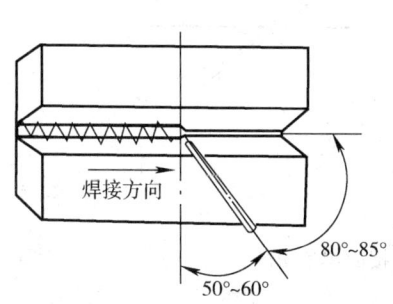

图 2—16　钢板对接横焊连弧打底运条
　　　　　方法与焊条角度示意图

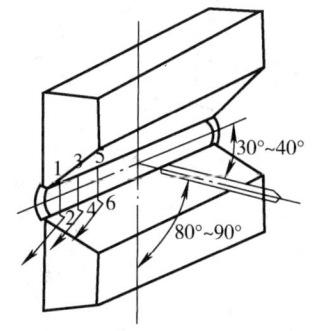

图 2—17　钢板对接横焊断弧打底运条
　　　　　方法与焊条角度示意图

采用两点击穿法，在坡口内引弧，沿始焊端向前施焊。首先，预热坡口最低处同时击穿根部，当听到根部击穿的"噗噗"声并有熔孔出现，形成熔池后立即灭弧。下一次引弧应在熔池上沿处，引燃后迅速移动到上侧坡口根部，待坡口击穿后，再移动到下侧坡口根部击穿后灭弧。每次灭弧、击穿都应压在熔池的 2/3 处并向前移动。注意上下根部击穿后的停留时间，避免咬边和焊瘤的产生。一般情况下，每侧根部停留时间约 1 s。换焊条时，应填满弧坑，避免产生气孔和裂纹。

2) 中间层（填充层）焊接。中间层焊缝由两层四道组成。施焊时的焊条角度如图 2—18 所示。

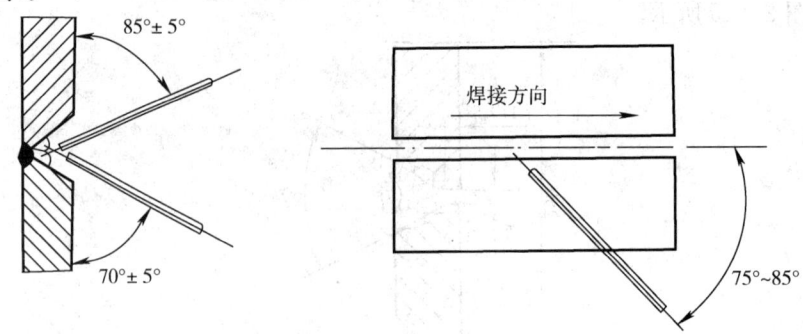

图 2—18 中间层焊接的焊条角度

中间层采用连弧焊接，由坡口下方开始施焊，逐道向上排列。每道焊缝压前道焊缝的 1/2，从左至右按顺序连弧焊接。中间层的高度应低于坡口边缘线 1～2 mm，并保持坡口边缘线的原始状态，以此作为盖面层的基准线。确保盖面层表面成形良好。

3) 盖面层焊接。采用连弧单层多道焊。盖面层焊缝由一层三道组成。施焊时的焊条角度如图 2—19 所示。

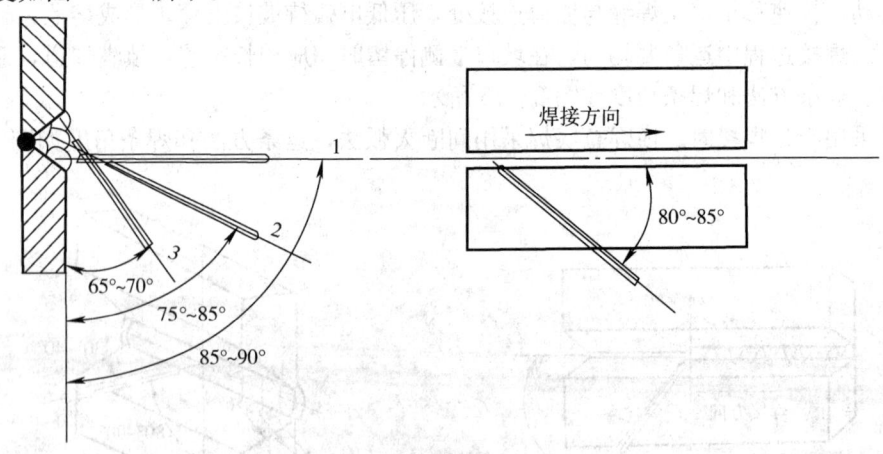

图 2—19 盖面层焊接的焊条角度

如同中间层采用连弧焊接。由坡口下方开始施焊，逐道向上排列，每道焊缝压前道焊缝的 1/2，从左至右按顺序连弧焊接。第一道焊缝应以熔化下侧坡口边缘 1～2 mm 为宜，最后一道焊缝以熔化上侧坡口边缘 1～2 mm 为宜，以控制整条焊缝的宽度，保证焊缝成形良好。

4）防止缺欠产生的注意事项

①打底层焊接时，要保证根部焊透且背面成形良好。

②连弧焊时，运条动作要准确、均匀，运条速度要适当。

③盖面层焊接时，注意上、下坡口边缘线的熔化情况，保持熔池清晰。尤其注意结尾焊道焊条的摆动角度及坡口与焊道之间运行中的停留时间，避免咬边缺欠的产生。

3．焊接工艺指导书

16Mn 钢板焊接工艺指导书

操作方法：焊条电弧焊　　　　　　接头形式：对接

焊接位置：横焊　　　　　　　　　规格（mm）：300×250×12

焊前准备：

坡口形式及装配间隙图　　　　　　焊接位置示意图

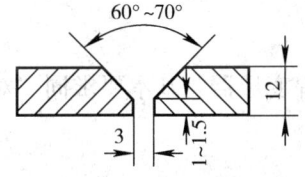 

焊条型号：E5015　　　　　　　　　电流种类与极性：直流反接

主要焊接参数

焊道分布	焊接层次	焊条直径（mm）	焊接电流（A）
第1道	打底层	2.5	70～80
第2、3、4、5道	中间层	3.2	120～140
第6、7、8道	盖面层	3.2	120～130

工艺要点：

1．打底层焊接时，必须保证焊透，同时避免其他缺欠的产生。

2．中间层焊接时，首先要清理打底层焊接的熔渣，确保与打底层的充分熔合。

3．盖面层焊接时，要清理中间层熔渣，还要随时注意焊条角度的变化。

4．按要求严格烘干焊条并放入保温桶内，随用随取。

三、垂直固定管件焊接

1．焊前准备

（1）工件尺寸及要求

1）工件材料。20 g。

2）工件及坡口尺寸。200 mm×60 mm×5 mm。如图 2—20 所示。

3）焊接位置。垂直固定。

4）焊接技术要求。单面焊双面成形。

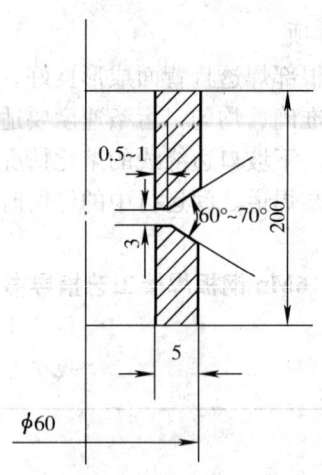

图 2—20 垂直固定管件焊接工件及坡口尺寸

5) 焊接材料。E4303。

(2) 焊机选择及施焊准备。选用 BX3—300 型交流弧焊变压器,基本要求同"对接立焊"。

(3) 工件对口

1) 对口间隙。2.5 mm。

2) 定位焊。垂直固定管件定位焊及始焊位置如图 2—21 所示。采用与正式焊接相同的规范及焊条,在坡口内进行定位焊接。焊点数为 1 点,点焊长度 10～15 mm,焊点厚度 2～3 mm,必须焊透,且焊点两端削成斜坡,以便接头。

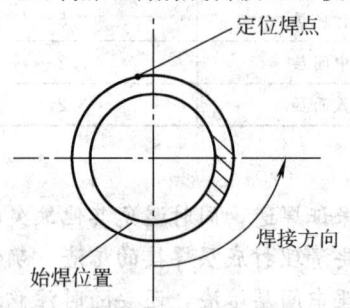

图 2—21 垂直固定管件定位焊及始焊位置

3) 错边量。错边量应小于等于 0.5 mm。

2. 焊接工艺

(1) 焊接工艺参数见表 2—21。

表 2—21　　　　　　　　垂直固定管件焊接工艺参数

焊接层次	焊条直径（mm）	焊接电流（A）
打底层（第一层第 1 道）	2.5	80～90
盖面层（第二层第 2、3 道）	3.2	110～120

（2）操作要点及注意事项。整条焊缝由两层三道组成如图 2—22 所示。焊接操作技术同板材对接横焊。不同之处是管径较小，厚度较薄，弧度变化较快。焊条要随时随弧度变化而改变焊接角度，要在保证电弧稳定燃烧的情况下，平稳过渡。

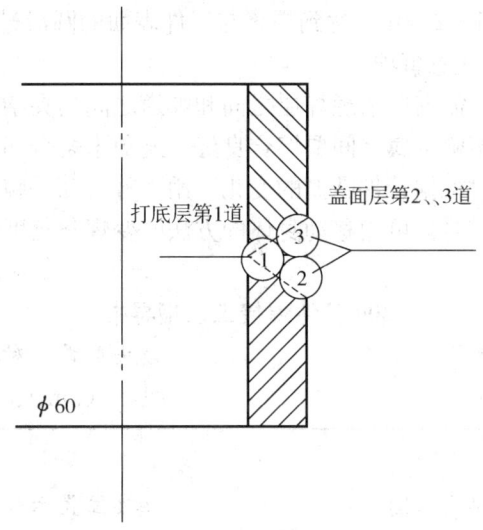

图 2—22　垂直固定管件焊层、焊道示意图

1）打底层焊接。为保证焊缝根部焊透采用断弧焊接。焊条与试件夹角（向下）为 75°～85°，沿焊接方向（焊缝）夹角为 70°～80°，如图 2—23 所示。

在定位焊点对称的坡口内引弧，用两点击穿法进行焊接。待坡口两侧熔化后，及时将焊条向根部送进，熔化并击穿坡口根部，听到"噗噗"声，形成熔池和熔孔，立即灭弧。控制两侧钝边的熔化宽度，以 0.5～1 mm 为宜。待熔池收缩到原熔池面积的 1/3 时，再次引弧进行焊接。电弧的每一次引燃都要在坡口的上侧进行，在上侧根部停留约 1 s，然后将电弧带至下侧根部，停留约 2 s，再迅速移动焊

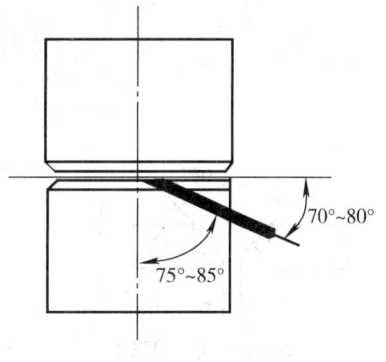

图 2—23　垂直固定管件焊接时焊条角度

条，使电弧沿坡口下侧后方熄灭。瞬间，继续重复上述引燃动作。操作中，灭弧动作要果断，不能使电弧拉长。引弧位置要准确，保持焊道平直，避免产生过大的焊缝高低差，为盖面层焊接打下良好的基础。

换焊条时，在距焊缝收尾处后约 10 mm 处引弧，连弧焊至收弧弧坑中心坡口根部时，焊条稍向下压，听到坡口根部击穿声"噗噗"后，立即灭弧，然后恢复正常焊接。

与定位焊点接头时，不要急于连接，要留一个与焊条直径相当的小孔，此时应将定位焊缝端部预热，同时用给进的铁水让小孔自由封口，封口的同时将焊条稍向下压，听到根部击穿声"噗噗"后，稍做停顿，继续向前焊接约 10 mm，填满弧坑然后停弧。此接头动作应在连弧状态下进行。

2）盖面层焊接。由于管壁较薄，两层即可焊满，所以免去中间层焊接。盖面层由

两条焊道组成,从下侧坡口开始向上排列。焊前应将打底层焊道的熔渣清理干净,然后用直线运条法施焊。第一条焊道,焊条与试件下侧夹角约为80°,使坡口边缘熔化1~2 mm。第二条焊道,焊条与试件下侧夹角约为90°,约有一半的宽度压在上一条焊道上。并使上侧坡口熔化1~2 mm,达到焊缝与工件表面的圆滑过渡,使焊缝成形美观。

3) 防止缺欠产生的注意事项

①为保证焊缝质量,需彻底清理焊层之间和焊道之间的夹杂物。

②坡口上、下侧及熔敷金属之间要熔合良好,避免未熔合和咬边的产生。

③运条过程中要随时根据管件圆弧的变化,用手臂带动手腕不断改变焊条角度。当角度变化很大,操作困难时,可用移动身体的方法改变焊条角度。

3. 焊接工艺指导书

<h3 style="text-align:center">20g 管件焊接工艺指导书</h3>

操作方法:焊条电弧焊　　　　　　　接头形式:对接

焊接位置:垂直固定　　　　　　　　规格(mm):200×60×5

焊前准备:

坡口形式及装配间隙图　　　　　　　焊接位置示意图

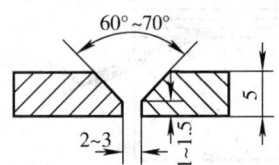
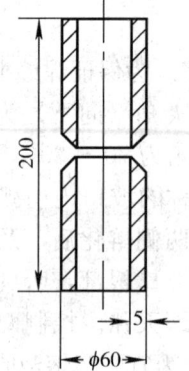

焊条型号:E4303　　　　　　　　　电流种类与极性:交流

主要焊接参数

焊道分布	焊接层次	焊条直径(mm)	焊接电流(A)
第1道	打底层	2.5	80~90
第2、3道	盖面层	3.2	110~120

工艺要点:

1. 打底层焊接时,用逆时针方向施焊并随时注意焊条角度的变化。

2. 尽可能采用短弧焊接,断弧动作要果断,起弧位置要准确。

3. 盖面层焊接时,要清理打底层及焊道间熔渣。焊接过程中还要控制熔池的温度,切不可将打底层击穿。

4. 保持焊缝成形美观,避免超标缺欠的产生。

四、水平固定管件焊接

1. 焊前准备

(1) 工件尺寸及要求

1) 工件材料。20g。
2) 工件及坡口尺寸。200 mm×60 mm×5 mm。如图 2—24 所示。

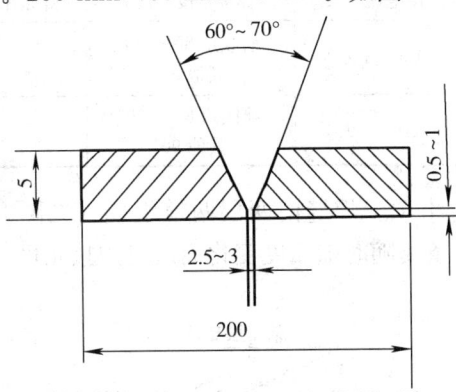

图 2—24 水平固定管件焊接工件及坡口尺寸

3) 焊接位置。水平固定。
4) 焊接技术要求。单面焊双面成形。
5) 焊接材料。E4303。

(2) 焊机选择及施焊准备。选用 BX3—300 型交流弧焊变压器，基本要求同"对接立焊"。

(3) 工件对口

1) 对口间隙。2.5 mm。
2) 定位焊。定位焊点数量及焊点位置如图 2—25 所示。采用与正式焊接相同的规范及焊条，在坡口内进行定位焊接。焊点数为 1 点，点焊长度 10～15 mm，焊点厚度

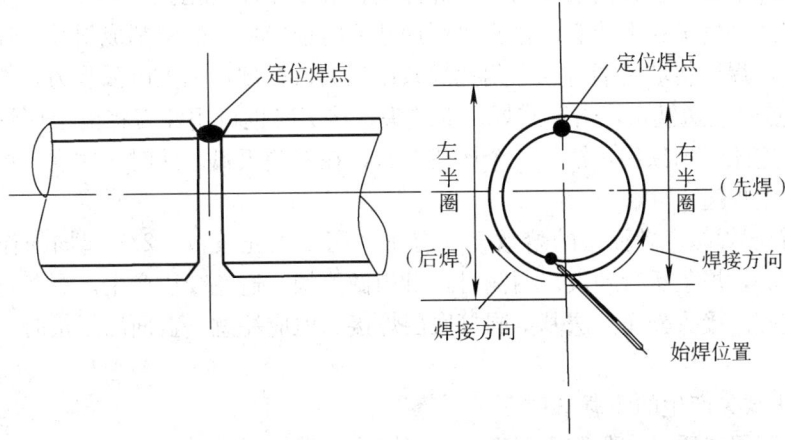

图 2—25 水平固定管件定位焊及始焊位置

2~3 mm，必须焊透，且焊点两端削成斜坡，以便接头。

3）错边量。错边量应小于等于 0.5 mm。

2. 焊接工艺

（1）焊接工艺参数见表 2—22。

表 2—22　　　　　　　水平固定管件焊接工艺参数

焊接层次	焊条直径（mm）	焊接电流（A）	焊接角度（度）	焊条用量（根）	焊接时间（min）
打底层	3.2	100～110	前倾角 80°～90° 其他 90°	5	12
盖面层	3.2	90～110	前倾角 80°～90° 其他 90°	4	10

（2）操作要点及注意事项。焊缝由两层两道组成（见图 2—26）。由于管径较小，弧度变化较快，因此，焊条要随时随弧度变化而改变焊接角度，在保证电弧稳定燃烧的情况下，平稳过渡。

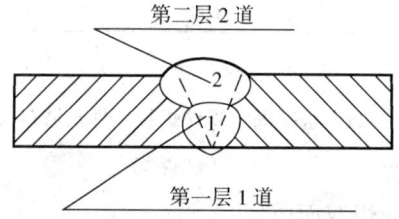

图 2—26　水平固定管件焊层、焊道示意图

1）打底层焊接。为保证焊缝根部焊透，采用断弧焊接，自下而上施焊。采用一点击穿法，只在坡口中间击穿，从正仰焊位置开始。引弧位置在管径垂直中心线向后 5～10 mm 坡口内，收弧位置在管径垂直中心线向前 5～10 mm 坡口内。引弧后立即将电弧送到坡口根部均匀点焊过渡铁水，击穿焊接。在仰焊位电弧燃烧时间约 1 s，间歇停弧时间 0.5～0.8 s，弧柱透过内壁 1/2。到上爬坡和平焊位时，弧柱穿过壁厚的 1/4。焊条前倾角（焊条和焊接方向的夹角）随焊接位置的变化而变化。

接头有两种情况：下接头，接头时可用锉刀将前半周始焊端削成斜坡，连弧焊接一个熔池左右，焊到斜坡尾端时，立刻把焊条压到坡口根部，加大电弧吹力，使弧柱透过背面 1/2，点焊吹送铁水，击穿施焊；上接头，接头时也可用锉刀将前半周焊接终端削成斜坡，要连弧焊到顶端，搭接一个熔池左右，在一侧灭弧。此时应注意：由于温度较高，容易产生焊瘤。

2）盖面层焊接。盖面层的熔敷金属有 1/3 用于填充坡口，2/3 起加强作用。采用锯齿形运条法，焊条运行到坡口两侧时，可稍做停顿，避免咬边产生。焊条角度应随焊接位置而改变。接头操作方法基本同打底层焊接。但应注意，盖面层焊接时，不可将打底层击穿。

3）防止缺欠产生的注意事项

①为保证焊缝质量，要彻底清理打底层熔渣，保持焊道平整。

②焊道左右两侧及熔敷金属之间要熔合良好，正确摆动焊条角度，控制停顿时间，

防止咬边。

③运条过程中，随时根据管件圆弧的变化改变焊条角度。

3. 焊接工艺指导书

20g 管件焊接工艺指导书

操作方法：焊条电弧焊　　　　　　接头形式：对接

焊接位置：水平固定　　　　　　　规格（mm）：200×60×5

焊前准备：

坡口形式及装配间隙图　　　　　焊接位置示意图

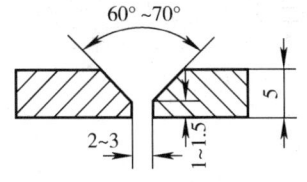
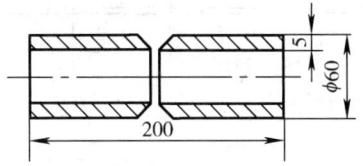

焊条型号：E4303　　　　　　　　电流种类与极性：交流

主要焊接参数

焊道分布	焊接层次	焊条直径（mm）	焊接电流（A）
第1道	打底层	3.2	100～110
第2道	盖面层	3.2	90～110

工艺要点：

1. 水平固定位置焊接属于全位置焊接，几乎涵盖所有的焊接位置，要求焊工具有熟练的和高的焊接技术水平。

2. 打底层焊接时，断弧要果断，起弧要准确，控制好坡口两侧的停顿时间。

3. 盖面层焊接时，要清理打底层焊接的熔渣。随时注意控制熔池的温度和焊接的速度，不可将打底层击穿，还要保持良好的焊缝成形。

4. 当环境温度较低时，按要求烘干焊条，放在保温桶内，随用随取。

五、低碳钢管板插入式水平固定焊接

1. 焊前准备

（1）工件尺寸及要求

1) 工件管材材料。20 g。板材材料：Q235。

2) 工件及坡口尺寸。管材 φ60 mm（管径）×5 mm（壁厚）×100 mm（长度）；板材 100 mm（长）×100 mm（宽）×12 mm（厚），沿板材中心掏出直径为 64 mm 的圆孔，并在板材上做坡口。如图 2—27 所示。

3) 焊接位置。管板插入式水平固定。

4) 焊接技术要求。单面焊双面成形。

5) 焊接材料。E4303。

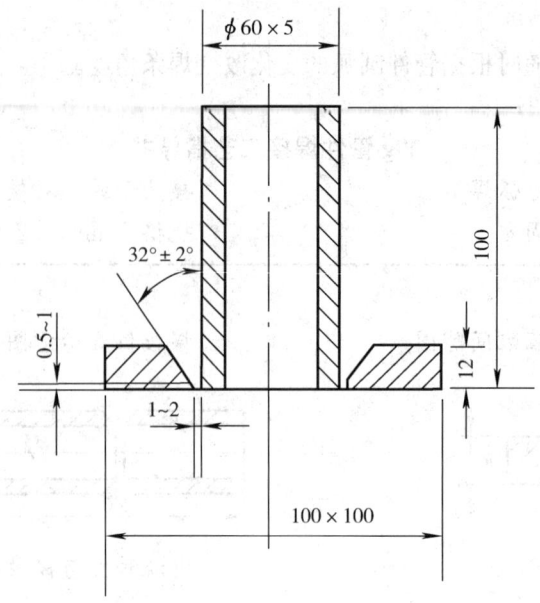

图 2—27 管板插入式水平固定工件及坡口尺寸

(2) 焊机选择及施焊准备。选用 BX3—300 型交流弧焊变流器。基本要求同"对接立焊"。

(3) 工件对口

1) 对口间隙。2.0 mm。

2) 定位焊。可采用一点定位，使用与正式焊接相同型号的焊条进行定位焊。焊点长度 10～15 mm，焊角不可过高，定位焊点两端可削成斜坡，便于接头。

2. 焊接工艺

(1) 焊接工艺参数见表 2—23。

表 2—23　　　　　　管板插入式水平固定焊接工艺参数

焊接层次	焊条直径（mm）	焊接电流（A）
打底层	2.5	80～85
盖面层	3.2	100～110

(2) 操作要点及注意事项。管板插入式水平固定焊接是管板焊接难度较大的位置，其操作技术涵盖了 T 形接头所有位置的操作技能，还要根据管道曲线变化调整焊条角度。焊接时，分两个半圈进行。因试件厚度较小，可按两层两道施焊。

1) 打底层焊接。将工件固定并保证管子轴线处于水平位置。因为采用的是一点定位，施焊顺序又是从下往上，所以定位焊点应置于时钟 12 点的位置。采用连弧焊接。前半圈，从相当于时钟 6 点处引弧，逆时针方向焊至相当于时钟 3 点处灭弧。用直线运条法施焊，保证根部焊透。此时，应迅速调整焊条角度，从时钟 3 点处上端 10 mm 引弧，将电弧倒拉至时钟 3 点处接头。然后，继续按逆时针方向向上施焊，直至时钟 12 点处。这时应将始焊端（时钟 6 点处）和终焊端（时钟 12 点处）削成斜坡，便于接头。后半圈，从相当于时钟 6 点处接头，沿顺时针方向焊至相当于时钟 12 点处接头。应填满弧坑,清理熔渣。

2)盖面层焊接。盖面层焊接顺序与打底层焊接顺序相同。由于盖面层坡口较宽,运条时,焊条应做横向月牙形摆动,熔池两侧稍做停顿,保证焊缝两侧熔化良好,避免咬边的产生。

3)防止缺欠产生的注意事项

①施焊时,应根据管子的曲率变化,随时调整焊条角度。

②运条时,速度要均匀,要保持熔池大小基本一致。

③按要求严格烘干焊条,使用保温桶,随用随取。

3.焊接工艺指导书

低碳钢管板插入式水平固定焊接工艺指导书

操作方法:焊条电弧焊　　　　　　接头形式:T形

焊接位置:水平固定　　　　　　　规格(mm):管,φ60×5,板,100×100×12

焊前准备:

坡口形式及装配间隙图　　　　　　焊接位置示意图

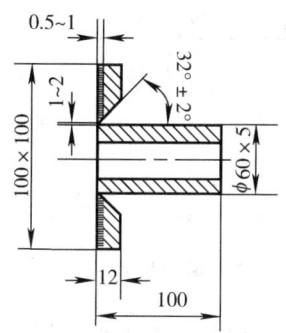
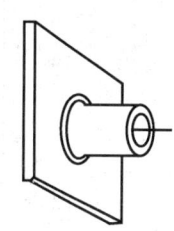

焊条型号:E4303　　　　　　　　电流种类与极性:交流

主要焊接参数

焊道分布	焊接层次	焊条直径(mm)	焊接电流(A)
第1道	打底层	2.5	80~85
第2道	盖面层	3.2	100~110

工艺要点:

1.打底层焊接时,先焊右半圈(逆时针施焊),后焊左半圈(顺时针施焊)。注意接头时的操作要领。

2.盖面层焊接时,要清理打底层熔渣,焊接顺序同打底层焊接。注意盖面层接头尽量不要和打底层接头完全重叠。

3.焊后对焊件进行自检,发现缺欠可按有关规定进行修补。

4.不可有表面不允许产生的缺欠,保持焊缝的成形美观。

六、低碳钢管板插入式垂直固定平焊焊接

1. 焊前准备

(1) 工件材质及尺寸要求

1) 板材材质：Q235。工件尺寸：100 mm（长）×100 mm（宽）×12 mm（厚），沿工件中心掏出直径为 64 mm 的圆孔，并在板材上做坡口。如图 2—28 所示。

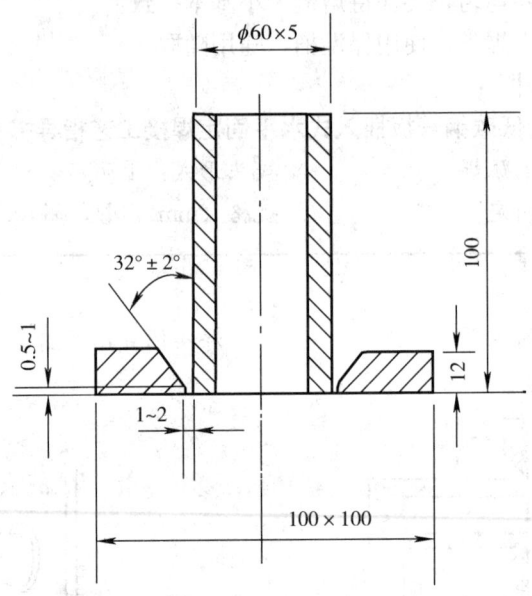

图 2—28 管板插入式垂直固定工件及坡口尺寸

2) 管件材质。20g。工件尺寸：ϕ60 mm（管径）×5 mm（壁厚）×100 mm（长）。

(2) 焊接材料及设备选择。选用 E4303 焊条和 BX3—300 型交流弧焊变压器。

(3) 焊接技术要求：单面焊双面成形。

(4) 工件对口要求

1) 对口间隙。2.0 mm。

2) 定位焊。可采用一点定位，使用与正式焊接相同型号的焊条进行定位焊。焊点长度 10~15 mm，焊点高度 2~3 mm，焊点两端削成斜坡，便于接头。

2. 焊接工艺

(1) 焊接工艺参数见表 2—24。

表 2—24　　　　管板插入式垂直固定平焊焊接工艺参数

焊接层次	焊条直径（mm）	焊接电流（A）
打底层	2.5	75~85
盖面层	3.2	110~120

(2)操作要点及注意事项。焊接时,除根据管道曲线变化调整焊条角度以外,焊接顺序可沿管件周向自下而上进行。因试件厚度较小,可按两层两道施焊。

1)打底层焊接。由于管件与板件厚度的不同,导致工件吸收热量不同。始焊端应在定位焊点相对称的位置,板件坡口处引弧、预热施焊。为确保根部焊透,采用断弧焊。焊条角度如图2—29所示。

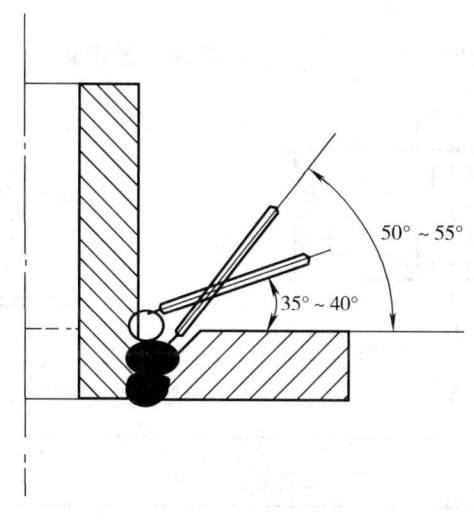

图2—29 管板插入式垂直固定平焊焊接的焊条角度

2)盖面层焊接。盖面层焊接顺序与打底层焊接顺序相同,但应注意,盖面层接头尽量与打底层接头错开至少一个熔池的位置,避免接头重叠,以避免焊接缺欠的堆积。由于盖面层焊道较宽,采用连弧焊接运条时,焊条应做月牙形摆动,在熔池两侧稍做停顿,特别是在靠近板件处停顿时间稍长一些,确保熔池两侧熔化良好,避免未熔合及咬边缺欠的产生。

3)防止缺欠产生的注意事项

①施焊时,要随时根据管子的曲率变化,改变焊条角度。

②焊接过程中,焊条角度不可任意改变,运条速度要均匀、平稳,要确保根部焊透。

③按要求严格烘干焊条,使用保温桶,随用随取。

3.焊接工艺指导书

低碳钢管板插入式垂直固定平焊焊接工艺指导书

操作方法：焊条电弧焊　　　　　　接头形式：T形
焊接位置：垂直固定平焊焊接　　　规格（mm）：管，$\phi 60 \times 5$；板，$100 \times 100 \times 12$

焊前准备：

坡口形式及装配间隙图　　　　焊接位置示意图

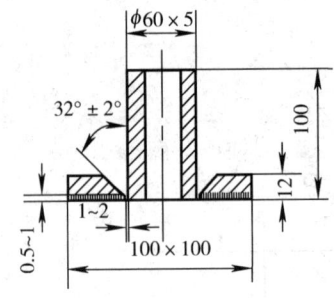
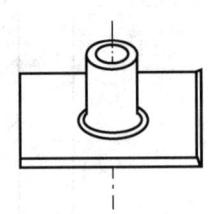

焊条型号：E4303　　　　　　　电流种类与极性：交流

主要焊接参数

焊道分布	焊接层次	焊条直径（mm）	焊接电流（A）
第1道	打底层	2.5	75～85
第2道	盖面层	3.2	110～120

工艺要点：

1. 打底层焊接时，要考虑管和板的厚度不同，热量吸收也不同，因此，控制焊条摆动的角度很重要。

2. 盖面层焊接时，首先要清理打底层焊接的熔渣，施焊时不要将打底层击穿。接头时要和打底层接头错开一个熔池的位置。

3. 按规定烘干焊条，焊后对焊缝进行自检。对表面缺欠可按有关规程进行修补。

第四节 手工钨极氩弧焊

培训目标
→ 能够针对生产实际情况，选择、使用钨极氩弧焊设备
→ 正确选择钨极氩弧焊工艺参数
→ 能够进行对接形式的单面焊双面成形
→ 掌握钨极氩弧焊打底和焊条电弧焊填充、盖面焊接技术

一、手工钨极氩弧焊工艺及设备

1. 手工钨极氩弧焊工艺特点

（1）工作原理。利用钨极与工件瞬间接触产生电弧，再利用从焊枪喷嘴中喷出的氩气流在电弧区形成的密闭气层，使电极和金属熔池与空气隔离，防止空气侵入带来的危害。同时，利用电弧产生的热量熔化基体金属和填充焊丝形成熔池，熔池凝固后形成焊缝。如图2—30所示。

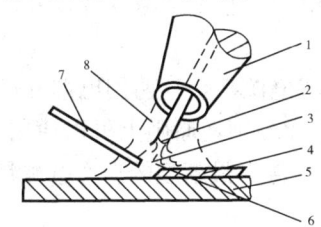

图2—30　钨极氩弧焊示意图
1—喷嘴　2—钨极　3—电弧
4—焊缝　5—工件　6—熔池
7—填充焊丝　8—氩气

因为氩气是一种惰性气体，不与金属发生任何化学反应，也不溶于金属中，所以能够充分保护金属熔池不被氧化。

（2）工艺特点

1）手工钨极氩弧焊与其他焊条电弧焊相比具有以下优点：

①熔池保护效果好，焊缝金属质量高。焊接过程中，熔池金属受到氩气的保护，只发生熔化与结晶的变化，因此，可以获得优质接头和高质量的焊缝。

②电弧燃烧稳定，飞溅少，焊道没有熔渣覆盖，可省去清渣工序。

③降低焊接应力，减少焊接变形。由于氩气流的压缩和冷却作用，使电弧热量集中，将焊缝热影响区变窄。因此，焊接应力与变形均小于其他的焊接方法，尤其适用于薄板焊接。

④焊接的材料范围广泛。几乎所有的金属材料都可进行焊接，特别是一些化学性能活泼的金属和合金，如铝、镁、钛等。

⑤由于是明弧焊接，容易观察，操作简便，特别适用于全位置焊接。且能很好地控制熔池尺寸和大小。

2）手工钨极氩弧焊存在的缺点

①专用的钨极氩弧焊设备成本较高。

②氩气是惰性气体，又是单原子气体，焊接时不需电解分离。但因其电离势较高，所以，引弧时需相对较高的电压。

③由于氩弧焊产生的紫外线是其他焊条电弧焊的10～30倍，生成的臭氧对焊工身

体有害，要加强防护措施。

④露天或野外作业时，要采取有效的防风措施，以免破坏氩气的保护效果。

2. 手工钨极氩弧焊设备

手工钨极氩弧焊设备通常由焊接电源、引弧及稳弧装置、焊枪、供气系统、水冷系统和焊接程序控制装置等部分组成。对于自动氩弧焊还应包括焊接小车行走机构及自动送丝机构。图2—31所示是手工钨极氩弧焊设备系统示意图。图中控制箱内包括了引弧及稳弧装置、焊接程序控制装置等。

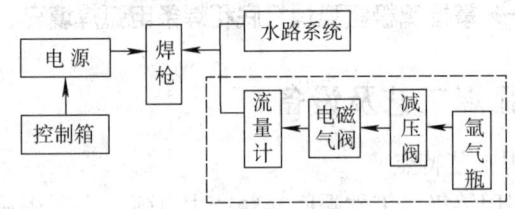

图2—31 手工钨极氩弧焊设备系统示意图

(1) 焊接电源

1) 电源的外特性。钨极氩弧焊要求采用陡降外特性的电源，它可以减少或排除因弧长变化而引起的焊接电流波动。

2) 电源种类。作为钨极氩弧焊的电源有直流电源、交流电源、交直两用电源和脉冲电源。这些电源从结构与要求上与一般焊条电弧焊并无多大差别，原则上可以通用，只是外特性要求更陡些。目前，使用较多的是晶闸管式弧焊电源。最新型的逆变电源具有优良的性能指标及节能效果，今后可能成为主导产品。

(2) 引弧及稳弧装置

1) 引弧方法

①短路引弧。利用钨极和引弧板或者工件之间接触引弧。短路引弧方法的缺点是钨极烧损较大，钨极端部形状易受到破坏。对于操作技术不太熟练的焊工，尽量少用。

②高频引弧。利用高频振荡器产生的高频高压击穿钨极与工件之间的间隙引燃电弧。

③高压脉冲引弧。在钨极与工件之间加一高压脉冲，使两极间气体介质电离而引弧。

2) 稳弧方法

交流氩弧的稳定性很差，在正接性转换成反接性瞬间必须采取稳弧措施。

①高频稳弧。采取高频高压稳弧，可以在稳弧时适当降低高频的强度。

②高压脉冲稳弧。在电流过零瞬间加上一个高压脉冲。

③交流矩形波稳弧。利用交流矩形波在过零瞬间有极高的电流变化率，帮助电弧在极性转换时很快地反向引燃。

3) 关于高频振荡器。高频振荡器的作用：一般的高频振荡器的作用是把工频电压转换成高频脉冲，改进后的振荡电路是把中频转换成高频。

(3) 氩弧焊枪（也叫氩弧焊把）

1) 焊枪。焊枪的作用是夹持钨极、传导焊接电流、输送氩气，同时应满足以下要求：

①具有良好的导电性能。
②氩气气流具有良好的流动状态和一定的挺度，使熔池得到可靠的保护。
③应有冷却渠道，以确保长时间的正常工作。
④喷嘴与钨极之间绝缘良好。质量轻，结构紧凑，便于维修。

氩弧焊枪分气冷式和水冷式两种，前者用于较小电流焊接，后者用于大电流焊接。表2—25给出了常用手工钨极氩弧焊焊枪的技术数据。

表2—25　　　　　常用手工钨极氩弧焊焊枪技术数据

型号	冷却方式	出气角度	额定焊接电流(A)	适用钨极尺寸(mm)		开关形式	质量（kg）
				长度	直径		
PQ1—150	循环水冷却	65°	150	110	1.6、2、3	推键	0.13
PQ1—350		75°	350	150	3、4、5	推键	0.3
PQ1—500		75°	500	180	4、5、6	推键	0.45
QS—0/150		0°（笔式）	150	90	1.6、2、2.5	按钮	0.14
QS—65/700		65°	200	90	1.6、2、2.5	按钮	0.11
QS—85/250		85°（近直角）	250	160	2、3、4	船形开关	0.26
QQ—65/75	气冷却（自冷）	65°	75	40	1.0、1.6	微动开关	0.09
QQ—0—90/75		0～90°（可变角）	75	70	1.2、1.6、2	按钮	0.15
QQ—85/100		85°（近直角）	100	160	1.6、2	船形开关	0.2
QQ—0—90/150		0～90°	150	70	1.6、2、3	按钮	0.2
QQ—85/150—1		85°	150	110	1.6、2、3	按钮	0.15
QQ—85/150		85°	150	110	1.6、2、3	按钮	0.2
QQ—85/200		85°（近直角）	200	150	1.6、2、3	船形开关	0.26

氩弧焊枪一般由喷嘴、电极夹头、夹头套管、绝缘帽、进气管、冷却水管等部分组成。

图2—32所示为典型的水冷式手工钨极氩弧焊枪结构。

2) 喷嘴。氩弧焊时，常用的易损件是喷嘴。喷嘴的材料有陶瓷、纯铜和石英3种。高温陶瓷喷嘴既绝缘又耐热，应用广泛，使用的焊接电流一般不超过350 A。纯铜喷嘴使用的电流可达500 A。石英喷嘴较贵，但焊接时的可见度较好。目前，经常使用的喷嘴形式有3种，即：截面收敛形、等截面形和截面扩散形。如图2—33所示。

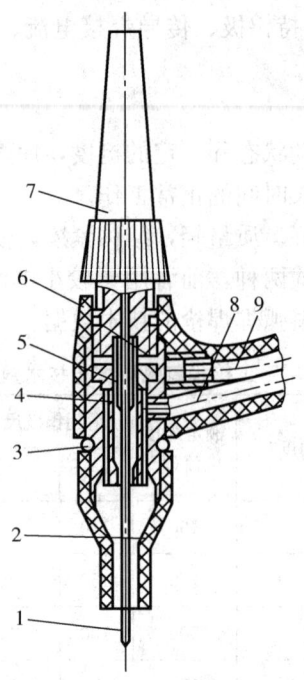

图 2—32 PQ1—150 水冷式焊枪结构
1—钨极 2—陶瓷喷嘴 3—密封环 4—轧头套管 5—电极轧头
6—枪体塑料压制件 7—绝缘帽 8—进气管 9—冷却水管

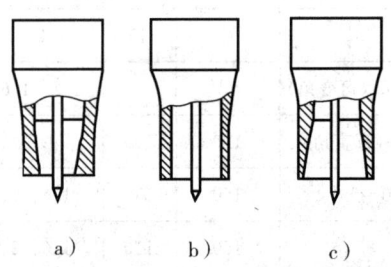

图 2—33 常见的喷嘴形式
a) 截面收敛形 b) 等截面形 c) 截面扩散形

喷嘴直径的选择参见表 2—26。

表 2—26 喷嘴直径与钨极直径的对应关系

喷嘴直径（mm）	钨极直径（mm）
6.4	0.5
8	1.0
9.5	1.6 或 2.4
11.1	3.2

3）供气及水冷系统

①供气系统。供气系统由高压气瓶、减压阀、气体流量计和电磁气阀组成，如图

2—34所示。

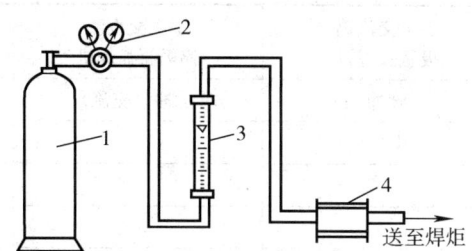

图2—34 供气系统的组成
1—高压气瓶 2—减压阀 3—气体流量计 4—电磁气阀

按照国家标准，氩气瓶外表应涂成蓝灰色，并用黑色字体注明"氩"字，用以表明与其他气体的区别。减压阀是将高压气瓶中的气体压力降至焊接所要求的压力，用流量计调节气体的流量。电磁气阀以电信号控制气流的通断。

②水冷系统。焊接电流大于100 A的焊枪，一般设计为水冷式，用水冷却焊枪和钨极。对于水冷式焊枪，通常是将焊接电缆装入通水软管中做成水冷电缆，这样既可大大提高焊接电流的密度，减轻电缆质量，又可使焊枪更为轻便。必要时还可在水路中接入水压开关，保证冷却水接通并有一定压力后才能启动焊机。

(4) 焊接程序控制装置。专用的手工钨极氩弧焊机的程序控制应满足如下要求：

1) 施焊前应提前1~4 s输送保护气体，以驱赶胶管内及焊接区域的空气。
2) 施焊结束后延迟5~10 s停气，以保护尚未冷却的钨极和熔池。
3) 控制电源的通断。
4) 自动接通和切断引弧和稳弧电路。
5) 焊接结束前电流自动衰减，防止产生弧坑和弧坑裂纹。

为降低专用氩弧焊机的成本，可采用简易氩弧焊机焊接。简易手工钨极氩弧焊机是用一台普通的直流焊机加上供气系统即可。操作技术熟练的焊工完全可以用手工来控制，满足上述程序控制的要求，对焊接质量不会产生影响。目前，在电力和石油化工行业应用比较广泛。作为一名焊工应能根据生产实际情况和设备情况选用焊机，学会使用简易氩弧焊接设备。

(5) 常用手工钨极氩弧焊机技术数据见表2—27。

表2—27　　　　　　　常用手工钨极氩弧焊机技术数据

类别	手工交流钨极氩弧焊机	手工交直流钨极氩弧焊机	手工直流钨极氩弧焊机
型号	WSJ—400—1	WSE5—315	WS—300
电网电压（V）	380（单相）	380（单相）	380（单相）
空载电压（V）	70~75	80	72
额定焊接电流（A）	400	315	300
电流调节范围（A）	50~400	30~315	20~300
引弧方式	脉冲	高频电压	高频电压

续表

类别	手工交流钨极氩弧焊机	手工交直流钨极氩弧焊机	手工直流钨极氩弧焊机
稳弧方式	脉冲	脉冲（交流）	—
消除直流分量方法	电容	—	—
钨极直径（mm）	1～7	1～6	1～5
额定负载持续率	60%	35%	60%
焊接电流衰减时间（s）	—	0～10	0～5
气体滞后时间（s）	—	0～15	0～15
氩气流量（L/min）	25	25	15
冷却水流量（L/min）	1	1	1
配用焊枪	PQ1—150 PQ1—350 PQ1—500	PQ1—150 PQ1—350	QQ—0—90/75 QS—65/300
用途	焊接铝、铝合金	焊接铝、铝合金、不锈钢、高合金钢、纯铜	焊接不锈钢、耐热钢、铜等
备注	配用BX3—400弧焊变压器	交流为矩形波电流，可变30%～70%	—

3. 保护气体及钨电极

（1）保护气体。保护气体不仅是焊接区域的保护介质，而且是产生电弧的气体介质。所以，保护气体的特性不仅影响保护效果，也影响电弧的引燃和焊接过程的稳定性以及焊缝的成形与质量。用于钨极氩弧焊的保护气体大致有3种，一种是氩气，另一种是氦气，第三种是由以上两种不同成分的气体按一定的比例混合而成。目前使用最为广泛的是氩气。由于氦气比较稀缺，提炼困难，价格高，所以很少使用。焊接时不同金属对氩气纯度的要求见表2—28。

表2—28　　各种金属焊接时对氩气纯度的要求

被焊金属	厚度（mm）	焊接方法	氩气纯度（体积分数）	电流种类
钛及其合金	0.5以上	钨极手工及自动	99.99%	直流正接
镁及其合金	0.5～2.0	钨极手工及自动	99.9%	交流
铝及其合金	0.5～2.0	钨极手工及自动	99.9%	交流
铜及其合金	0.5～3.0	钨极手工及自动	99.8%	直流正接或交流
不锈钢、耐热钢	0.1以上	钨极手工及自动	99.7%	直流正接或交流
低碳钢、低合金钢	0.1以上	钨极手工及自动	99.7%	直流正接或交流

（2）钨电极（也叫钨极）。钨极作为氩弧焊的电极，对它的要求是：发射电子能力强；耐高温，不易烧损；可通过较大的焊接电流。钨具有高的熔点（3 140℃）和沸点

（5 900℃），强度高达850～1 100 MPa，热导率小和高温挥发性小等特点，因此，非常适合作为焊接用不熔化电极。目前国内使用的钨极有3种，一是纯钨电极，二是钍钨电极，三是铈钨电极。钨极氩弧焊常用钨极的化学成分见表2—29。三种钨极的性能比较见表2—30。不同直径钨极的使用电流范围见表2—31。

表2—29　　　　　　　　钨极氩弧焊常用钨极的化学成分

电极牌号	化学成分（质量分数）（%）						
	W	ThO_2	CeO	SiO_2	$Fe_2O_3 + Al_2O_3$	Mo	CaO
W1	>99.92			0.03	0.03	0.01	0.01
W2	>99.85			总含量不大于0.15%			
WTh—10	余量	1.0～1.49		0.06	0.02	0.01	0.01
WTh—15	余量	1.5～2.0		0.06	0.02	0.01	0.01
WCe—20	余量	—	2.0	0.06	0.02	0.01	0.01

表2—30　　　　　　　　常用钨极性能比较

名称	空载电压	电子逸出功	小电流下断弧间隙	弧压	许用电流	放射性剂量	化学稳定性	大电流时烧损	使用寿命	价格
纯钨	高	高	短	较高	小	无	好	大	短	低
钍钨	较低	较低	较长	较低	较大	小	好	较小	较长	较高
铈钨	低	低	长	低	大	无	较好	小	长	较高

表2—31　　　　　　　　钨极直径和使用的电流范围

电极直径（mm）	直流（A）				交流（A）	
	正接（电极—）		反接（电极＋）			
	纯钨	钍钨、铈钨	纯钨	钍钨、铈钨	钍钨	钍钨、铈钨
0.5	2～20	2～20	—	—	2～15	2～15
1.0	10～75	10～75	—	—	15～55	15～70
1.6	40～130	60～150	10～20	10～20	45～90	60～125
2.0	75～180	100～200	15～25	15～25	65～125	85～160
2.5	130～230	160～250	17～30	17～30	80～140	120～210
3.2	160～310	225～330	20～35	20～35	150～190	150～250
4.0	275～450	350～480	35～50	35～50	180～260	240～350
5.0	400～625	500～675	50～70	50～70	240～350	330～460
6.3	550～675	650～950	65～100	65～100	300～450	430～575
8.0	—	—				650～830

4. 手工钨极氩弧焊焊接工艺参数

(1) 接头及坡口形式。钨极氩弧焊的接头形式有对接、搭接、角接、T形接和端接5种（见图2—35）。坡口的形状取决于工件的材料、厚度和工况条件。

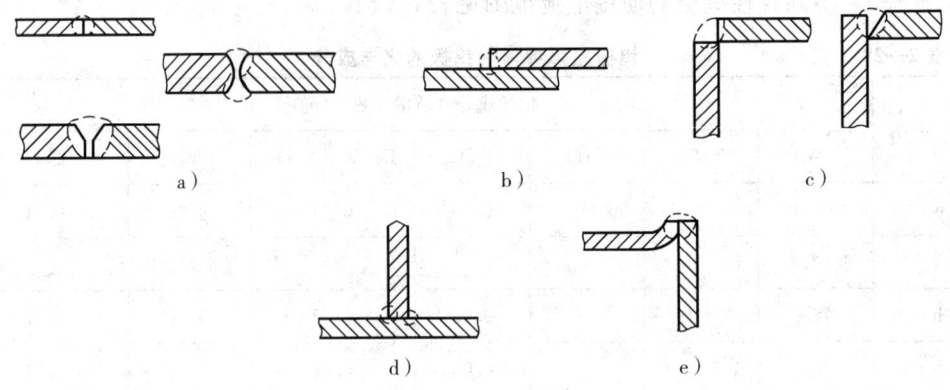

图2—35　5种接头形式
a) 对接接头　b) 搭接接头　c) 角接接头
d) T形接头　e) 端接接头

(2) 工件及填充焊丝的焊前清理。氩弧焊时，对材料的表面质量要求较高，焊前必须经过严格的清理。清除填充焊丝及工件坡口和坡口两侧表面至少20 mm范围内的油污、水分、灰尘、氧化物等。否则在焊接过程中将影响电弧稳定性，恶化焊缝成形，并可能导致气孔、夹渣、未熔合等缺欠的产生。

(3) 工艺参数的选择。手工钨极氩弧焊的工艺参数主要有焊接电流的种类及极性、钨极直径及端部形状、氩气流量等。

1) 焊接电流的种类及极性。氩弧焊时一般选用直流正接。有色金属焊接时选用交流电源。焊接电流的大小，取决于焊缝熔深的大小。主要根据材料、厚度、接头形式、焊接位置及焊工技术水平等因素综合考虑选择。

2) 钨极直径及端部形状。钨极直径根据焊接电流大小和种类选择。钨极端部形状是一个重要工艺参数，要根据焊接电流种类选用不同的端部形状。如图2—36所示。

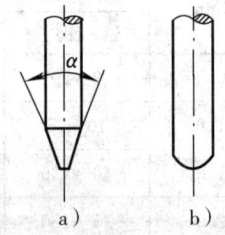

图2—36　钨极端部的形状
a) 直流正接　b) 交流

小电流焊接时，选用小直径钨极和小的锥角，可使电弧容易引燃和稳定；大电流焊接时，增大锥角可避免尖端过热熔化，减少损耗，并可防止电弧往上扩展而影响阴极斑点的稳定性。钨极尖端角度对焊缝熔深和熔宽也有一定影响。减小锥角，焊缝熔深减小，熔宽增大。反之则熔深增大，熔宽减小。

3) 气体流量和喷嘴直径。在一定条件下，气体流量和喷嘴直径有一个最佳范围，此时保护效果最佳，有效保护区最大。如气体流量过低，气流挺度差，排除周围空气的能力弱，保护效果不佳；流量太大，容易变成紊流，使空气卷入，也会降低保护效果。同样，在流量一定时，喷嘴直径过小，保护范围小，且因气流速度过高而形成紊流；喷嘴直径过大，不仅妨碍焊工观察，而且气流速度过低，挺度小，保护效果也不好。手工钨极氩弧焊喷嘴直径和氩气流量的配选范围见表2—32。

表 2—32　　　　　　　　喷嘴直径与氩气流量配选范围

焊接电流（A）	直流正接性		交流	
	喷嘴直径（mm）	流量（L/min）	喷嘴直径（mm）	流量（L/min）
10～100	4～9.5	4～5	8～9.5	6～8
101～150	4～9.5	4～7	9.5～11	7～10
151～200	6～13	6～8	11～13	7～10
201～300	8～13	8～9	13～16	8～15
301～500	13～16	9～12	16～19	8～15

4）焊接速度。焊接速度的选择主要根据工件厚度决定，且和焊接电流、预热温度相配合，以保证获得所需的熔深和熔宽。

5）喷嘴与工件的距离。距离越大，气体保护效果越差，但距离太近会影响焊工的视线，且容易使钨极与熔池接触而短路，造成夹钨，形成缺欠。一般情况下，喷嘴端部与工件的距离在 8～12 mm 之间。

二、手工钨极氩弧焊操作技术

1. 钢板对接平焊技术

（1）焊前准备

1）试件尺寸及要求

①试件材料。Q235。

②试件及坡口尺寸。如图 2—37 所示。

③焊接位置。平焊。

④焊接要求。手工钨极氩弧焊单面焊双面成形。

⑤焊接材料。H08Mn2SiA。电极为铈钨极，直径为 2.5 mm。为使电弧稳定，将其尖角磨成如图 2—38 所示的形状。氩气纯度达到 99.99%。

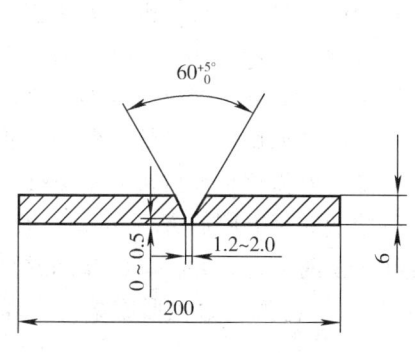

图 2—37　试件及坡口尺寸

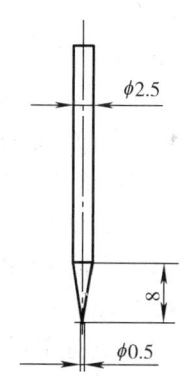

图 2—38　钨极尺寸及形状

2) 其他准备工作

①焊接设备选择。选择钨极氩弧焊机,也可使用简易的氩弧焊设备。采用直流正接。使用前应对焊机进行检查,包括焊机各处的接线是否正确、牢固可靠,按照工艺要求调试焊接工艺参数。同时检查冷却系统有无堵塞、泄漏,发现故障及时处理解决。

②清理坡口及工件正、反两面两侧距坡口20 mm范围内和焊丝表面的油污、锈蚀,直至露出金属光泽。

③按照国家劳动保护条例,穿戴焊工工作服、绝缘胶鞋、焊工手套。同时备好面罩、钢丝刷、锉刀等工具。

3) 工件对口

①对口间隙。对口间隙为1.5~2.5 mm。

②定位焊。采用与正式施焊时相同的工艺参数及焊接材料在工件正面坡口内两端进行定位焊,焊点长度为10~15 mm,并将焊点接头端预先削成斜坡。

③错边量。错边量控制得越小越好。

(2) 工艺参数。焊接工艺参数的选择见表2—33。

表2—33　　　钢板对接平焊手工钨极氩弧焊焊接工艺参数

焊接层次	焊接电流(A)	电弧电压(V)	氩气流量(L/min)	钨极直径(mm)	焊丝直径(mm)	钨极伸出长度(mm)	喷嘴直径(mm)	喷嘴至工件距离(mm)
打底层	80~100	10~14	8~10	2.5	2.5	4~6	8~10	≤12
填充层	90~100							
盖面层	100~110							

(3) 操作要点及注意事项

1) 打底层焊接。手工钨极氩弧焊通常采用左向焊法,即焊接热源从接头右端向左端移动,并指向待焊部分。因此,点固焊时,工件左端间隙应稍大一些。

①引弧。在工件右端定位焊缝上引弧。引弧瞬间将电弧稍微拉长(约4~6 mm),使坡口处预热4~5 s。

②焊接。引弧预热后,立即压低电弧(约2~3 mm),形成熔池并出现熔孔后开始送丝。焊丝、焊枪与工件角度如图2—39所示。打底层焊接时,采用较小的焊枪倾角和较小的焊接电流。焊丝送入要均匀,焊枪移动要平稳。焊接时密切关注熔池变化,及时调节工艺参数,确保背面成形良好,防止焊缝背面的过瘤及凹陷的产生。当熔池增大、焊缝变宽并出现下凹时,说明熔池温度过高,此时应减小焊枪与工件夹角,加快焊接速度;当熔池减小时,表明熔池温度过低,此时应增加焊枪与工件夹角,降低焊接速度。

③接头。更换焊丝或暂停焊接,此时立即将电弧移至坡口边缘快速灭弧,同时停止送丝。但焊枪仍需对准熔池保护3~5 s,待熔池完全凝固后方可移开焊枪。进行接头焊接前,应检查接头熄弧处弧坑质量,发现缺欠及时清理,并将其前端削成斜坡,然后在弧坑右侧15~20 mm处引弧,向左移至弧坑处,待弧坑熔化形成熔池出现熔孔后,继续填丝焊接。

④收弧。当焊至工件末端时,应减小焊枪与工件夹角,使热量集中在焊丝上,加大

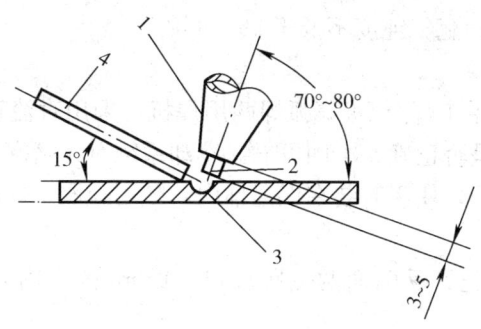

图 2—39　焊丝、焊枪与工件角度示意图
1—喷嘴　2—钨极　3—熔池　4—焊丝

焊丝熔化量以填满弧坑。弧坑填满后将电弧迅速移至焊缝边缘熄弧，停止送丝。但焊枪仍需对准熔池保护 3～5 s，待熔池完全凝固后方可移开焊枪，防止熔池金属在高温下氧化。

2) 填充层焊接。填充层焊接操作方法与打底层相同。焊接时焊枪可做圆弧"之"字形横向摆动，幅度应大些，并在坡口两侧停留 1～2 s，保证坡口两侧熔合良好。工件从右侧开始焊接，焊接速度要平稳、均匀。焊缝表面平整呈稍下凹状，填充层焊道焊完后，应比工件表面低 1.5～2.0 mm，以免坡口边缘熔化导致盖面层焊接时产生咬边或焊道焊偏缺欠。

3) 盖面层焊接。盖面层焊接操作方法与填充层基本相同。焊接时加大焊枪的摆动幅度，保证熔池两侧超过坡口边缘 0.5～1.0 mm，在满足焊缝余高的前提下，控制填丝速度和焊接速度。

2. 手工钨极氩弧焊打底和焊条电弧焊填充、盖面焊接技术

钨极氩弧焊打底、焊条电弧焊盖面焊接也叫氩电联焊或氩加电焊。以下简称氩电联焊。此种焊接方法适用于管道焊接，特别适用于高温、高压下的合金、厚壁管道焊接。为保证焊缝根部质量，防止根部未焊透、过瘤、夹渣及凹陷等缺欠的产生，特选用钨极氩弧焊打底工艺。为降低焊接工程的成本，又考虑到根部以上焊道质量容易控制，焊道的填充、盖面又采用了焊条电弧焊工艺。因此，形成了钨极氩弧焊打底、焊条电弧焊盖面的组合焊接工艺。

(1) 小径管垂直固定对接

1) 焊前准备

①工件尺寸及要求

a. 工件材料。12Cr1MoV，ϕ42 mm×5 mm。

b. 工件及坡口尺寸。如图 2—40 所示。

c. 焊接位置。垂直固定。

d. 焊接要求。氩电联焊单面焊双面成形。

e. 焊接材料。焊丝为 TIG－R31，ϕ2.5 mm。电极为铈钨极，ϕ2.5 mm。填充、盖面焊条为

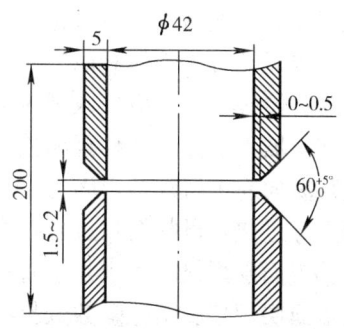

图 2—40　工件及坡口尺寸

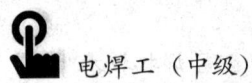

E5515—B2—V（R317）。氩气纯度不低于99.99%。

②准备工作

a. 选用逆变式直流手工焊/钨极氩弧焊两用焊机，采用直流正接。使用前对焊机进行检查，焊机各处接线是否正确、牢固可靠。冷却系统有无堵塞、泄漏。同时检查焊条质量，并按要求严格烘干，使用时装在保温桶内，随用随取。焊前按工艺要求调整工艺参数。

b. 清理坡口及工件正、反两面两侧距坡口20 mm范围内和焊丝表面的油污、锈蚀，直至露出金属光泽。

c. 按照国家劳动保护条例，穿戴焊工工作服、绝缘胶鞋、焊工手套。同时备好面罩、钢丝刷、锉刀等工具。

③工件对口

a. 对口间隙。对口间隙为2.0～2.5 mm。

b. 定位焊。采用手工钨极氩弧焊一点定位，并保证该点处间隙不低于2.5 mm，与其对称处间隙为2.0 mm。沿管道轴线垂直固定。定位焊长度为10～15 mm，且将定位焊点两端削成斜坡。定位焊时使用的材料和规范应与正式施焊时相同。

c. 错边量。尽可能的做到错边量越小越好，直至错边量为0。

2) 焊接工艺参数选择。工艺参数选择见表2—34。

表2—34　　　　小径管（$\phi \leqslant 76$ mm）垂直固定对接焊接工艺参数

焊接方法与层次	焊接电流（A）	电弧电压（V）	氩气流量（L/min）	钨极直径（mm）	焊丝/焊条直径（mm）	钨极伸出长度（mm）	喷嘴直径（mm）	喷嘴至工件距离（mm）
氩弧焊打底（一层1道）	90～105	10～12	8～10	2.5	2.5	4～6	8～10	$\leqslant 8$
电弧焊盖面（一层2道）	75～85	22～28	—	—	2.5	—	—	—

3) 操作要点及注意事项

①打底层焊接。按表2—34选择工艺参数，进行打底层焊接。在右侧间隙最小处引弧，待坡口根部熔化形成熔孔后，将焊丝向熔池内送进，把液态金属送到坡口根部，以保证背面焊缝的高度。在填充焊丝的同时，焊枪做横向小幅摆动并向左均匀移动。焊丝要以直线运动方式不间断地匀速送入熔池。氩弧焊打底操作最好是一气呵成，中间不间断。需暂停焊接时，应按收弧要点操作。继续施焊前，应将收弧处削成斜坡并清理干净。在斜坡上引弧，并移至离接头约10 mm处，当获得清晰的熔池后，即可填充焊丝，继续从右向左进行焊接，因为是垂直固定焊接，熔池的热量要集中在坡口下部，以防止坡口上部过热，母材熔化过多，产生咬边或焊瘤缺欠。

②盖面层焊接。由于是小管径，壁厚较薄，可省去填充层的焊接，打底焊后可直接进行盖面层焊接。工艺参数选择参见表2—34。

③焊后检查。因盖面层使用的是焊条电弧焊，焊后要用钢丝刷清理熔渣，用低倍放大镜检查焊缝表面有无气孔、裂纹、咬边等缺欠。

（2）大径管水平固定对接

1）焊前准备

①工件尺寸及要求

a. 工件材料。20g。规格：$\phi 133$ mm×10 mm。

b. 工件及坡口尺寸如图2—41所示。

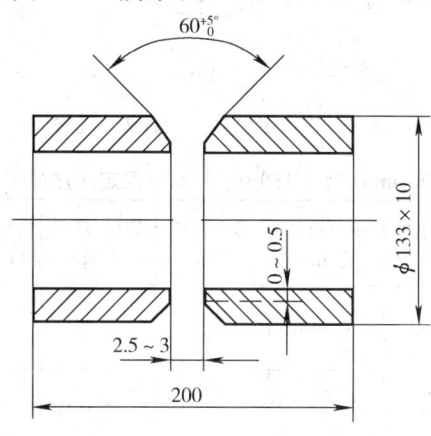

图2—41 工件及坡口尺寸

c. 焊接位置。水平固定。

d. 焊接要求。氩电联焊单面焊双面成形。

e. 焊接材料。焊丝为TIG—J50，直径为2.5 mm。电极为铈钨极，直径为2.5 mm。焊条为E5015（J507），直径为2.5～3.2 mm。

②准备工作

a. 氩弧焊打底时，选用钨极氩弧焊机，采用直流正接，选用气冷式焊枪。盖面时选用逆变式直流手工焊/钨极氩弧焊两用焊机，采用直流反接。使用前应检查焊机各处的接线是否正确、牢固可靠。按工艺要求调整工艺参数。同时检查氩弧焊冷却系统有无堵塞、泄漏。还应检查焊条质量，并按要求严格烘干，放入保温桶内，随用随取。

b. 清理坡口及工件正、反两面两侧距坡口20 mm范围内和焊丝表面的油污、锈蚀，直至露出金属光泽。

c. 按照国家劳动保护条例，穿戴焊工工作服、绝缘胶鞋、焊工手套。同时备好面罩、钢丝刷、锉刀等工具。

③工件对口

a. 对口间隙。对口间隙为2.5～3.0 mm。

b. 定位焊。使用与正式焊接相同的材料和规范，用手工钨极氩弧焊两点定位，定位焊长度为10～15 mm。定位焊位置分别位于管道横截面上相当于"时钟2点"和"时钟10点"的位置（见图2—42）。将定位焊点削成斜坡，工件对口最小间隙应位于截面上"时钟6点"的仰焊位置，并将工件水平固定。

c. 错边量。错边量小于等于1.2 mm。

2）焊接工艺参数选择。工艺参数选择见表2—35。

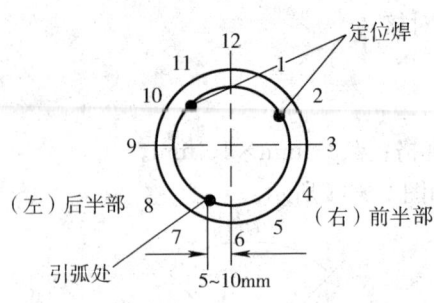

图 2—42 定位焊、引弧处示意图

表 2—35　大径管（76 mm＜φ＜159 mm）水平固定对接焊接工艺参数

焊接方法与层次	焊接电流 (mm)	电弧电压 (V)	氩气流量 (L/mim)	钨极直径 (mm)	焊丝/焊条直径 (mm)	钨极伸出长度 (mm)	喷嘴直径 (mm)	喷嘴至工件距离 (mm)
氩弧焊打底（1层）	105～120	10～13	8～10	2.5	2.5	4～6	8～10	≤10
电弧焊填充（1层）	95～105	22～28	—	—	3.2	—	—	—
电弧焊盖面（1层）	105～120	22～28	—	—	3.2	—	—	—

3）操作要点及注意事项。焊缝分左、右两个半圈进行，在仰焊位置前 5～10 mm 处起弧，至平焊位置收弧，先焊右半圈，后焊左半圈。同时，焊工应具备左、右手均能持焊枪进行操作的技能。右半圈施焊时，右手持焊枪。左半圈施焊时，左手持焊枪，方可满足工件水平固定位置焊接的技术要求。

① 打底层焊接

a. 引弧。在仰焊位置前 5～10 mm 处引弧，待坡口两侧熔化形成熔孔后即可填充焊丝开始焊接。为使背面焊缝成形良好，应将熔化金属送至坡口根部。为防止始焊处产生裂纹，始焊速度应稍慢并多填焊丝，增加焊缝厚度。

b. 填丝。填丝方法有两种，一种是内填丝法，另一种是外填丝法。也可两种方法联合使用。联合填丝的步骤是：在管道横截面上相当于"时钟 4 点"至"时钟 8 点"位置采用内填丝法，此方法可有效控制焊缝内凹缺欠。在管道横截面上相当于"时钟 4 点"至"时钟 12 点"或"时钟 8 点"至"时钟 12 点"位置采用外填丝法，此方法容易操作，易于观察。填丝方法如图 2—43 所示。若全部采用外填丝法，坡口间隙应适当减小，一般为 1.5～2.5 mm。在整个施焊过程中，应一气呵成，尽量避免间断。保持等速送丝，且焊丝端部始终处于氩气保护区内。

c. 焊枪、焊丝与焊件的相对位置。钨极与管子轴线成 90°，焊丝沿管子切线方向，与钨极成 100°～110°（见图 2—43a）。当焊至管子截面上相当于"时钟 10 点"至"时钟 2 点"的斜平焊位置时，焊枪略后倾。此时焊丝与钨极的角度约为 100°～120°。

d. 焊接。引燃电弧后，待两侧钝边开始熔化时立刻送丝，形成鲜明的熔池后，焊枪匀速上移。伴随连续送丝，焊枪同时做小幅度锯齿形横向摆动。仰焊部位（"时钟 4

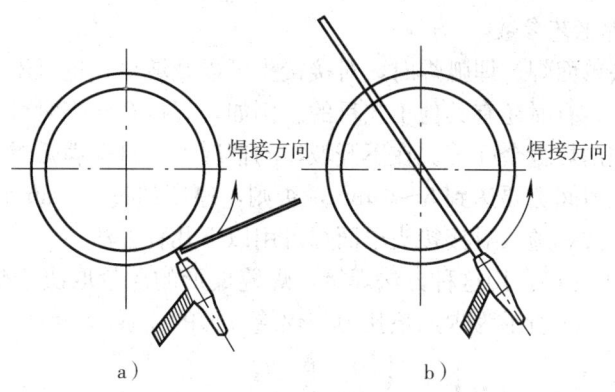

图 2—43 两种不同的填丝方法
a) 外填丝法 b) 内填丝法

点"至"时钟 8 点")采用内填丝方法焊接时,应有意识地将焊丝"拉"至根部甚至稍过一些,可使管内焊缝成形饱满,有效克服根部凹陷。当焊至平焊位置时(外填丝),焊枪略向后倾,焊接速度加快,以避免熔池温度过高而下坠形成焊瘤。

e. 接头。中断焊接后再继续施焊时,应先将收弧处削成斜坡,在斜坡后约 10 mm 处重新引弧,电弧移至斜坡内时稍加焊丝,当焊至斜坡端部出现熔孔后,立即送丝并转入正常焊接。

f. 收弧。收弧时,必须用填充的焊丝将熔池填满为止,同时将熔池迅速过渡到坡口侧灭弧。电弧熄灭后,应继续对收弧处的氩气保护,直至熔池完全凝固,这样可以避免熔池氧化,还可避免出现弧坑裂纹及缩孔缺欠。

g. 整条焊缝钨极氩弧焊打底时,应是前半部焊完后,再焊后半部。打底层厚度掌握在 3 mm 左右。焊后,经检查无缺欠方可进行焊条电弧焊的填充及盖面的焊接。

②焊条电弧焊填充层及盖面层的焊接。关于焊条电弧焊填充层及盖面层的焊接请参见第三节焊条电弧焊相关部分。需引起注意的是:填充层焊接时,焊接规范可按工艺参数的上限选择,但必须注意不可将氩弧焊打底层击穿。

第五节 自动埋弧焊

→ 掌握自动埋弧焊的工艺特点及应用范围
→ 能够正确选择自动埋弧焊的工艺参数
→ 能够进行中、厚板材的平焊对接双面焊接

一、自动埋弧焊工艺及特点

埋弧焊是指电弧在焊剂层下燃烧以进行焊接的方法。自动埋弧焊是利用机械装置自动控制送丝和移动电弧的一种埋弧焊方法。

1. 自动埋弧焊工艺参数

(1) 对接接头单面焊。埋弧焊时,对接接头可以开坡口,也可不开坡口。开坡口不只是为了保证熔深,有时还有其他工艺目的。例如,焊接合金钢时可以控制熔合比;焊接低碳钢时可以控制焊缝余高等。在不开坡口的情况下,自动埋弧焊可一次焊透20 mm以下的工件,但预留间隙要达到5～6 mm,否则,厚度超过14 mm 的板材必须开坡口才能保证单面焊一次焊透。对接接头单面焊可用以下几种方法:

1) 在焊剂垫上焊接。用这种方法焊接,焊缝成形的质量取决于焊剂垫托力的大小和均匀程度。图2—44 所示为焊剂垫托力与焊缝成形的关系。

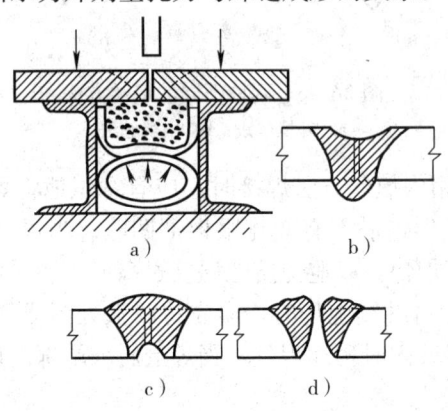

图2—44 在焊剂垫上对接焊
a) 焊接情况 b) 焊剂垫托力不足 c) 焊剂垫托力很大 d) 焊剂垫托力过大

板厚2～8 mm 的对接接头在具有焊剂垫的电磁平台上焊接所用的参数见表2—36,电磁平台在焊接中起固定工件的作用。

表2—36 薄板（厚度≤8 mm）在焊剂垫上对接接头单面焊焊接工艺参数

工件板厚 (mm)	装配间隙 (mm)	焊丝直径 (mm)	焊接电流 (A)	电弧电压 (V)	焊接速度 (cm/min)	电流种类	焊剂垫中焊剂颗粒	焊剂垫软管中的空气压力 (kPa)
2	0～1.0	1.6	120	24～28	73	交流	细小	81
4	0～1.5	2 4	375～400 525～550	28～30 30～32	66.7 83.3	交流	细小	101～152 101
6	0～3.0	2 4	475 600～650	32～34 28～32	50 67.5	交流	正常	101～152
8	0～3.5	4	725～775	30～36	56.7	交流	正常	101～152

板厚10～20 mm 的I形坡口对接接头预留装配间隙,并在焊剂垫上进行单面焊的焊接工艺参数见表2—37。选用的焊丝直径为5 mm,选用的焊剂是细颗粒焊剂。

表 2—37　厚板（厚度 10～20 mm）在焊剂垫上对接接头单面焊焊接工艺参数

板厚（mm）	装配间隙（mm）	焊接电流（A）	电弧电压（V）		焊接速度（cm/min）
			交流	直流	
10	3～4	700～750	34～36	32～34	50
14	4～5	850～900	36～40	34～36	42
18	5～6	950～1 000	40～44	36～40	28
20	5～6	950～1 000	40～44	36～40	25

2）在焊剂铜垫板上焊接。采用带沟槽的铜垫板，在沟槽中铺撒焊剂。焊接时焊剂起焊剂垫的作用。沟槽起焊缝背面成形作用。工件可用电磁平台固定，也可用龙门压力架固定。铜垫板尺寸如图 2—45 所示。

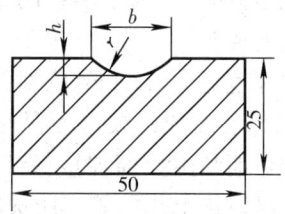

图 2—45　铜垫板尺寸

铜垫板中的槽宽 b、槽深 h 和沟槽曲率半径 r 与工件厚度有关。当工件厚度为 4～6mm 时，$b=10$，$h=2.5$，$r=7$。当工件厚度为 8～10 mm 时，$b=14$，$h=3.5$，$r=9.5$。总之，随工件厚度的加大，b、h 和 r 的数值增大。

在焊剂铜垫板上对接单面焊焊接工艺参数见表 2—38。

表 2—38　　在焊剂铜垫板上对接单面焊焊接工艺参数

板厚（mm）	装配间隙（mm）	焊丝直径（mm）	焊接电流（A）	电弧电压（V）	焊接速度（cm/min）
3	2	3	380～420	27～29	78.3
5	2～3	4	520～560	31～33	63
6	3	4	550～600	33～35	63
7	3	4	640～680	35～37	58
8	3～4	4	680～720	35～37	53.3
9	3～4	4	720～780	36～38	46
10	4	4	780～820	38～40	46
12	5	4	850～900	39～41	38
14	5	4	880～920	39～41	36

3）在永久性垫板上或锁底上焊接。如果工件允许焊后保留永久性垫板时，厚度较小的工件可采用此种方法进行焊接。垫板尺寸见表 2—39。垫板必须紧贴在待焊工件上，垫板与工件的板面间隙不得超过 0.5～1.0 mm。

表 2—39　　　　　　　　　　永久性钢垫板尺寸　　　　　　　　　　mm

板厚 δ	垫板厚度	垫板宽度
2～6	0.5δ	$4\delta+5$
6～10	$(0.3\sim0.4)\delta$	

厚度大于 10 mm 的工件，可采用锁底接头焊接方法，锁底接头如图 2—46 所示。对于小直径、厚壁管件的环缝焊接，质量可靠。

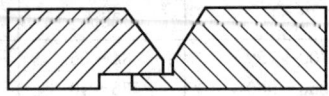

图 2—46　锁底对接接头

4）在临时性的衬垫上焊接。这种方法是采用柔性的热固化焊剂衬垫贴合在焊缝背面进行焊接。近年来，还有采用陶瓷材料制造的衬垫进行单面焊的方法。

5）悬空焊。当工件装配质量很好并且没有间隙的情况下，可以采用不加衬垫的悬空焊，悬空焊时，不可将工件完全熔透，一般熔深不超过板厚的 2/3，否则容易烧穿。此方法适合用于不要求完全焊透的接头。

（2）对接接头双面焊。工件厚度超过 12 mm 的对接接头，通常采用双面焊。这种方法对焊接工艺参数的波动和工件装配质量要求不是很严格，也能获得较好的焊接质量。正面焊接时不要求完全焊透，而是由反面焊接保证焊透。正面焊接采用的方法有：悬空焊、在焊剂垫上焊接、在临时衬垫上焊接等。所选用的工艺参数基本上与单面焊相同。

1）悬空焊。装配时不留或留很小的间隙（不超过 1.0 mm），正面焊接达到的熔深小于工件厚度的一半，反面焊接的熔深要达到工件厚度的 60%～70%，以确保工件完全焊透。不开坡口对接接头悬空焊的焊接工艺参数见表 2—40。

表 2—40　　　　　　不开坡口对接接头悬空焊焊接工艺参数

工件厚度 （mm）	焊丝直径 （mm）	焊接顺序	焊接电流 （A）	电弧电压 （V）	焊接速度 （cm/min）
6	4	正	380～420	30	58
		反	430～470	30	55
10	4	正	530～570	31	46
		反	590～640	33	46
12	4	正	620～660	35	42
		反	680～720	35	41
14	4	正	680～720	37	41
		反	730～770	40	38
17	5	正	850～900	35～37	60
		反	900～950	37～39	43
18	5	正	850～900	36～38	60
		反	900～950	38～40	40
20	5	正	850～900	36～38	42
		反	900～1 000	38～40	40

2）在焊剂垫上焊接。正面焊接采用预留间隙不开坡口的方法最为经济。正面焊接

应保证熔深超过工件厚度的60%～70%。焊后翻转工件，进行反面焊接。必要时将正面焊缝根部清除后再焊。反面焊接工艺参数与正面焊接相同。预留间隙与工件厚度的关系及焊接工艺参数见表2—41。

表2—41　　　　　　　　工件厚度与预留间隙及焊接工艺参数

工件厚度 (mm)	装配间隙 (mm)	焊丝直径 (mm)	焊接电流 (A)	电弧电压 (V)	焊接速度 (cm/min)
14	3～4	5	700～750	34～36	50
18	4～5	5	750～800	36～40	45
20	4～5	5	850～900	36～40	45
24	4～5	5	900～950	38～42	42
28	5～6	5	900～950	38～42	33
30	6～7	5	950～1 000	40～44	27
40	8～9	5	1 100～1 200	40～44	20

3）在临时衬垫上焊接。用此种方法焊接正面时，一般要求接头处留有一定间隙，以保证焊剂能填满其中。临时衬垫的作用是托住间隙中的焊剂。平板对接接头的临时衬垫常用厚3～4 mm、宽30～40 mm的薄钢带，也可用石棉绳或石棉板，如图2—47所示。正面焊完后，去除临时衬垫及间隙中的焊剂和焊缝根部的渣壳，然后用同样的参数焊接反面，要求每面熔深均达工件厚度的60%～70%。

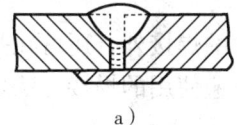

a)

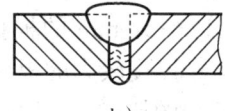 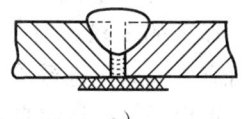

b)　　　　　　　c)

图2—47　在临时衬垫上焊接
a) 薄钢带垫　b) 石棉绳垫　c) 石棉板垫

2. 自动埋弧焊的特点及应用范围

（1）自动埋弧焊的特点

1）优点

①许用焊接电流大，热效率高，熔深大。焊接电流的增大可使坡口角度做得小一些，减少焊缝的金属填充量，在单丝、工件不开坡口的情况下，一次熔透20 mm。

②焊接速度快。以厚度8～10 mm的钢板对接焊为例，单丝埋弧焊速度可达50～80 cm/min，焊条电弧焊则不超过10～15 cm/min。

③焊剂的缓冷和保护作用。焊剂的存在不仅可使焊缝金属在高温状态下避免氧化，还可使焊缝金属缓冷，让液体金属与熔化的焊剂之间有较多的时间进行冶金反应，降低了焊缝中产生气孔、裂纹等缺欠的可能性。焊剂还可以向焊缝金属补充一些合金元素，

提高焊缝金属的力学性能。

④保护效果好于焊条电弧焊的焊接方法。且焊接参数可通过自动调节保持稳定。焊接质量对焊工技艺水平的依赖程度可大大降低。

⑤由于电弧被埋在焊剂层下，避免了弧光的辐射，改善了焊工的劳动条件。

2）缺点

①因为焊剂呈散装颗粒状，所以只对平焊位置能起很好的保护效果。对于其他位置的焊接需采取特殊措施，以使焊剂能够覆盖焊接区。

②不能直接观察电弧与坡口的相对位置，如果没有焊缝自动跟踪装置，焊道容易焊偏。

③自动埋弧焊电弧的电场强度较大，当电流小于100 A时电弧不稳定，因此，不适于焊接厚度较小（厚度小于4 mm）的薄板工件。

（2）自动埋弧焊的应用范围。由于自动埋弧焊的许用电流大，焊缝熔深大，生产效率高，机械化程度高，因而特别适用于焊接中、大厚板结构的长焊缝。在锅炉及压力容器、造船、桥梁、铁路车辆、起重机械、重型机械、工程机械和冶金机械，电力、海洋、武器制造等行业有着广泛的应用。

随着焊接冶金技术与焊接材料生产技术的不断发展，自动埋弧焊的可焊材料已从碳素结构钢发展到低合金结构钢、不锈钢、耐热钢以及有色金属如镍基合金、钛合金、铜合金等。

自动埋弧焊除了用于金属构件的焊接外，还可在基体金属表面堆焊耐磨或耐腐蚀的合金层。它是当今焊接生产中最普遍使用的焊接方法之一。

3. 自动埋弧焊坡口基本形式和尺寸

自动埋弧焊由于使用的焊接电流较大，对于厚度小于12 mm的板材，不开坡口进行双面焊，也可达到全焊透的要求。对于厚度12～20 mm的板材，为能达到全焊透，在正面焊后，焊件背面应清根后再进行焊接。对于厚度较大的板材，焊前应开坡口。坡口形式与焊条电弧焊基本相同。但针对自动埋弧焊的特点，应留有较厚的钝边，避免烧穿，形成过瘤。自动埋弧焊焊接接头的坡口形式和尺寸见表2—42。

表2—42　自动埋弧焊常见板厚坡口形式和尺寸及装配间隙

工件厚度 (mm)	坡口形式	坡口角度 (°)	装配间隙 (mm)	钝边厚度 (mm)	刨焊根宽度 (mm)	刨焊根高度 (mm)
6	I形		0.5～1.5		8	3
8	I形		0.5～1.5		8	3
10	I形		0.5～2.5		8	3
12	I形		1～3		9	4
14	I形		1～3		10	4.5
16	V形	60	0～2	8	10	4.5
18	V形	60	0～1	8	10	4.5
20	V形	60	0～1	8	10	4.5

二、自动埋弧焊中、厚板材的平焊对接双面焊技术

1. 自动埋弧焊机的操作

以 MZ-1000 型自动埋弧焊机为例加以说明。

（1）准备工作

1）首先按照焊机的外部接线图，检查外部接线是否正确、牢固可靠。如图 2—48 所示。

2）调整小车轨道位置，将焊接小车置于轨道上。

3）将准备好（经过烘干、筛选）的焊剂装入焊剂漏斗内，在焊丝盘上固定焊丝。

4）同时合上焊接电源开关和控制电路的电源开关。

5）按动控制盘上的焊丝控制按钮，调整焊丝位置，使焊丝对准待焊焊道中心处并与工件表面轻轻接触。

6）调整导电嘴至工件间的距离，保证焊丝的伸出长度合适。

7）转动开关按钮调到焊接位置上，并按照焊接方向，将焊接小车的换向开关按钮调到预设焊接方向的位置。

8）按照焊接工艺选择焊接工艺参数。

9）扳动焊接小车的离合器手柄，使主动轮与焊接小车减速器连接。

10）打开焊剂漏斗阀门，使焊剂堆敷在待焊部位上。

（2）焊接。按下焊接启动按钮接通焊接电源，此时焊丝稍向上提起，随即焊丝与工件之间产生电弧，并被拉长，当电弧电压达到设定值时，焊丝开始向下送进，小车开始向前移动。当焊丝的送丝速度与焊丝的熔化速度相等后，焊接过程稳定，焊接正常进行。

在焊接过程中，应随时注意观察焊接电流表和电弧电压表的读数以及焊接小车的行走路线，随时准备纠偏。还要随时准备增添焊剂漏斗中的焊剂，避免暴露弧光，影响焊接工作的正常进行。

（3）结束焊接

1）首先将焊剂漏斗阀门关闭。

2）分两步按下停止按钮：第一步，将按钮按下一半，手先不要松开，此时送丝机构关闭，停止送丝，但电弧仍在燃烧，并被慢慢拉长，弧坑逐渐被填满。第二步，弧坑填满后，再将停止按钮按到底，这时焊接小车自动停止，焊接电源也被自动切断。

3）扳动焊接小车离合器手柄，将小车沿轨道推至重新待焊位置。

4）清除焊剂中的渣壳，将焊剂收回备用。

5）检查焊缝外观质量，验证工艺参数。

6）焊接完毕，必须切断所用电源，清理现场，确认无火种留下，方可离开。

2. 板厚为 12 mm，I 形坡口对接焊接工艺指导书

电焊工（中级）

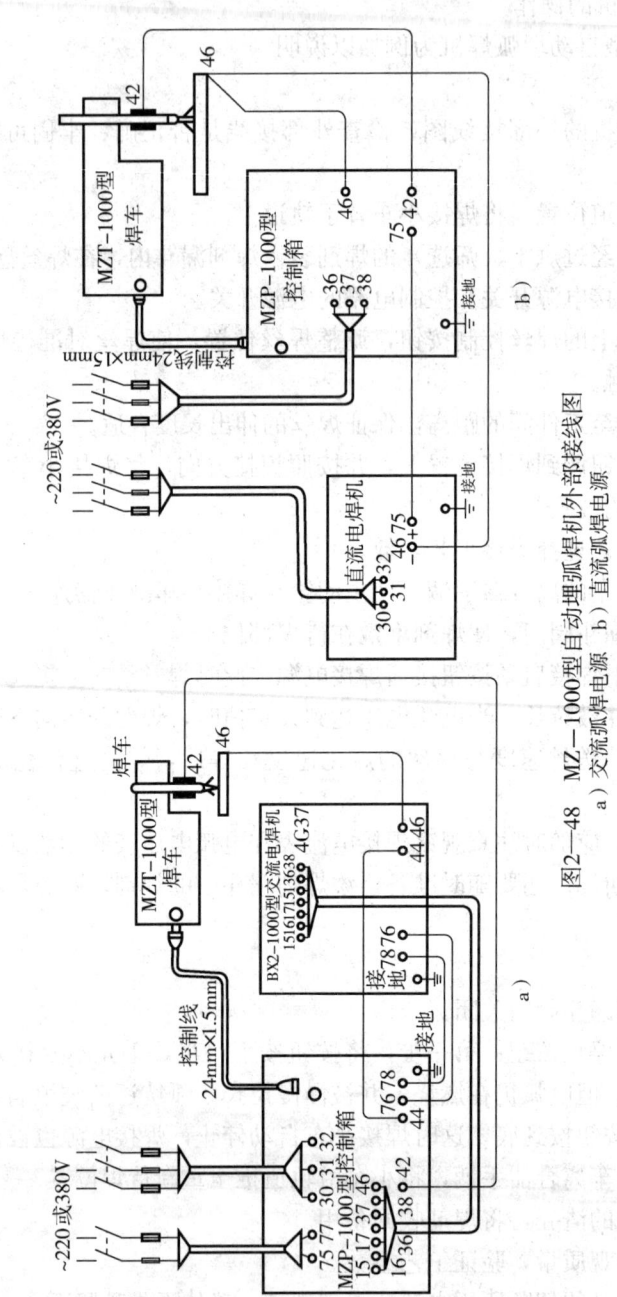

图2-48 MZ-1000型自动埋弧焊机外部接线图
a) 交流弧焊电源 b) 直流弧焊电源

Q235 钢中板对接焊接工艺指导书

操作方法：自动埋弧焊　　　　　　　接头形式：对接

焊接位置：平焊　　　　　　　　　　规格（mm）：400×100×12

焊前准备：

坡口形式及装配间隙图　　　　　　　焊接位置示意图

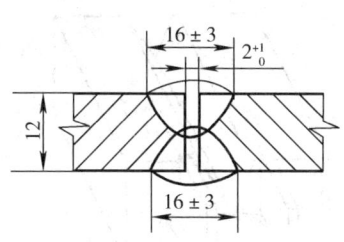
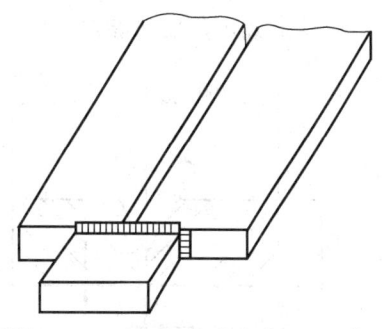

焊丝牌号：H08A（φ5mm）　　焊剂牌号：HJ431　　电流种类与极性：交流

焊接工艺参数

焊接层道位置	焊接电流（A）	电弧电压（V）	焊接速度（m/h）
背面	650～700	36～38	35
正面	700～750	38～40	30～35

工艺要点：

1. 定位焊可用焊条电弧焊，选用 E4303 焊条将引弧板及引出板焊在工件两端。引弧板及引出板尺寸为 100 mm×100 mm×12 mm，焊后割掉。

2. 先焊背面焊道，后焊正面焊道。

3. 焊剂垫内的焊剂牌号必须与工艺要求的焊剂相同，焊接时要保证工件正面完全被焊剂贴紧。防止工件因受热变形与焊剂脱开而产生焊漏、烧穿等缺欠。

4. 焊接过程中要保证焊丝与焊道中心的对中。

5. 准备焊接。将焊接小车拉到引弧板处，调整行走方向，按下送丝按钮，使焊丝与引弧板可靠接触。打开焊剂漏斗门，让焊剂覆盖焊丝头。

6. 按下启动按钮，引燃电弧。焊接小车沿焊缝方向走动，焊接开始。这时应随时注意观察焊接电流及焊接电压和焊接速度的变化，当发生变化时，随时纠正，直到焊接熔池全部到达引出板上为止。

7. 收弧分两步进行。将停止按钮按下一半，小车停止行走，待弧坑填满后，将停止按钮全部按下，停止焊接。

8. 清渣并检查焊缝外观质量。正常情况下背面焊道的熔深应达到工件厚度的 50% 左右。

9. 正面焊道焊接步骤与背面焊道基本相同。

3. 板厚为 25 mm，V 形坡口对接焊接工艺指导书

Q235 钢厚板对接焊接工艺指导书

操作方法：自动埋弧焊　　　　　　　　接头形式：对接
焊接位置：平焊　　　　　　　　　　　规格（mm）：400×100×25

焊前准备：

坡口形式及装配间隙图　　　　　　　焊接位置示意图

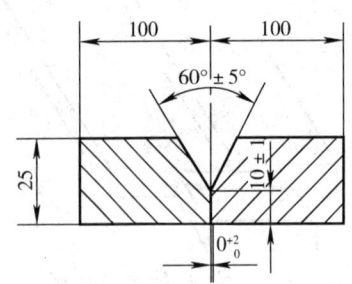 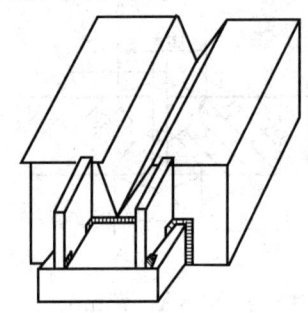

焊丝牌号：H08A（φ4 mm）　　焊剂牌号：HJ431　电流种类与极性：直流反接

焊接工艺参数

焊道分布	电弧电压（V）	焊接速度（m/h）	焊接电流（A）	层间温度（℃）
正面焊及封底焊	34～38	25～30	600～700	≤200

工艺要点

1. 定位焊可采用焊条电弧焊，选用 E4303 焊条将引弧板及引出板焊在工件两端。引弧板及引出板尺寸为 100 mm×100 mm×12 mm，焊后割掉。

2. 先焊正面焊道，焊后清渣。将工件翻转 180°，清根后焊背面焊道。

3. 调整工艺参数，焊接中注意观察参数变化，随时准备纠正。

4. 焊层之间注意检查，不能存有缺欠，发现缺欠应及时处理。

5. 正面焊道焊后经检查无缺欠后，翻转工件清根。用碳弧气刨在背面焊缝处开槽，槽宽约 10～12 mm，槽深约 4～5 mm，呈 U 形。并清除槽内的熔渣和氧化皮。

6. 封底焊时，按照正面焊道的操作步骤完成。

4. 自动埋弧焊安全操作规程

（1）根据实际工作情况选用能够满足额定功率及负载持续率的弧焊电源。

（2）弧焊电源、控制箱及焊接小车的外壳必须可靠接地，且经测试有效。

（3）所有用螺钉连接的电缆必须将螺母拧紧，不可松动。二次电缆与工件连接时也应夹紧、卡牢，不可松动。以免造成焊接电流的不稳定，影响焊接质量。

（4）接通焊接电源和电源控制开关后，不可触及电缆接头、焊丝、导电嘴、焊丝盘及其支架、送丝滚轮、齿轮箱、送丝电动机支架等部位，避免意外事故的发生。

（5）停止焊接后，应切断所用电源，确认无火种留下后，方可离开。

(6) 因转移工作地点，需搬动焊机时，应将电源切断。

(7) 施焊时，焊工应穿绝缘胶鞋，以防触电事故。应戴浅色防护眼镜，以防熔渣飞溅和泄漏的弧光灼伤眼睛。

(8) 施焊前，应先施放焊剂再按启动按钮，以免引燃电弧，造成明弧伤害。

(9) 焊剂漏斗口相对焊件要有足够的高度，以免焊剂层堆高不足造成电弧穿顶，形成明弧。

(10) 焊接场所应有通风设施，以便及时排走焊剂施放的粉尘及焊接过程中产生的烟尘和有害气体。

(11) 当焊机发生电器部分故障时，应立即切断电源，通知电工维修。

第六节 熔化极气体保护电弧焊

→ 了解 MIG 焊和 MAG 焊的基础知识
→ 正确选择 CO_2 焊接工艺参数
→ 能够进行 CO_2 管件的单面焊双面成形
→ 能够进行 CO_2 中、厚板材的单面焊双面成形

一、MIG 焊接基础知识

MIG 焊的焊接区通常采用惰性气体氩（Ar）、氦（He）或氩与氦的混合气体作为保护气体。这类惰性气体在焊接时不与液态金属发生冶金反应，只是起到熔池与空气隔离，保护焊接区的作用。由于电弧是在惰性气氛中燃烧，焊丝也是在惰性气氛中熔化、过渡，所以能够使电弧燃烧稳定，熔滴过渡平稳，无激烈飞溅。可提高焊接生产率，且焊缝质量可靠，焊缝成形美观。MIG 焊方法除应用于铝、镁、钛等有色金属的焊接外，也可用于钢材的焊接。如低合金钢、低合金耐热钢等。

1. MIG 焊接工艺特点

MIG 焊通常采用的是惰性气体氩、氦或它们的混合气体作为焊接区的保护气体。使用的焊丝外表没有涂层，焊接电流可大大提高，因而母材熔深大，焊丝熔化速度快，熔敷率高，与钨极氩弧焊相比，可大大提高焊接生产率，尤其适用于中等厚度和大厚度板材的焊接。

MIG 焊通常采用的熔滴过渡（电弧焊时，在焊条或焊丝端部形成的熔滴通过电弧空间向熔池转移的过程）形式是粗滴过渡（熔滴呈粗大颗粒状向熔池自由过渡的形式）、短路过渡（焊条或焊丝端部的熔滴与熔池短路接触，由于强烈过热和磁收缩的作用使熔滴爆断，直接向熔池过渡的形式）和喷射过渡（熔滴呈细小颗粒并以喷射状态快速通过电弧空间向熔池过渡的形式）。粗滴过渡使用的电流较小，熔滴直径比焊丝直径大，飞溅较大，焊接过程不稳定，因此，生产中很少使用。短路过渡时，电弧与工件间的间隙小，电弧电压较低，电弧功率也较小，只适用于薄板焊接。生产中应用最为广泛的是喷射过渡。当电流增大到临界电流值时，熔滴过渡形式即由粗滴过渡转变为喷射过渡。介于短路过渡和喷射过渡之间的过渡形式为亚射流过渡。焊接铝及其合金时，采用亚射流过渡形式，熔池的保护效果好，焊缝成形好，焊接缺欠少。使用同样的焊接电流，亚射流过渡与射流过渡相比，焊丝的熔化系数显著提高。

2. 保护气体

MIG 焊使用的保护气体为氩气和氦气，均属惰性气体。因此，特别适用于活泼性金属的焊接，如铝、镁、钛、合金钢等。在实际生产中，当焊接某些材料时，需采用一定比例的氩和氦的混合气体，以获得更加理想的焊接质量。

3. 焊丝

MIG 焊使用的焊丝成分应与母材成分相近，应具有良好的焊接工艺性能。在某些情况下，为了获得满意的焊缝金属性能，需要采用与母材成分不同的焊丝。例如，适用于焊接某些高强度铝合金或者合金钢的焊丝，在合金成分上完全不同于母材，原因是某些合金在焊缝金属中将产生不利的冶金反应，从而显著降低焊缝金属性能，或造成某些缺欠的产生。

MIG 焊使用的焊丝直径一般在 1.0～2.5 mm 之间。焊丝直径越小，焊丝的表面积与体积的比值越大。相对来讲，焊丝加工过程中进入焊丝表面的杂质较多，这些杂质有可能引起某些缺欠的产生，如气孔、夹渣、裂纹等。所以，焊丝在使用前应做严格的化学或机械清理。MIG 焊时，焊丝是通过焊枪连续送进的，因此焊丝是以焊丝卷或焊丝盘的形式供货的。

4. MIG 焊接工艺参数

（1）焊接电流和电弧电压。首先是根据所焊工件的厚度，选择焊丝许用直径的大小。然后根据焊丝直径确定焊接电流和熔滴过渡形式，见表 2—43。焊接电流增加，焊缝的熔深和余高增加，而熔宽基本保持不变；电弧电压增加，焊缝的熔宽增加，熔深和余高略有减小。在任何给定的焊丝直径下，增大焊接电流，即增大了焊丝的熔化速度，因此，就需要相应地增加送丝速度。同样的送丝速度，使用的焊丝越粗，需要的焊接电流就越大。同样的焊接电流，使用的焊丝直径越小，焊丝的熔化速度就越快。不同材料的焊丝具有不同的熔化速度特性。焊丝直径一定时，焊接电流的选择与熔滴过渡形式有关。电流较小时，熔滴为粗滴过渡；当电流达到临界电流值时，熔滴为喷射过渡。要获得稳定的喷射过渡，焊接电流必须小于使焊缝起皱的临界电流（大电流焊接铝合金时）或产生旋转射流过渡的临界电流（大电流焊接钢材时），以保证稳定的焊接过程和焊接质量。焊接电流一定时，焊接电流应与电弧电压相匹配，以避免气孔、飞溅和咬边等缺欠的产生。

表 2—43 不同材料和不同直径焊丝的许用电流参考值

材料	焊丝直径（mm）	保护气体	最低临界电流（A）
铝	0.80	Ar	95
	1.20		135
	1.60		180

续表

材料	焊丝直径（mm）	保护气体	最低临界电流（A）
脱氧铜	0.90 1.20 1.60	Ar	180 210 310
硅青铜	0.90 1.20 1.60	Ar	165 205 270
钛	0.80 1.60 2.40	Ar	120 225 320

（2）焊接速度。单道焊的焊接速度是焊枪沿接头中心线方向的相对移动速度。当焊接速度减小时，单位长度上填充金属的熔敷量增加，熔池体积增大，这时由于电弧直接接触的只是液态熔池金属（固态金属的熔化是靠液态金属的导热作用实现的），所以熔深减小，熔宽增加。焊接速度过高，单位长度上电弧传给母材的热量显著降低，使母材的熔化速度减慢。随焊接速度的提高，熔深和熔宽减小。若焊接速度过高有可能产生咬边缺欠。

（3）焊丝伸出长度。焊丝伸出长度越长，焊丝的电阻热越大，焊丝的熔化速度越快。焊丝伸出长度一般为 12～25 mm。焊丝伸出长度过长，会导致电弧电压下降，熔敷金属过多，焊缝成形不良，熔深减小，电弧燃烧不稳定；焊丝伸出长度过短，导电嘴易烧损，还会因金属飞溅造成喷嘴堵塞。

（4）焊丝位置。焊丝轴线相对于焊缝中心线的角度和位置会影响焊道的形状和熔深。焊丝向前倾斜焊接时，称为前倾焊法，向后倾斜时称为后倾焊法。当焊丝由垂直位置改变为后倾焊时，熔深增加，而焊道变窄，余高增大，电弧稳定，飞溅小。

（5）焊接位置。喷射过渡适用于平焊、立焊和仰焊。平焊时，工件相对于水平面的斜度对焊缝成形、熔深和焊接速度均有影响。若采用下坡焊，即工件相对于水平面夹角小于等于 15°时，焊缝余高减小，熔深减小，焊接速度可以提高。若采用上坡焊，重力使熔化金属往下流，熔深和余高增加，熔宽减小。

（6）气体流量。保护气体从喷嘴喷出有两种情况：一种是较厚的层流，另一种是接近于紊流的较薄层流。前者有较大的有效保护范围和较好的保护作用。为得到层流的保护气流，增强保护效果，需采用结构设计合理的焊枪和合适的气体流量。气体流量过大或过小都会造成紊流。由于 MIG 焊对熔池的保护要求较高，所以喷嘴孔径及气体流量均比钨极氩弧焊要相应增大。通常使用的喷嘴孔径为 20 mm 左右，气体流量为 30～60 L/min。

二、MAG 焊接基础知识

MAG 焊通常是采用在惰性气体中加入一定量的氧化性气体，如氩气加二氧化碳，或氩气加氧气，或氩气加氧气加二氧化碳等，作为保护气体的一种熔化极气体保护电弧焊方法。MAG焊的熔滴过渡形式有短路过渡、喷射过渡和脉冲喷射过渡。MAG焊的工艺性能稳定，接头质量优良，适合全位置焊接，特别是碳钢、合金钢以及不锈钢等金属材料的焊接。

1. MAG焊接工艺特点

（1）优点

1）可提高熔滴过渡的稳定性。

2）可提高电弧燃烧的稳定性。

3）可增大电弧的热功率。

4）可增加焊缝熔深，改善焊缝成形。

5）有效控制焊缝的冶金质量，避免焊接缺欠的产生。

6）降低焊接工程成本，提高焊接生产率。

（2）不足之处。当采用氩气加二氧化碳或氧气，直流反接焊接钢材时，氧化性气体能使熔池表面产生轻微氧化作用，并产生少量熔渣。

2. MAG焊适用范围及工艺

MAG焊使用的混合气体是将两种或两种以上的气体经供气系统均匀混合后，以一定的流量通过焊枪喷入焊接区。表2—44列出了氧化性混合气体不同材料的焊接适用范围。

表2—44　不同材料的MAG焊适用范围

焊接材料	保护气体	混合比	化学性质	焊接方法	特点
铝及铝合金	Ar		惰性	钨极及熔化极	钨极用交流电，熔化极用直流反接，有阴极破碎作用，焊缝表面光洁
	Ar+He	熔化极：26%～90%He 钨极：多种混合比直至75%He+25%Ar	惰性	钨极及熔化极	电弧温度高，适合焊接厚板，可增加熔深，减少气孔。熔化极时，随着He的比例增大，有飞溅产生
钛、锆及合金	Ar		惰性	钨极及熔化极	
	Ar+He	Ar/He：75%/25%	惰性	钨极及熔化极	可增加热量输入，适用于射流电弧、脉冲电弧及短路电弧
铜及铜合金	Ar		惰性	钨极及熔化极	熔化极时产生稳定的射流电弧，单板厚度大于5mm时需预热
	Ar+He	Ar/He：50%/53% 或 30%/70%	惰性	钨极及熔化极	输入热量比纯Ar大，可以减少预热温度
	N_2			熔化极	增大了输入热量，可降低或取消预热温度，但有飞溅及烟雾
	Ar+N_2	Ar/N_2：80%/20%		熔化极	输入热量比纯Ar大，但有一定飞溅

续表

焊接材料	保护气体	混合比	化学性质	焊接方法	特点
不锈钢及高强度钢	Ar		惰性	钨极	焊接薄板
	$Ar+O_2$	加 O_2：1%~2%	氧化性	熔化极	用于射流电弧及脉冲电弧
	$Ar+O_2+CO_2$	加 O_2：2% 加 CO_2：5%	氧化性	熔化极	用于射流电弧、脉冲电弧及短路电弧
碳钢及低合金钢	$Ar+O_2$	加 O_2：1%~5%或20%	氧化性	熔化极	用于射流电弧，对焊缝要求较高
	$Ar+CO_2$	Ar/CO_2：70%~80%/30%~20%或95%/5%	氧化性	熔化极	有良好的熔深，可用于短路电弧、射流电弧及脉冲电弧

（1）氩气与二氧化碳。此种混合气体主要用来焊接低碳钢和低合金钢。常用的混合比为 Ar≥70%~80%，CO_2≤20%~30%。在这种混合气体中，既具有氩弧的特点（电弧燃烧稳定，飞溅小，容易获得轴向喷射过渡等），又具有氧化性，克服了氩气焊接时表面张力大，液态金属黏稠，斑点易漂移等问题。适合用于喷射过渡电弧、短路过渡电弧和脉冲过渡电弧。

（2）氩气加氧气。氩气加氧气所形成的混合气体的常用混合比是氩≥95%~99%，氧≤1%~5%，可用于碳钢、不锈钢等高合金钢和高强钢的焊接。用这种混合气体作为保护气体可以克服纯氩保护焊接不锈钢时存在的因液体金属黏度大、表面张力大、焊缝金属润湿性差而引起的各种缺欠，如气孔、咬边等。

（3）氩气加二氧化碳加氧气。采用三气混合保护焊接低碳钢、低合金钢，从焊缝成形上、接头质量上、金属熔滴过渡形式上和电弧的稳定性上均要好于以上两种混合气体作为保护气体焊接的效果。

三、CO_2 气体保护电弧焊

利用 CO_2 作为保护气体的气体保护电弧焊，简称 CO_2 焊。

1. CO_2 焊接工艺

（1）CO_2 焊的工作原理

1) CO_2 比空气重，从喷嘴中喷出的 CO_2 气体可以在电弧区形成有效的保护层，防止空气进入熔池，特别是隔绝了空气中氧的有害影响。熔化电极（焊丝）通过送丝滚轮连续送进，与工件之间产生电弧，在电弧热的作用下，熔化焊丝和工件形成熔池，随焊枪移动，熔池冷却凝固形成焊缝。其焊接过程如图 2—49 所示。

根据使用的焊丝直径不同，CO_2 焊分为细丝（焊丝直径≤1.2 mm）CO_2 焊及粗丝（焊丝直径＞1.2 mm）CO_2 焊。细丝 CO_2 焊的工艺比较成熟，应用最为广泛。CO_2 焊还分为半自动焊和自动焊两种。它们的区别在于半自动焊是用手工操作热源的移动，而送丝、送气等与自动焊是一样的，是由机械装置自动完成的。半自动焊适用于各种位置的焊接，且机动灵活，在工程上使用的较多。以下主要介绍 CO_2 半自动焊。

2) CO_2 焊的工艺特点

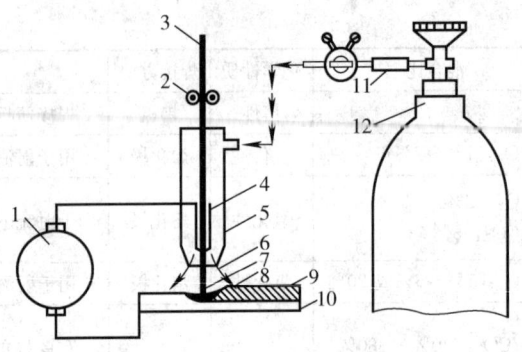

图 2—49 CO_2 焊接过程示意图

1—焊接电源 2—送丝滚轮 3—焊丝 4—导电嘴 5—喷嘴 6—二氧化碳气体
7—电弧 8—熔池 9—焊缝 10—工件 11—预热干燥器 12—二氧化碳气瓶

①可提高生产效率。由于焊接时可使用较大电流,电弧热量利用率较高,焊丝又是连续送进,焊后不需清渣,所以提高了生产效率。

②焊缝质量高。由于焊缝的含氢量低,抗裂性能好,接头的力学性能有保证。

③焊接变形小,焊接应力低。焊接时电弧热量集中,工件受热面积小,同时 CO_2 有较强的冷却作用,因此,焊接应力与变形均小于焊条电弧焊。一般的结构焊后不需再加工即可使用。

④操作简便且成本较低。焊接时可直接观察电弧和熔池,操作方法容易掌握,易于实现机械化和自动化。CO_2 气体价格便宜,电能消耗少,可大大降低焊接工程成本。

⑤飞溅较大,成形较差,这是主要缺点。

⑥很难使用交流电源进行焊接,设备较复杂。

⑦使用大电流焊接时,弧光强烈,电弧的光、热辐射较强。

⑧野外或露天焊接时需采取有效的防风措施。不能焊接容易氧化的有色金属。

3) CO_2 焊的冶金特点。CO_2 在常温下呈中性,在高温下分解;在电弧气氛中具有强烈的氧化性,它会使合金元素氧化烧损,降低焊缝金属的力学性能,同时也是产生气孔及飞溅的主要原因。CO_2 在电弧高温作用下分解,其化学反应式如下:

$$CO_2 = CO + O$$

温度越高,CO_2 分解越严重。其实,CO 在焊接条件下不会溶于金属,也不与金属发生反应,但原子状态的氧可使铁及其他元素迅速氧化,反应方程如下:

$$Fe + O = FeO$$
$$Mn + O = MnO$$
$$Si + 2O = SiO_2$$
$$C + O = CO \uparrow$$

以上氧化反应发生在熔池里,其实在熔滴过渡过程中已经发生。其结果是使铁氧化生成 FeO,大量溶于熔池中,导致焊缝产生气孔。Mn 和 Si 氧化生成 MnO 和 SiO_2 成为熔渣浮出,使焊缝中有益的合金元素减少,造成力学性能降低。此外,碳因氧化生成大量的 CO 气体,还会使焊接过程中的飞溅增加。所以要获得优质焊缝,还需采取有效的脱氧措施。通常的脱氧方法是在焊丝中加入足够量的脱氧剂。例如，焊接低碳钢和低合金高强度钢时，采用的是硅锰联合脱氧的方法，即选用硅锰钢焊丝进行焊接。硅锰联合脱氧后生成的 SiO_2 和 MnO 组成复合熔渣，很容易浮出熔池，形成很薄的渣壳覆盖在焊缝的表面上，避免了熔池金属在高温时的氧化。

4）CO_2 焊的应用范围。当前，CO_2 焊主要用于低碳钢和低合金钢的焊接。在汽车、机车车辆、石油化工、机械、冶金、航空等行业应用广泛。

（2）CO_2 焊熔滴过渡。熔滴过渡形式无论是半自动或是自动 CO_2 焊接时，其焊丝的作用有两个：一个是作为电极引燃电弧，另一个是作为填充金属形成焊缝。在形成焊缝之前，焊丝端部不断受热熔化，并以熔滴状向熔池过渡。CO_2 焊的熔滴过渡形式主要有两种，一种是短路过渡，另一种是粗滴过渡，而喷射过渡在 CO_2 焊中是很难出现的。三种过渡形式分别如图 2—50、图 2—51 和图 2—52 所示。

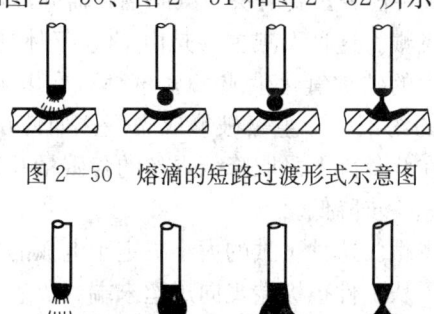

图 2—50　熔滴的短路过渡形式示意图

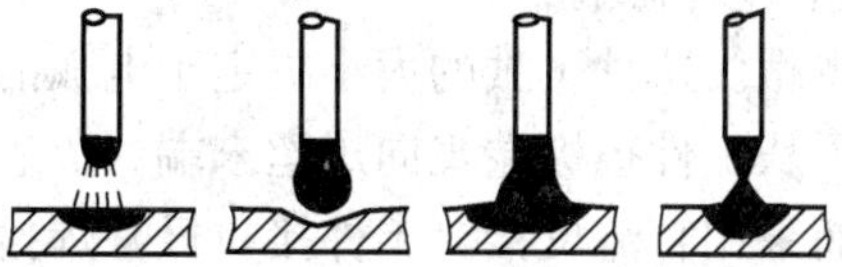

图 2—51　熔滴的粗滴过渡形式示意图

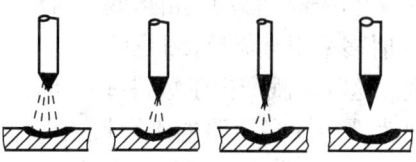

图 2—52　熔滴的喷射过渡形式示意图

1）短路过渡。短路过渡是在采用细焊丝、小电流、低电弧电压焊接时出现的。因为电弧很短，当焊丝端部的熔滴还未形成大的熔滴时，就与熔池接触，造成短路，使电弧熄灭。这时，在短路电流产生的电磁收缩力及熔池表面张力的共同作用下，熔滴迅速脱离焊丝末端过渡到熔池中去，电弧随即重新引燃。这种周期性的从短路到引燃的变化过程，即为短路过渡。这种短路过渡的稳定与维持，主要取决于焊接电源的动特性和焊接工艺参数。

①对焊接电源动特性的要求是：所供给的焊接电流和电弧电压必须满足短路过程的变化，即要有合适的短路电流增长速度、短路电流最大值以及足够大的空载电压恢复速度。

②选择合适的焊接工艺参数。

2）粗滴过渡。粗滴过渡是在采用工艺参数上限值确定的电流和电压焊接时发生的。电弧较长，熔滴粗大呈颗粒状。粗滴过渡有两种形式，一是有短路的粗滴过渡，当焊接电流和电弧电压稍高于短路过渡焊接时，电弧长度加长，焊丝熔化较快，而电磁收缩力不够大，造成熔滴体积不断增大，只是在熔滴自身的重力作用下向熔池过渡，同时伴随着一定的短路过渡。这时的过渡频率很低，每秒只有十几滴左右。二是无短路的粗滴过渡。当进一步增大焊接电流和电弧电压时，由于电磁收缩力的加强，阻止了熔滴自由长大并促使熔滴加速过渡，此时不再发生短路过渡的现象，这是因为熔滴体积减小使过渡频率有所增加。以上两种粗滴过渡形式，适用于中、厚板材的焊接。

(3) CO_2 焊的飞溅和气孔

1) 飞溅问题。众所周知，CO_2 焊的飞溅是比较严重的，也是它的主要缺点。飞溅不仅影响焊缝的美观，还增加了表面清理的工作量。有时因清理飞溅伤及焊缝造成较严重的后果。飞溅还可使喷嘴堵塞，使气流的保护效果受到影响。如何把飞溅减少到最低程度是每位焊工和焊接工作者面临的首要任务。要解决飞溅问题，需弄清产生飞溅的原因。

①由冶金反应引起的飞溅。这种飞溅主要是由 CO_2 气体造成的，由于 CO_2 气体的强烈氧化性使熔滴和熔池中的碳被氧化生成 CO_2 气体。在电弧高温的作用下，体积膨胀，突破熔滴或熔池表面的约束，产生爆破形成飞溅。如使用含硅、锰脱氧元素的焊丝，可以改善飞溅状况。在此基础上采取降低焊丝的含碳量并适当增加脱氧能力更强的铝、钛等元素，飞溅还可进一步降低。

②由极点压力引起的飞溅。这种飞溅的大小决定于电弧的极性。采用直流正接（工件接正极）焊接时，正离子从工件正极端飞向焊丝末端（负极端）的熔滴，机械冲击力较大，造成大颗粒飞溅。而采用直流反接（工件接负极）焊接时，正离子是从焊丝末端熔滴（正极端）飞向工件熔池的表面（负极端），对熔滴的机械冲击几乎消除，极点压力也就大大降低，剩余的只是电子的移动撞击熔滴，对熔滴的机械冲击力很小，故飞溅比较小。这就是 CO_2 焊接时多采用直流反接的原因。

③熔滴短路引起的飞溅。这种飞溅产生于短路过渡和有短路的粗滴过渡。当电源的动特性欠佳时，飞溅显得更为严重。当短路电流增长速度过快或短路最大电流值过大时，熔滴与熔池接触的瞬间，由于短路电流强烈加热及电磁收缩力的作用使缩颈处液态金属发生爆破，产生较多的颗粒飞溅（见图 2—53）。如果短路电流增长速度过慢，则短路时电流不能及时增大到要求的数值，缩颈处就不能迅速断裂形成熔滴，使伸出导电嘴的焊丝在长时间的电阻加热下，整段被软化和断落，同时伴随着较多的大颗粒飞溅（见图 2—54）。通过适当改变焊接回路中的电感值或串入回路的电感值，可以减小飞溅和降低噪声，焊接过程也较稳定。

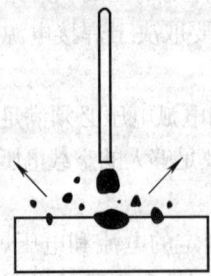 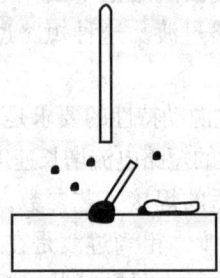

图 2—53 短路电流增长过快对飞溅的影响　　图 2—54 短路电流增长过慢对飞溅的影响

④非轴向熔滴过渡造成的飞溅。这是在粗滴过渡焊接时由电弧的斥力造成的。熔滴在极点压力和弧柱中气流压力的共同作用下，被推向焊丝末端的一边，并被抛到熔池以外，形成大颗粒的飞溅。

⑤焊接工艺参数引起的飞溅。这是在焊接过程中，由于焊接电流、电弧电压、电感值选择不当而造成的。为减少这种飞溅的产生，必须正确选择焊接工艺参数。

2) 气孔问题。焊缝中产生的气孔，其主要原因是熔池金属中较多气体在熔池冷却凝固过程中来不及逸出，残留在焊缝中而形成的。CO_2 焊接时熔池表面没有熔渣，再加上 CO_2 气流的冷却作用使熔池冷却速度加快，这就很容易在焊缝中产生气孔。气孔主要有以下三种：

①CO_2 气孔。它是由熔池中的碳与 FeO 反应生成的 CO_2 气体造成的。焊接时，选择含有足够脱氧元素 Si 和 Mn 的焊丝，同时限制焊丝中的含碳量，即可有效地防止和控制 CO_2 气孔的产生。

②氢气孔。主要是由焊丝及工件表面的油污和铁锈以及 CO_2 气体中的水分处理不当造成的。焊接时，清理焊丝及工件表面的油和锈，并对 CO_2 气体进行干燥处理，可有效地防止和控制氢气孔的产生。

③氮气孔。它是因为大量的空气侵入焊接区造成的。焊接时，保证保护气层稳定可靠，避免遭到破坏，是防止焊缝中产生氮气孔的关键。

2. CO_2 焊接工艺参数

CO_2 焊接工艺参数包括焊接电流、电弧电压、焊丝直径、焊接速度、焊丝伸出长度、气体流量等。

(1) 焊接电流。在焊接过程中，焊接电流起主导作用，它对焊缝的熔深、焊丝熔化速度、焊接工作效率影响最大。当焊接电流增大时，焊缝的熔深、熔宽和焊缝余高都相应地增加。由于熔深的不同，熔敷金属对母材的稀释率也不同，所以熔敷金属的性质也不同。在大电流单层焊的情况下，母材稀释率大，熔敷金属容易受母材成分的影响。而在小电流多层焊的情况下，焊缝熔深小，母材稀释率小，对熔敷金属性质的影响也就小。

焊接电流与工件的厚度、焊丝的直径以及施焊位置和熔滴过渡形式有关。当使用的焊丝直径为 0.8～1.6 mm 时，短路过渡形式焊接使用的电流范围是 50～240 A；如果采用粗滴过渡形式焊接，焊接电流可在 250～500 A 范围内选择。表 2—45 列出了焊丝直径与许用焊接电流的关系。

表 2—45　　　　　　　　焊丝直径与许用焊接电流值

焊丝直径（mm）	许用焊接电流范围（A）
0.8	50～120
0.9	60～150
1.0	70～180
1.2	80～350
1.6	300～500

(2)电弧电压。CO_2焊接时,电弧电压与焊接电流一样,可对焊接质量造成很大影响。电弧电压根据焊丝直径和焊接电流来选择。随着焊接电流的增加,电弧电压也增加。一般的情况是:当使用短路过渡形式焊接时,电弧电压为16~24 V;当使用粗滴过渡形式焊接时,电弧电压为25~40 V。另外,电弧电压对焊缝的熔深、电弧的稳定性、焊道外观、焊接缺欠、飞溅程度及焊缝的力学性能等都有较大影响。

(3)焊丝直径。焊丝直径依据被焊工件厚度、焊缝空间位置及生产率的要求等条件来选择。板材的立焊、横焊和仰焊多采用直径为1.6 mm及以下的焊丝。板材的平焊可选用直径大于1.6 mm的焊丝。各种直径焊丝的使用范围见表2—46。

表2—46　　　　　　　　　　不同直径焊丝的使用范围

焊丝直径(mm)	焊件厚度(mm)	熔滴过渡形式	施焊位置
0.5~0.8	1~2.5	短路过渡	各种位置
	2.5~4	粗滴过渡	平焊
1.0~1.4	2~8	短路过渡	各种位置
	2~12	粗滴过渡	平焊
≥1.6	3~12	短路过渡	立、横、仰焊
	>6	粗滴过渡	平焊

(4)焊接速度。在焊接工艺参数中,焊接速度也是一个重要参数。它与焊接电流、电弧电压共同构成焊接热输入的三大要素。焊接速度对焊缝熔深,焊道形状影响最大,同时对焊缝区的力学性能及各种缺欠的产生,也有一定的影响。焊接速度越慢,焊接的热输入就越大,对焊缝造成的不利影响就越大。同样,焊接速度太快也会给焊缝质量带来种种不利影响。因此,要特别注意选择适当的焊接速度。经测试,CO_2半自动焊时焊接速度在15~40 m/h范围内,自动焊时不超过90 m/h为宜。

(5)焊丝伸出长度。焊丝伸出长度以焊丝直径的10倍为宜。伸出过长,气体保护效果变差,焊丝会成段熔断,且飞溅严重。伸出过短,也会影响气体保护效果,容易造成喷嘴堵塞,还会妨碍焊工操作视线。

(6)CO_2气体流量。CO_2气体流量的大小,应根据焊接电流、电弧电压、焊接速度等诸因素综合考虑。通常,细丝CO_2焊时气体流量为5~15 L/min,粗丝CO_2焊时气体流量为15~25 L/min,保护效果最佳。

(7)CO_2气体保护半自动焊焊接工艺参数。工艺参数见表2—47。

表2—47　　　　　　　CO_2气体保护半自动焊焊接工艺参数

材料厚度(mm)	接头形式	装配间隙(mm)	焊丝直径(mm)	电弧电压(V)	焊接电流(A)	气体流量(L/min)
1.5	I形对接	≤0.3	0.7	19~20	60~80	6~7
2.5	Y形对接	≤0.5	0.8	20~21	80~100	7~8
4.0	Y形对接	≤0.5	0.9	21~23	90~115	8~10
3.0	角接	≤0.5	0.9	21~23	90~115	11~13
4.0	角接	≤0.5	0.9	21~23	100~120	13~15

3. CO_2 焊接操作技术

(1) 基本操作

1) 焊枪的摆动方式及其应用。为了保证焊缝的宽度和坡口两侧的充分熔合，焊接时要根据不同的接头类型及焊接位置做适当的横向摆动。常见的摆动方式及应用范围见表 2—48。

表 2—48　　　　　　　　焊枪的摆动方式及应用范围

摆动方式	应用范围
←——————→	薄板及中厚板的第一层焊接可不做摆动
/\/\/\/\	小间隙及中厚板打底焊接，减少焊缝余高可做锯齿形小幅摆动
/\/\/\/\/\/\	第二层为横向摆动送枪焊接的厚板做锯齿形摆动
ℓℓℓ	堆焊、多层焊接时，第一层的摆动方式
←∽∽∽∽	大间隙焊接时的摆动方式
⑧　⑥⑦④⑤②③　①	薄板根部有间隙焊接、坡口有钢垫板时的摆动方式

为降低焊接热输入，减小热影响区，控制变形，对于厚度较大、焊道较宽的焊缝，通常采用多层多道的焊接方法，而不是采用增大横向摆动范围来获得。当坡口较小时，可采用锯齿形的横向摆动方式，如图 2—55 所示。当坡口较大时，可采用月牙形的横向摆动方式，如图 2—56 所示。

　　　　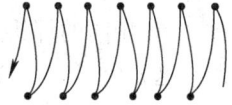

图 2—55　锯齿形横向摆动方式　　　　　图 2—56　月牙形横向摆动方式

2) 引弧及收弧操作

①引弧。短路引弧法是 CO_2 半自动焊的常用引弧方法。操作步骤是：首先将焊丝端头的球形端（灭弧时产生的）剪掉，经剪断的焊丝端头应为锐角；引弧时注意焊接姿势应与正式焊接时一样。保持焊丝端头与工件表面的垂直距离为 2～3 mm。然后，按下焊枪开关，这时自动送气、送电、送丝，直至焊丝端头与工件表面接触形成短路起弧。由于焊丝与工件接触的瞬间会产生一个反作用力，这时焊工应紧握焊枪，勿使焊枪

因反作用力而回缩，拉长电弧或电弧熄灭，始终保持喷嘴与工件表面的距离不变，这也是防止引弧时产生缺欠的关键。为消除在引弧时产生的飞溅、烧穿、气孔及未焊透等缺欠，建议使用引弧板。如图 2—57 所示。

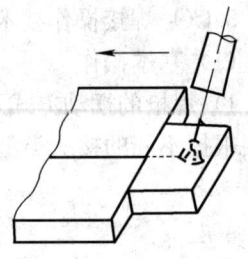

图 2—57 引弧板示意图

如直接在工件端部引弧时，可在始焊端前 20 mm 处引弧后，立即返回始焊端，沿焊接方向开始焊接。

②收弧。结束焊接前，须进行收弧操作。如果收弧不当容易产生弧坑，并能产生弧坑裂纹、气孔等缺欠。当采用收弧板收弧时，可将焊缝焊至工件的有效焊缝之外，省去弧坑处理的操作。在焊接电源中，如果接入了火口控制电路，可在焊前就将面板上的火口处理开关扳至"有火口处理"挡，在焊接收弧时，焊接电流和电弧电压会自动减少到适宜的数值，将弧坑填满。如果焊接电源中没有火口控制电路，通常采用连续断弧的方法填满弧坑，操作时动作要快，要在熔池金属凝固前将弧坑填满。即使弧坑已填满，电弧已熄灭，也要让焊枪在弧坑处停留几秒钟后才能离开，保证熔池金属凝固时得到可靠的保护。

3) 接头操作。在焊接过程中，焊接接头的出现是不可避免的，接头操作不当也会产生缺欠，影响焊缝质量。焊工的操作手法也与接头质量有关。下面是两种接头的处理方法。

①无摆动运丝接头。在弧坑前方 20 mm 处引弧，然后快速将电弧引向弧坑，待弧坑填满后，立即将电弧引向前方，转入正常焊接。如图 2—58 所示。

②有摆动运丝接头。在弧坑前方 20 mm 处引弧，然后快速将电弧引向弧坑，到达弧坑中心后，开始摆动并向前移动，同时增大摆动幅度，当摆动幅度达到与焊缝宽度相同时转入正常焊接。如图 2—59 所示。

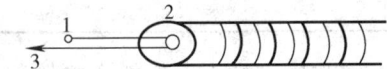

图 2—58 无摆动运丝接头的处理方法

图 2—59 有摆动运丝接头的处理方法

无论采用哪种运丝接头，在接头操作以前需将接头处削成斜面，在斜面顶部引弧，引燃电弧后，将电弧斜移至斜面底部，转一圈后返回引弧处再继续向前施焊。

4) 定位焊。在相同的焊接规范条件下，CO_2 焊时的热输入比焊条电弧焊大，产生的应力也大。这就要求定位焊缝要有足够的强度，避免定位焊缝开裂。定位焊缝是焊缝中的一部分，在 CO_2 焊接中很难重熔，所以要求定位焊使用的焊接规范和焊接材料要和正式施焊时相同，不能有缺欠存在。对不同板厚定位焊缝的长度和间距要求如图 2—60 和图 2—61 所示。

5) 操作要点。半自动 CO_2 焊基本使用的是左焊法，这是由它的特点决定的。

①容易观察焊缝熔池及焊缝成形状况。

②焊缝熔深较浅，焊道平而宽。

③抗风能力强，保护效果好。

(2) 管件对接单面焊双面成形焊接操作实例

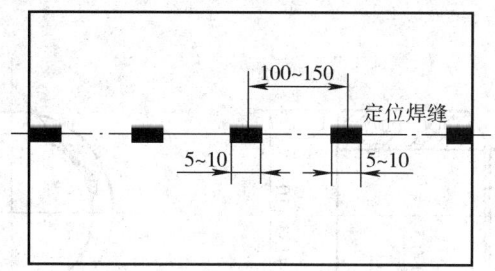

图 2—60 薄板的定位焊缝和间距

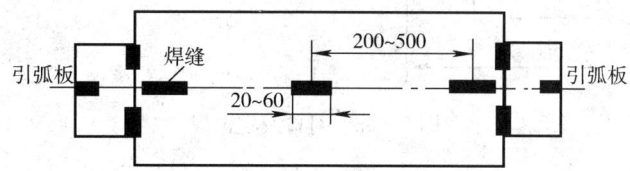

图 2—61 中、厚板的定位焊缝和间距

1) 焊前准备

①工件及坡口形式

a. 材质。20 g。

b. 工件尺寸。$\phi 133$ mm×10 mm×100 mm。

c. 焊接技术要求。CO_2 焊,单面焊双面成形。

d. 焊接位置。水平固定。

e. 坡口形式。V 形,尺寸如图 2—62 所示。

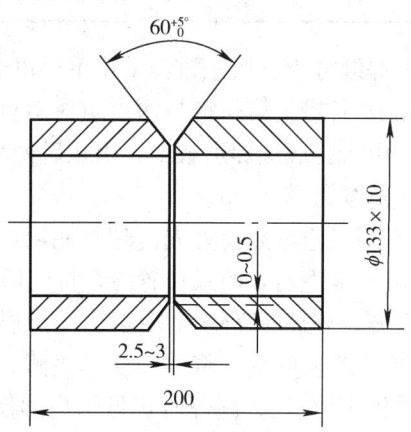

图 2—62 坡口尺寸示意图

②焊接材料。H08Mn2SiA,$\phi 1.2$ mm。

③焊接设备。KR350。

④焊前清理。将管子内、外壁距坡口 15～20 mm 处的油、锈及水分清理干净,直至露出金属光泽。并可在工件表面涂上飞溅防黏剂。在喷嘴上涂一层喷嘴防堵剂。

⑤对口及定位焊如图 2—63 所示。

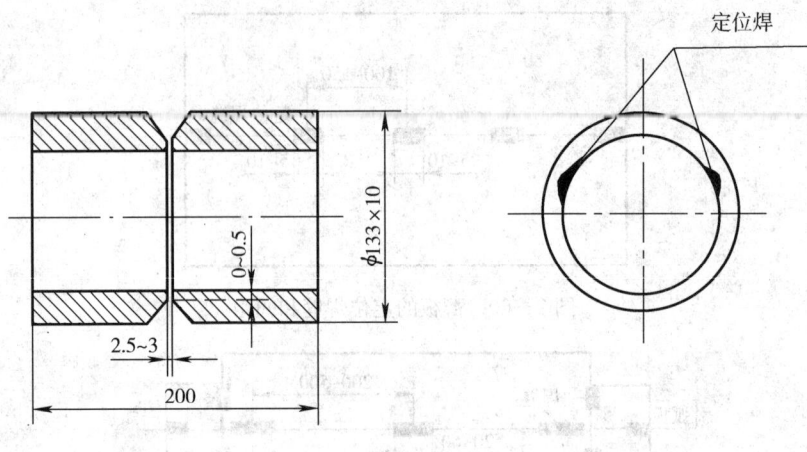

图 2—63 对口及定位焊

2) 操作技术

①焊接工艺参数见表 2—49。

表 2—49　　　　　　　　焊接工艺参数

焊道位置	焊丝直径 (mm)	焊丝伸出长度 (mm)	焊接电流 (A)	电弧电压 (V)	气体流量 (L/min)
打底层	1.2	8~10	90~100	18~19	15
中间层	1.2	8~10	110~120	18~20	15
盖面层	1.2	8~10	110~120	18~20	15

②焊接操作要点。整条焊缝分为三层三道,采用单层单道法施焊。

a. 打底层焊接。调整焊接工艺参数。将与两点组对对称(三角形)的位置置于时钟 6 点处,并在此处引弧。由于打底层焊道较窄,引弧后做小月牙形摆动。焊道两侧停留时间稍长,焊枪与工件的角度为 80°~90°。

b. 中间层焊接。调整焊接工艺参数。首先清理打底层的飞溅物和熔渣。注意引弧位置应在打底层下接头前 10 mm 左右,收弧位置应在打底层上接头后 10 mm 左右。避免与打底层上、下接头的重叠。施焊时做锯齿形摆动,焊枪与工件的角度为 80°~90°。

c. 盖面层焊接。调整焊接工艺参数。将中间层的飞溅物和熔渣清理干净。引弧仍在时钟 6 点处,收弧应在时钟 12 点处。施焊时仍做锯齿形摆动,焊枪与工件的角度为 80°~90°。收弧时应注意填满弧坑。

(3) 中厚板对接单面焊双面成形焊接操作实例

1) 焊前准备

①工件及坡口形式

a. 材质。Q235 或 16Mn。

b. 工件尺寸。300 mm×100 mm×12 mm。

c. 坡口形式。V 形,角度:$\alpha=60°\pm1°$。如图 2—64 所示。

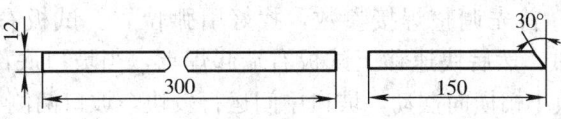

图 2—64 坡口形式及角度示意图

②焊接材料。H08Mn2SiA，规格：$\phi1.2$ mm。

③焊接设备。KR350。

④焊前工件清理。将距坡口上、下两侧 15～20 mm 内工件上的油、锈打磨干净，直至露出金属光泽，并涂上飞溅防黏剂，在喷嘴上涂喷嘴防堵剂。

⑤定位焊。定位焊应采用与正式焊接时相同的焊接材料及工艺参数。定位焊位置在工件背面的两侧端部（见图 2—65）。定位焊缝长度为 10 mm 左右，定位焊高度为 3 mm。定位焊后应做预留反变形，反变形角度为 3°～4°。

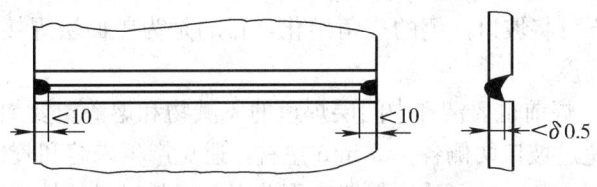

图 2—65 定位焊示意图

2）焊接操作及注意事项

①选择焊接工艺参数，见表 2—50。

表 2—50　　　　　　　　　焊接工艺参数

焊道位置	焊丝直径 （mm）	焊丝伸出长度 （mm）	焊接电流 （A）	电弧电压 （V）	气体流量 （L/min）
打底层	1.2	20～25	90～100	18～19	10～15
中间层	1.2	20～25	210～230	23～25	15～20
盖面层	1.2	20～25	220～240	24～25	15～20

②工件位置。工件点固并做反变形，经检查符合要求后将工件摆平，让焊缝处于水平位置。

③焊接操作要点。焊接层道为三层三道。采用左焊法，焊枪角度如图 2—66 所示。

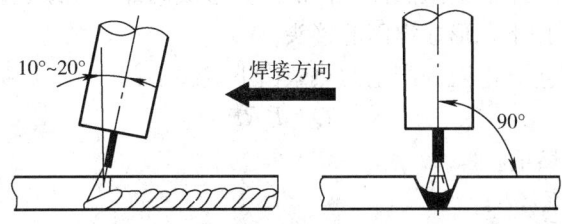

图 2—66 平焊位焊枪角度示意图

a. 打底层焊接。首先调整焊接参数,找好引弧位置。试板右端距待焊处左侧约 15~20 mm 引燃电弧,然后快速移至试板右端起焊点,当坡口底部形成熔孔后,开始向左焊接。焊枪可做小幅横向摆动,坡口中间运行较快,坡口两侧稍作停留。重复上述动作,连续向左移动。焊接过程中要控制好熔孔的大小。熔孔的大小取决于背部焊缝的宽度和余高。保持熔孔直径始终比间隙大 1~2 mm。熔孔太小,根部熔合不好。熔孔太大则根部焊道变高和变宽,还会引起烧穿产生焊瘤。所以,在焊接过程中要随时注意观察熔孔变化,发现熔孔变大或变小都应及时调整焊枪角度、摆动幅度和焊接速度。焊接中还要控制喷嘴的高度,使电弧保持在距坡口根部 2~3 mm,并应控制打底层焊道厚度不超过 4 mm。

b. 中间层焊接。首先将打底层的飞溅物和熔渣清理干净;其次是把握横向摆动的幅度,中间层焊接时其摆幅要比打底层焊接时稍大些,保证两侧坡口有一定的熔深,保证和打底层充分熔合;最后还要控制中间层焊道的高度,其高度应控制在低于母材 1.5~2.5 mm,且不可将坡口两侧的边角熔化,目的是为盖面层焊接时能够看清坡口,以便控制盖面层的高度。

c. 盖面层焊接。焊前也要清理中间层焊道的飞溅物和熔渣。要加大横向摆动幅度,使整个焊缝的宽度超过坡口两侧各 1.5 mm 左右,避免产生未熔和咬边缺欠。在施焊过程中,保持喷嘴高度一致,就可达到焊缝表面美观。收弧时必须填满弧坑后再将电弧熄灭。等熔池金属凝固后再移开焊枪,可有效避免弧坑裂纹和表面气孔的产生。

第七节 电阻焊

→ 了解电阻焊工作原理,掌握点焊、缝焊和对焊 3 种基本方法
→ 正确选择电阻焊工艺参数
→ 能够进行薄板点焊和钢筋对接

一、电阻焊工作原理及特点

1. 电阻焊工作原理

首先是将被焊工件置于两电极之间,施加一定的压力。然后在两电极之间接通较大电流,利用工件电阻产生的电阻热使工件加热并形成局部熔化或达塑性状态。切断电源后,在压力的继续作用下,形成牢固的接头。

(1) 电阻热的产生。电阻焊产生的热量由下式决定:

$$Q = I^2 R t$$

式中 Q——产生的热量,J;

I——焊接电流,A;

R——电极间电阻,Ω;

t——焊接时间,s。

由上式可以看出，除焊接电流和焊接时间以外，电极间电阻越大，产生的热量就越高，对焊接越有利。

(2) 电阻的来源。电阻来源于以下两个方面。

1) 接触电阻。任何一个经过精细加工的工件表面在显微镜下显示仍然是凹凸不平的。因此，当两个工件压紧时，不可能是整个平面相接触，而是在个别凸出点上相接触，凹点不接触。这时在两电极间通上电流，电流只能沿这些实际接触点通过，这就使电流通过的截面积显著减小，从而形成了接触电阻。

接触电阻的大小与电极压力、工件表面粗糙度、材料性质和温度有关。任何能够增大实际接触面积的因素都会降低接触电阻。材料一样，电极压力不同，接触电阻就不同。电极压力一样，材料越软，实际接触面积就越大，接触电阻就越小。增加温度，等于降低材料的硬度，使材料变软，实际接触面积加大，接触电阻也就下降。当工件表面存在氧化膜或其他污物时，则会显著增加接触电阻。

注意：在工件和电极间产生的接触电阻，对焊接过程是不利的。所以，工件和电极表面焊前必须严格清理，降低它们之间的接触电阻。

2) 工件导电部分的电阻。工件是导体，其本身也有电阻，阻值按下式确定：

$$R_{件}=\rho L/F$$

式中　$R_{件}$——工件导体电阻，Ω；

ρ——工件金属电阻率，$\Omega \cdot m$；

L——工件导电部分长度，cm；

F——工件导电部分截面积，cm^2。

通过上式，可以看出 $R_{件}$ 与工件材料的电阻率 ρ 有很大关系。对于电阻率低的材料如铜、铝等，应选用较大功率的焊机焊接。对于电阻率高的材料如不锈钢等，可使用功率较小的焊机进行焊接。

2. 电阻焊特点及应用范围

(1) 电阻焊特点。与其他焊接方法相比，电阻焊特点表现在以下几个方面：

1) 利用电流通过焊接区产生的电阻热进行焊接。电阻焊使用的是内部热源，可使热量集中，缩短加热时间，而且冶金过程简单，热影响区小，变形小，易获得质量较好的焊接接头。

2) 焊接速度快，生产率高。

3) 焊接成本低，不需焊接材料的消耗。

4) 操作简便，容易实现机械化和自动化。

5) 改善劳动条件，与焊条电弧焊相比，电阻焊时所产生的有害粉尘和有害气体少得多。

6) 焊缝表面质量好，不会有焊接缺欠的产生。

7) 焊接时需较大的电流和较大的电极压力，焊机容量要大，焊接设备价格较高。

8) 工件的尺寸、形状和厚度易受设备条件的限制。

(2) 电阻焊应用范围。在焊接领域中，电阻焊是主要的焊接方法之一。在航空、造船、汽车、锅炉、机车车辆和无线电器件等行业应用广泛。

二、电阻焊设备

1. 电阻焊机的分类及组成

(1) 点焊机的分类及组成

1) 点焊机的分类

①按电源的性质可分为：工频点焊机、脉冲点焊机、变频点焊机等。

②按加压机构的传动装置可分为：脚踏式、电动传动式、气压传动式、液压传动式及气压—液压联合传动式等点焊机。

③按焊点点数可分为：单点式点焊机和多点式点焊机。

④按电极的运动形式可分为：垂直行程点焊机和圆弧行程点焊机。

⑤按安装方法可分为：固定式点焊机、移动式点焊机和悬挂式点焊机。

2) 点焊机的组成。以固定式点焊机为例加以说明。固定式点焊机由机座、加压机构、焊接回路、传动机构、电极和控制装置所组成。其中，主要的三部分是加压机构、焊接回路和控制装置。

①加压机构。电阻焊时，需对工件进行加压，因此，加压机构就成为点焊机的重要组成部分。为保证焊接质量，加压机构应满足以下要求：加压机构刚度要好，要有足够的机械强度，避免在加压过程中因机臂强度不够而发生机臂弯曲，或因导柱失去稳定而引起上下电极错位。加压、消压动作应轻便、灵活。加压机构还应有良好的工艺性能，应尽量满足焊件工艺特性的要求。

在点焊机上配有多种形式的加压机构。小而薄的工件焊接时多采用弹簧、杠杆式加压机构，在无气源的情况下可用电动机、凸轮加压机构。而更多采用的是气压式或气、液联合加压机构。

②焊接回路。焊接回路是指除被焊工件之外，所有与焊接电流导通的零部件所组成的电路。基本上由变压器、电极夹、机臂、电极、母线和导电铜排及导电盖板所组成。

③控制装置。控制装置是由开关和同步控制两部分组成。开关的作用是控制焊接电流的通断。同步控制的作用是调节焊接电流的大小，控制焊接程序；当网路电压波动时，能自动进行补偿。

(2) 缝焊机的分类及组成。缝焊是用一对滚盘电极代替点焊的圆柱电极，与工件做相对运动，从而产生使每个熔核相互搭叠的密封焊缝的焊接方法。

1) 缝焊机的分类

①按滚盘转动与馈电方式分为：连续缝焊机、断续缝焊机和步进缝焊机。

②按接头形式分为：搭接缝焊机、压平缝焊机、垫箔对接缝焊机和铜线电极缝焊机。

2) 缝焊机的组成。缝焊机的组成同点焊机的组成基本一样，只是将用于点焊的圆柱电极改为一对滚盘电极用于缝焊。

(3) 对焊机的分类及组成

1) 对焊机的分类

①按工艺方法分为：电阻对焊机和闪光对焊机。
②按用途分为：普通对焊机和专用对焊机。
③按送进机构分为：弹簧式对焊机、杠杆式对焊机、电动凸轮式对焊机、气压送进液压阻尼式对焊机和液压式对焊机。
④按夹紧机构分为：偏心式对焊机和螺旋式对焊机。
⑤按自动化程度分为：手动对焊机、半自动对焊机和全自动对焊机。

2) 对焊机的组成。对焊机是由机架、导轨、固定夹具和活动夹具、送进机构和夹紧机构、支点、变压器和控制系统所组成。

①机架和导轨。在机架上安装着对焊机的所有部件。其上面装有夹头和送丝机构，底部装有变压器。机架通常用型钢制作。导轨用来保证动板可靠的移动，以便送进被焊工件。顶锻时，顶板反作用力通过导轨传递到机座上。所以，要求导轨也应具有足够的刚度、精度和良好的耐磨性。

②送进机构。送进机构的作用是使焊件同动夹具一起移动，并保证其足够的顶锻力。送进机构按设计要求还应满足：保证动板按所要求的直线移动工作；预热时，可往返移动；提供足够的顶锻力；还应能均匀地运动而不产生冲击和振动。

③夹紧机构。夹紧机构由两个夹具构成。其中一个是固定的，称为固定夹具。另一个是可移动的，称为可动夹具。固定夹具安装在机架上，电气部分应与机架绝缘。可动夹具安装在动板上，可随动板左右移动。夹紧机构的主要作用是使被焊工件准确定位并紧固，以传递水平方向的顶锻力；其次是给焊件传导电流。目前，常用的夹具结构形式有手动偏心轮夹紧、手动螺旋夹紧、气压式夹紧和液压式夹紧等。

④对焊机焊接回路。对焊机的焊接回路一般包括电极、导电平板、二次软线以及变压器二次线圈。整个回路是由具有一定刚度和柔性的导线、元件相互串联或并联构成的。

2. 电阻焊电源

(1) 电阻焊电源变压器的特点。由于电阻焊工艺的特殊要求，其使用的电源变压器与常规的变压器和弧焊变压器有所不同，必须具备如下特点：

1) 低电压、大电流设计。电阻焊利用电阻产生的热量作为焊接热源，必须具备足够大的电源才能获得应有的热量。通常使用的焊接电流为 2～40 kA，最大可达到 200 kA。尽量降低电阻焊变压器的二次绕组的匝数（有的仅有 1 匝），即可达到低电压设计，这也造成了电阻焊机焊接回路导体尺寸比较大，焊接时需采取强冷措施。

2) 功率大、可调节。因被焊工件电阻很小，而需用的焊接电流又很大，所以电阻焊变压器的容量要大于 50 kW，大功率的电阻焊变压器容量则要达到 1 000 kW 以上。工件结构不同、材质不同，焊接时，使用的功率大小也不同。因为变压器二次绕组只有 1 匝或 2 匝，所以只能改变变压器一次绕组匝数，以调节和提高焊接功率。

3) 变压器通电时间不连续、无空载运行。一般情况下，电阻焊变压器的开关置于电源与一次绕组之间。将一次绕组接入回路前，焊件已被压紧在电极之间，焊接回路已闭合。电源一旦接通，变压器即在负载状态下运行，因此，无空载状态运行。再有，焊接时，焊件的装卸、夹紧、焊接位置的移动和焊接循环的顶压、锻压、休止等程序，都不需要接通电源,所以说,电阻焊变压器的通电时间是断续的。

(2) 电阻焊变压器的功率调节。电阻焊变压器通常采用改变一次绕组匝数来获得不同的二次电压,以达到调节功率的目的。如果二次绕组为2匝,也可用改变二次绕组匝数作为它的辅助调节。当焊接回路中阻抗不变时,改变一次绕组匝数,使二次电压变化,从而改变焊接电流的大小。

3. 电阻焊使用的电极

主要介绍点焊使用的电极、缝焊使用的电极以及对焊使用的电极。

(1) 点焊使用的电极。点焊电极是保证点焊质量的重要零部件,它的主要功能表现在:一方面是向被焊工件传导电流;另一方面是向被焊工件传递压力;再一方面就是能够迅速疏散焊接区的热量。

1) 电极材料。根据电极的使用功能,要求制作电极的材料应具有良好的导电性、导热性和足够高的高温硬度。常用的电极材料分为以下三类。

①第一类:高导电性、中等硬度的铜及铜合金。这类材料主要通过冷作变形方法达到硬度要求,适合用于焊接铝及铝合金的电极。

②第二类:具有较高的导电性,硬度高于一类的合金。这类合金通过冷作变形与热处理相结合的方法达到其性能要求。与第一类材料相比,它具有较好的力学性能,适中的导电性。在中等强度的压力下,具有较强的抗变形能力。第二类材料是广泛使用的电极材料,适合用于焊接低碳钢、低合金钢、不锈钢以及铜合金的电极。

③第三类:导电性低于第一类和第二类,硬度高于第二类的合金。这类合金通过热处理或冷作变形与热处理相结合的方法达到其性能要求。它具有更好的力学性能和优良的耐磨性,但导电性偏低。适合用于焊接不锈钢、高温合金等的电极。

常用点焊电极材料的化学成分见表 2—51。

表 2—51　　　　　　常用点焊电极材料的化学成分

类别	编号	材料牌号	材料名称	化学成分	材料性能			
					硬度		电导率 (MS/m)	软化温度 (℃)
					HV (30kgf)	HRB		
					不小于			
1	1	Cu—ETP	紫铜	Cu≥99.90%	85 90 50 40	— (53) — —	56 56 56 56	150
	2	CuCd1	镉铜	Cd 0.70%~1.30%	90 95 90	(53) (54) (53)	45 43 45	250
	3	CuZrNb	锆铌铜	Zr 0.10%~0.25% Nb 0.06%~0.15%	(107)	60	48	500

续表

类别	编号	材料牌号	材料名称	化学成分	硬度 HV (30 kgf)	硬度 HRB	电导率 (MS/m)	软化温度 (℃)
					不小于			
2	1	CuCr1	铬铜	Cr 0.30%~1.20%	125 140 100 85	(69) (76) (56) —	43	475
2	2	CuCrZr	铬锆铜	Cr 0.25%~0.65% Zr 0.08%~0.20%	(135)	75	43	550
2	3	CuCrAlMg	铬铝镁铜	Cr 0.40%~0.70% Al 0.15%~0.25% Mg 0.15%~0.25%	(126)	70	40	—
3	1	CuCo2Be	铍钴铜	Co 2.00%~2.80% Be 0.40%~0.70%	180 190 180 180	(89) (91) (89) (89)	23	475
3	2	CuNi2Si	硅镍铜	Ni 1.60%~2.50% Si 0.50%~0.80%	200 200 168 158	(94) (94) (86) (83)	18 17 19 17	500
3	3	CuCo2CrSi	钴铬硅铜	Co 1.80%~2.30% Cr 0.30%~1.00% Si 0.30%~1.00% Nb 0.05%~0.15%	(183)	90	26	600

2)电极结构。点焊电极由电极端部、主体、尾部和冷却水孔四部分组成。标准电极有五种形式。如图 2—67 所示。

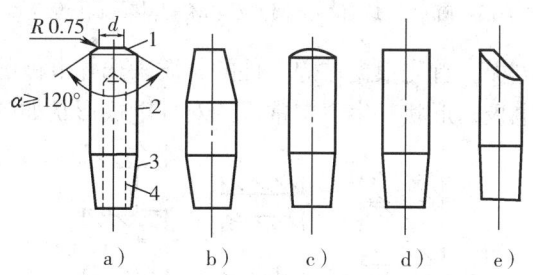

图 2—67 标准电极形状
a)锥形电极 b)夹头电极 c)球面电极 d)平面电极 e)偏心电极
1—电极端部 2—主体 3—尾部 4—冷却水孔

电极的端面直接与高温的工件表面接触,且反复承受高温和高压。因此,黏附、合金化和变形是电极设计中应着重考虑的问题,而电极和工件的亲和力是黏附和合金化的主要原因。抗变形能力取决于电极的强度和硬度,但端头的尺度和形状也有显著的影响。通常锥形电极顶角 $\alpha \geqslant 120°$,以利于端面散热和增强抗变形能力。边缘要倒圆

($R=0.75$ mm)，并要保证焊点压痕边缘圆滑过渡，以提高接头的抗疲劳强度。电极的端面直径 d 和球面电极的球面半径 R 取决于工件厚度和需要的熔核尺寸。

为满足特殊形状工件的点焊，还需设计特殊形状的电极。

(2) 缝焊使用的电极。缝焊使用的电极是圆形的滚盘，替代了点焊的圆柱形电极。电极与工件做相对运动，使熔核相互搭叠，形成密封焊缝。滚盘直径一般为100～600 mm，常用的为180～250 mm。滚盘厚度为10～20 mm。电极材料同点焊电极，只是结构上有较大的区别。缝焊电极接触表面形状有圆柱面和球面两种，个别情况下也有用圆锥面的。圆柱面滚盘除双侧倒角外，还可做成单侧倒角形式，如图2—68所示。表面接触宽度 M 为3～10 mm，球面半径 R 为20～200 mm。圆柱面滚盘电极广泛用于各类钢材及高温合金的焊接。滚盘的冷却方式通常采用的是外部冷却法。焊接有色金属和不锈钢时，使用自来水即可。焊接一般钢材时，为防止生锈，可用含5%硼砂的水溶液冷却。滚盘也可采用内部循环水冷却，特别是焊接铝及其合金时，但滚盘的内部构造要复杂一些。

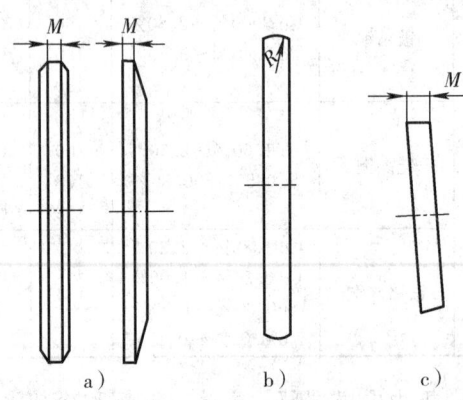

图2—68 滚盘的接触表面类型
a) 圆柱面 b) 球面 c) 圆锥面 M—焊接表面接触宽度

(3) 对焊使用的电极。首先根据被焊工件的材质来选择电极的材质种类，再根据被焊工件的尺寸来选择电极的形状。生产中常用的对焊电极形状如图2—69所示。

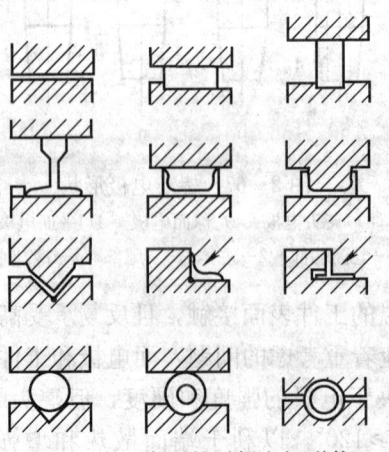

图2—69 常用的对焊电极形状

(4) 电极的清理与修复。焊接过程中，电极经常会被污染、氧化，甚至会产生变形，给焊接质量带来不利影响。因此，对电极表面必须经常清理，对变形的进行修复。去除电极表面的污物和氧化物可直接用砂布打磨。当电极磨损或变形较大时，可用锉刀修复或更换新电极。

三、电阻焊工艺

1. 点焊工艺

（1）点焊方法。点焊分为双面点焊和单面点焊两大类。双面点焊时，电极向工件的两侧被焊处馈电，工件的两侧均有电极压痕。如图2—70所示。

为消除或减轻下面工件的压痕，可采用大接触面积的导电板作下电极，如图2—71所示。

单面点焊时，电极由工件的同一侧向焊接处馈电。典型的单面点焊方式如图2—72所示。

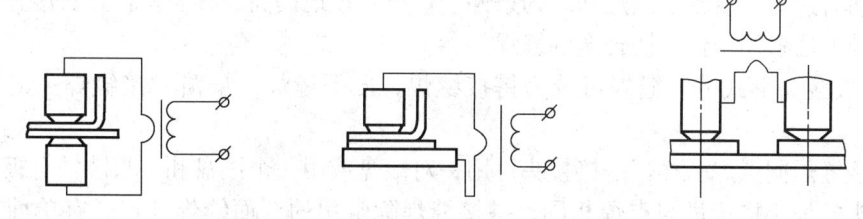

图2—70 双面点焊示意图　　图2—71 导电板作下电极　　图2—72 单面点焊示意图

在实际生产中，单面多点点焊获得广泛应用。它可采用一个变压器供电，使各对电极轮流压住工件；也可采用各对电极均由单独的变压器供电，使全部电极同时将工件压住。后一种形式具有较多的优点，应用也较广泛。如图2—73所示。

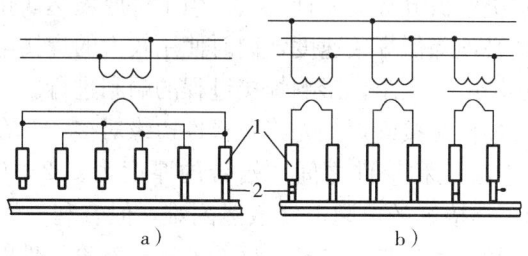

图2—73 单面多点点焊形式
a）一个变压器轮流供电　b）多个变压器分别同时供电
1—液压缸　2—电极

（2）点焊工艺参数的选择。工艺参数根据工件的材料和厚度，并参考该种材料的焊接条件来选择。首先确定电极的端面形状和尺寸，其次选定电极压力和焊接时间，然后调节焊接电流，以不同的电流焊接试样。经检验熔核直径符合要求后，再在适当的范围内调节电极压力、焊接时间和电流，进行试样的焊接和检验，直到焊点质量完全符合技术条件要求为止。最常用的检验方法是撕开法。优质焊点的标志是：在撕开试样的一片上有圆孔，另一片上有圆凸台，厚板或淬火材料有时不能撕出圆孔和凸台，但可通过剪切的断口判断熔核的直径。必要时，还需进行拉伸试验和 X 射线检验，以判定熔透率、抗剪强度和有无缩孔、裂纹等。

2. 缝焊工艺

(1) 缝焊方法

1) 按滚盘转动与馈电方式分，缝焊可分为连续缝焊、断续缝焊和步进缝焊。

连续缝焊时，滚盘连续转动，电流不断通过工件。此种方法易造成工件表面过热，电极磨损严重，因而很少使用。

断续缝焊时，滚盘连续转动，电流断续通过工件，形成的焊缝由彼此搭叠的熔核组成。由于电流断续通过，在休止时间内，滚盘和工件得以冷却，因而提高了滚盘使用周期，减小了热影响区宽度和工件变形，可得到优质的接头质量。此种方法已被广泛应用于厚度 2.0mm 以下的各种钢材、高温合金和钛合金的缝焊。

步进缝焊时，滚盘断续转动，电流在工件不动时通过。由于金属的熔化和结晶均在滚盘不动时进行，改善了散热和压固条件，可更有效地提高焊接质量，延长滚盘使用寿命。这种方法多用于铝、镁合金的缝焊。

2) 按接头形式分，缝焊可分为搭接缝焊、压平缝焊、垫箔对接缝焊、铜线电极缝焊。

搭接缝焊同点焊一样，搭接接头可用一对滚盘或用一个滚盘和一根芯轴电极进行缝焊。接头的最小搭接量与点焊相同。搭接缝焊除常用的双面缝焊外，还有单面单缝缝焊、单面双缝缝焊和小直径圆周缝焊。

压平缝焊的搭接量比一般缝焊要小得多，约为板厚的 1~1.5 倍。焊接时，同时压平接头。焊后，接头的厚度是板厚的 1.2~1.5 倍。通常采用圆柱形面的滚盘，其宽度应全部覆盖接头的搭接部分。焊接时需使用较大的焊接压力和连续的电流。

垫箔对接缝焊是解决厚板缝焊的一种方法。当工件厚度达 3 mm 及以上时，如果采用常规的搭接缝焊，就必须降低焊接速度，同时使用较大的焊接电流和电极压力，这必然会引起工件表面过热和电极黏附，影响焊接过程的顺利进行。采用垫箔对接缝焊，即可避免上述不利影响。垫箔对接缝焊是先将两板件边缘对接，并在接头通过滚盘时，不断地将两条箔带铺垫于滚盘和板件之间。箔带的厚度为 0.2~0.3 mm，宽度为 4~6 mm。由于箔带增加了焊接区的电阻，使散热困难，但有利于熔核的形成。此种缝焊方法的优点是：接头有较平缓的加强高和良好的外观；不论工件的厚度如何而箔带的厚度是一样的；不易产生飞溅。当电流一定时，电极压力可减小一半，减小焊接区的变形。其缺点是：对接精度要求高，焊接时必须准确地将箔带铺垫于滚盘与工件之间。

铜线电极缝焊是解决镀层钢板缝焊时镀层黏着滚盘的有效方法。焊接时，将圆铜线不断地送到滚盘与工件之间，铜线呈卷状连续输送，经过滚盘后又连续绕在另一绕线盘上，使镀层仅黏附在铜线上，而不会沾染滚盘。

(2) 缝焊工艺参数的选择

1) 焊接电流。缝焊形成熔核所需的热量来源与点焊相同，都是利用电流通过焊接区电阻产生的热量。在其他条件不变的情况下，焊接电流的大小决定了熔核的焊透率和重叠量。低碳钢焊接时，熔核平均焊透率为工件厚度的30%~70%，以45%~50%为最佳。为获得气密焊缝，熔核的重叠量应不小于20%。电流过小，熔核的焊透率和重叠量指标将会降低。电流过大，会产生压痕过深和焊缝烧穿等缺欠。缝焊时，由于熔核互相重叠引起较大的电流分流，因此，焊接电流应比点焊时大30%左右。

2）电极压力。电极压力过高会使压痕加深，影响焊缝表面的美观，同时会加速滚盘的变形和磨损。当压力不足时，则易产生缩孔缺欠，还会因接触电阻过大使滚盘烧损，降低其使用寿命。因此，在保证焊缝内部及表面质量的同时，适当调整电极压力。

3）焊接与休止时间的调控。缝焊时，是通过焊接时间控制熔核尺寸，通过冷却时间控制熔核的重叠量。焊接速度较低时，焊接时间与休止时间之比为2∶1。当焊接速度增加时，焊点间距增加，要获得相同的重叠量，焊接时间与休止时间之比应为3∶1或更高。

4）焊接速度。焊接速度与被焊金属的材质、工件厚度以及对焊缝强度和质量的要求有关。当焊接不锈钢、高温合金和有色金属时，为避免飞溅，获得高质量的致密性焊缝，必须使用较低的焊接速度。还可采用步进缝焊方法，使熔核形成的全过程均在滚盘停止的状态下进行，这种缝焊方法的焊接速度更低。当焊接速度加快时，为获得足够的热量，必须增大焊接电流。电流过大会引起工件表面烧损和电极黏附，即使采用外部水冷却，焊接速度也要适当控制。

5）滚盘尺寸的选择。与点焊电极尺寸选择原则是一致的。为减轻结构质量，减小搭边尺寸，提高热效率，减小焊机功率，多采用接触面宽度为3~5mm的窄边滚盘。

3. 闪光对焊工艺

（1）对焊方法

1）电阻对焊。将两工件端面始终压紧，利用电阻热将其加热至塑性状态，然后迅速施加顶锻压力或只保持焊接时的压力，完成焊接的方法。

2）闪光对焊。闪光对焊又分为连续闪光对焊和预热闪光对焊。连续闪光对焊由两个阶段组成，即闪光阶段和顶锻阶段。预热闪光对焊只是在闪光阶段之前增加了预热阶段。

电阻对焊虽具有焊缝表面美观，焊接过程简单等优点，但其接头的力学性能较低，对工件端面的制备和清洁要求较高。因此，只适用于端面小于250 mm^2 金属型材的焊接。

（2）闪光对焊工艺参数的选择。闪光对焊的工艺参数主要有：伸出长度、闪光电流、闪光留量、闪光速度、顶锻留量、顶锻速度、顶锻压力、顶锻电流、夹钳夹持力等。图2—74所示为连续闪光对焊各留量和伸出长度示意图。

1）伸出长度l_0。和电阻对焊一样，l_0影响沿工件轴向的温度分布和接头的塑性变形。随着l_0的增大，使焊接回路的阻抗增大，需用的功率也要增大。

一般情况下，棒材和厚壁管材的$l_0=(0.7~1)d$，d为圆棒的直径或是方棒的边长。对于薄板（$\delta \leqslant 4$ mm），为防顶锻时的失稳，一般取$l_0=(4~5)\delta$。对于不同的金属对焊时，为使两工件上的温度分布一致，应考虑导电性和导热性差的金属l_0应较小。

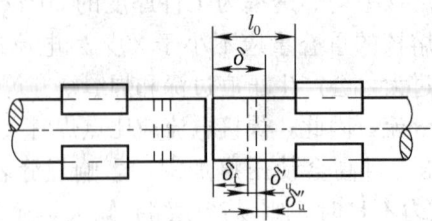

图 2—74 连续闪光对焊留量的分配
δ—总留量　δ_f—闪光留量　δ'_u—有电流顶锻留量
δ''_u—无电流顶锻留量　l_0—伸出长度

不同金属闪光对焊时的 l_0 参考值见表 2—52。

表 2—52　　　　　不同金属闪光对焊时的伸出长度

金属种类		伸出长度	
左	右	左	右
低碳钢	奥氏体钢	1.2d	0.5d
中碳钢	高速钢	0.75d	0.5d
钢	黄铜	1.5d	1.5d
钢	铜	2.5d	1.0d

注：d 为工件直径（mm）。

2）闪光电流 I_f 和顶锻电流 I_u。闪光电流 I_f 取决于工件的断面面积和闪光所需要的电流密度 j_f（j_f 大小与被焊金属的物理性能、闪光速度及工件断面的加热状态有关）。在闪光过程中，随着闪光速度的逐渐提高和接触电阻 R_t 的逐渐减小，j_f 将增大。顶锻时 R_t 迅速消失，电流将急剧增加到顶锻电流 I_u。断面积为 200～1 000 mm² 的工件闪光对焊时，j_f 和 j_u（顶锻电流密度）的参考值见表 2—53。

表 2—53　　　　闪光对焊时 j_f 和 j_u 的参考值

金属种类	j_f（A/mm²）		j_u（A/mm²）
	平均值	最大值	
低碳钢	5～15	20～30	40～60
高合金钢	10～20	25～35	35～50
铝合金	15～25	40～60	70～150
铜合金	20～30	50～80	100～200
钛合金	4～10	15～25	20～40

3）闪光留量 δ_f。选择闪光留量应满足在闪光结束时，整个工件断面有一层熔化金属层，同时在一定深度上达到塑性变形。δ_f 过小将会影响接头质量；δ_f 过大将会浪费金属材料，降低生产效率。

4）闪光速度 v_f。有足够的闪光速度才能保证闪光的强烈和稳定。v_f 过大，使加热区变窄，增加塑性变形的困难，此时需要增加焊接电流。如果增加焊接电流，势必导致爆破后的火口深度增加，导致接头质量降低。因此，要根据被焊工件的材质以及要求的闪光强烈程度选择闪光速度 v_f。

5) 顶锻留量 δ_u。δ_u 影响液态金属的排除和塑性变形的大小。δ_u 包括有电流顶锻留量和无电流顶锻留量。有电流顶锻留量约为无电流顶锻留量的 0.6～1 倍。δ_u 过大或过小都会对接头质量造成影响。

6) 顶锻速度 v_u。一般情况下，要求 v_u 越快越好。对导热性好的材料需要很高的顶锻速度，而对于碳钢来说，顶锻速度为 60～80 mm/s。

7) 顶锻压力 F_u。F_u 的大小应能保证挤出接口内的液态金属，并能在接头处产生一定的塑性变形。F_u 的大小用顶锻压强来表示，其大小取决于金属性能、温度分布特点、顶锻留量、顶锻速度及工件断面形状等。导热性好的金属，需要的顶锻压强为 150～400 MPa。

8) 夹钳的夹持力 F_c。F_c 的大小必须能保证工件在顶锻时不打滑，通常 $F_c=(1.5～4.0)F_u$。

四、电阻焊操作技术

1. 薄板点焊

(1) 焊前准备。无论是点焊、缝焊和对焊，焊前，工件必须进行表面清理，以确保接头质量。工件的清理方法有机械清理法和化学清理法两种。常用的机械清理法有喷砂、喷丸、抛光以及用砂布或钢丝刷等。因材料材质的不同，清理的方法也不同。例如，铝及其合金对表面清理的要求十分严格，需采用化学方法清理。因为铝对氧的化学亲和力很强，使刚清理过的表面很快又被氧化，形成氧化铝薄膜，所以要求清理过的铝及其合金应立即施焊。清理方法是：先在碱溶液中去油，冲洗，然后将工件放进正磷酸溶液中腐蚀，同时进行钝化处理。常用的钝化剂是重铬酸钾和重铬酸钠。钝化处理后便不会在去除氧化膜的同时，造成工件表面的过分腐蚀。腐蚀后冲洗，在硝酸溶液中亮化处理，再冲洗后放入干燥室干燥或用热空气吹干。经过这样清理之后的工件，焊前可保持 72 h。低碳钢和低合金钢在大气中的抗腐蚀能力较低，在存放和加工过程中常用抗腐蚀油保护，如果抗腐蚀油层未被破坏，点焊时，不会影响接头质量。工件表面的油、锈必须用喷砂、喷丸或化学腐蚀的方法去除。

薄板点焊时容易出现烧穿或未焊透、压痕深、工件变形等问题。操作过程中还应注意：调整上、下电极的位置，保证电极端头平面平行，轴线对中；如工件较大、焊缝较长需定位焊时，要保证焊点位置准确，防止产生变形；随时观察焊点表面状态，及时清理电极端头，防止工件表面粘住电极；对工件表面要求无压痕或压痕要求很小时，使表面要求高的一侧放于下电极上，尽量加大下电极表面直径，或选用在平板定位焊机上进行焊接。

(2) 薄板点焊工艺参数选择

1) 低碳钢薄板点焊工艺参数选择见表 2—54。

表2—54　　　　　　　　　低碳钢薄板点焊工艺参数

板厚(mm)	电极		最小点距(mm)	最小搭接量(mm)	工艺参数值				
	最小d(mm)	最大D(mm)			电极压力(kN)	焊接时间(周)	焊接电流(kA)	熔核直径(mm)	抗剪强度(kN)
0.4	3.2	10	8	10	1.15	4	5.2	4.0	1.8
0.5	4.8	10	9	11	1.35	5	6.0	4.3	2.4
0.6	4.8	10	10	11	1.5	6	6.6	4.7	3.0
0.8	4.8	10	12	11	1.9	7	7.8	5.3	4.4
1.0	6.4	13	18	12	2.25	8	8.8	5.8	6.1
1.2	6.4	13	20	14	2.7	10	9.8	6.2	7.8

2) 不锈钢薄板点焊工艺参数选择见表2—55。

表2—55　　　　　　　　　不锈钢薄板点焊工艺参数

板厚(mm)	电极端面直径(mm)	电极压力(kN)	焊接时间(周)	焊接电流(kA)
0.3	3.0	0.8~1.2	2~3	3~4
0.5	4.0	1.5~2.0	3~4	3.5~4.5
0.8	5.0	2.4~3.6	5~7	5~6.5
1.0	5.0	3.6~4.2	6~8	5.8~6.5
1.2	6.0	4.0~4.5	7~9	6.0~7.0

3) 铝合金薄板点焊工艺参数选择见表2—56。

表2—56　　　　　　铝合金LY12CZ、LC4CS薄板点焊工艺参数

板厚(mm)	电极球面半径(mm)	电极压力(kN)	焊接时间(周)	焊接电流(kA)	锻压压力(kN)
0.5	75	2.3~3.1	1	19~26	3.0~3.2
0.8	100	3.2~3.5	2	26~36	5.0~8.0
1.0	100	3.6~4.0	2	29~36	8.0~9.0
1.3	100	4.0~4.2	2	40~46	10~10.5
1.6	150	5.0~5.9	3	41~54	13.5~14
1.8	200	6.8~7.3	3	45~50	15~16
2.0	200	7.0~9.0	5	50~55	19~19.5

2. 钢筋对接（闪光对焊）

几乎所有的钢和有色金属都可以闪光对焊。只是根据材质的不同，采取必要的工艺措施。以下介绍钢筋闪光对焊操作技术。

(1) 焊前准备。首先对工件接头处进行机械清理，清除接头端部的油污和锈蚀，保持接头部位的平直，因为弯曲的端头不能夹装，必须予以切除。

(2) 焊接操作

1) 根据工件的形状及工件直径的大小调整钳口，使两钳口中心线对准。并调好钳口距离。

2) 调整行程螺钉。

3) 将钢筋放在两钳口上，用夹头夹紧并压实。

4) 将两钢筋接头断面顶紧并通电，利用电阻热对接头部位预热，当加热至塑性状

态后,拉开钢筋,使两接头之间留有 1~2 mm 的空隙。这时焊接过程进入闪光阶段,火花飞溅喷出,挤出接头间的杂质,露出新的金属表面。此时应迅速将钢筋端头顶紧,并断电继续加压。切不可造成接头错位和弯曲。加压使接头处形成焊包,其最大的凸出量高于母材 2 mm 为宜。焊接过程完成后,将焊后的钢筋卸下。结束焊接。

(3) 焊接工艺参数的选择。钢筋闪光对焊工艺参数选择见表 2—57。

表 2—57　　　　　　　　钢筋闪光对焊工艺参数

钢筋直径(mm)	顶锻压力(MPa)	伸出长度(mm)	烧化留量(mm)	顶锻留量(mm)	烧化时间(s)
5~8	60	9~13	3~4	5~15	1.5~2.5
10~16	60~70	17~18	5~8	2~3	3.25~6.75
18~25	70~80	30~42	9~12.5	3.3~4.0	7.5~13.0
30~40	80	50~65	15~20	4.6~6.0	20.0~45.0

3. 电阻焊安全操作规程

(1) 电阻焊机安装必须牢固可靠,焊机外壳必须有效接地并可见。

(2) 安装时,焊机底座应高出地平面 20~30 cm,应有排水设施。

(3) 焊机的安装、拆卸、检修和一次线的连接均由专业电工进行。

(4) 焊接操作时,必须戴防护眼镜,穿防护服、绝缘鞋。

(5) 焊接场所应保持良好通风。

第八节　等离子弧焊接与切割技术

→ 通过本节内容的学习,了解等离子弧的产生及其特点
→ 掌握等离子弧的焊接与切割技术
→ 能够熟练地进行奥氏体不锈钢的等离子弧焊接与切割

一、等离子弧的产生及特点

等离子弧焊接与切割是现代焊接领域中的一项新技术,是利用高温(15 000~30 000℃)的等离子弧进行焊接与切割的高级工艺方法。它可切割和焊接一般焊接工艺难以切割和焊接的材料。目前,认为它是一种具有发展前途的焊接工艺方法。

1. 等离子弧的产生原理

(1) 等离子弧。利用等离子焊炬,将阴极(如钨极)和阳极之间的自由电弧压缩成高温、高电离度及高能量密度的电弧。等离子弧又分为转移弧和非转移弧两种。

(2) 产生原理。一般的焊接方法(如焊条电弧焊、钨极氩弧焊等)所产生的电弧由于没有外界的约束,称为自由电弧。在电弧区内的气体是未被充分电离的,能量不能高度集中。为提高弧柱的温度,可增大电弧电流和电压,但是由于弧柱直径与电弧电流和电压成正比,弧柱中的电流密度几乎为一常数,其温度也就被限制在 5 000~6 000℃左右。如果对自由电弧的弧柱进行强迫压缩,就能获得导电截面小而能量更加集中的电弧即等离子弧。这种强迫压缩的作用称为"压缩效应"。能使弧柱产生"压缩效应"的形式有如下三种:

1) 机械压缩效应。在焊接回路中,当在钨极和工件之间(也就是正极和负极之间)加上一个较高电压,通过激发使气体电离形成电弧。此时,使弧柱通过具有特殊孔形的喷嘴,并同时送入一定压力的工作气体,让弧柱强迫通过细孔道,弧柱截面积被迫缩小,弧柱便受到了机械压缩。这就是机械压缩效应。

2) 热收缩效应。当电弧通过经水冷却的喷嘴时,同时又受到外部不断送进的高速冷却气流(氮气、氩气)的冷却作用,使弧柱外围受到强烈冷却。此时,外围电离度被大大减弱,电弧电流只能从弧柱中心通过,使导电截面积缩小,电流密度增加。这就是热收缩效应。

3) 磁收缩效应。带电粒子在弧柱内的运动,可看成是电流在一束平行的导线内移动。由于这些导线自身的磁场所产生的电磁力使这些导线互相吸引,这就产生了所谓的磁收缩效应。由于机械压缩效应和热收缩效应已使电弧中心的电流密度很高,使得磁收缩效应明显增强,从而使电弧得到再进一步的压缩。

在上述三种压缩效应的共同作用下,弧柱被压缩到很细的范围内,弧柱内的气体得到高度的电离,弧柱温度也达到极高的程度,这就使电弧形成了稳定的等离子弧。

(3) 等离子弧的产生方法。在等离子弧焊接与切割的运用当中,等离子弧的产生是通过专业的发生装置来实现的(见图2—75)。它是先通过高频振荡器激发气体电离形成电弧,再在以上三种压缩效应的作用下,形成等离子弧。

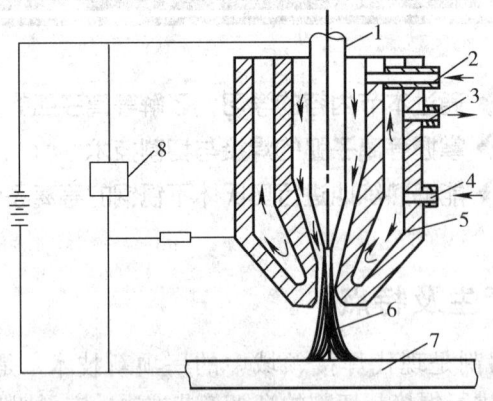

图2—75 等离子弧发生装置原理图
1— 钨极 2—进气管 3—出水管 4—进水管 5—喷嘴
6—弧焰 7—工件 8—高频振荡器

2. 等离子弧的类型及特点

(1) 等离子弧的类型。等离子弧可分为三种形式,是根据电源电极的不同接法和等离子弧产生的不同形式区分的。

1) 非转移型等离子弧。非转移型等离子弧是钨极接负极,喷嘴接正极。等离子弧产生在钨极和喷嘴之间,然后由喷嘴喷出(见图2—76)。它依靠从喷嘴喷出的等离子弧焰来加热熔化工件。加热能量和加热温度较低，不宜用于较厚材料的切割。

2）转移型等离子弧。当工件接正极，钨极接负极，等离子弧产生在工件和钨极之间（见图2—77）。此种接法通常要先在电极和喷嘴之间引燃电弧，然后再转移至工件与电极之间形成电弧，所以称此弧为转移型等离子弧。当转移形成电弧后，电极与喷嘴之间的电弧就熄灭。由于阳极斑点直接落在工件上，使工件热量增高，所以可用做切割、焊接和堆焊的热源。特别适用于中厚度以上的金属材料的切割。

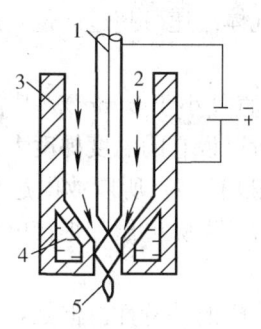
图2—76 非转移型等离子弧示意图
1—钨极 2—等离子气 3—喷嘴
4—冷却水 5—非转移弧

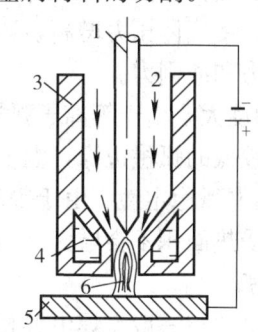
图2—77 转移型等离子弧示意图
1—钨极 2—等离子气 3—喷嘴
4—冷却水 5—工件 6—转移弧

3）转移和非转移联合型等离子弧。转移型弧和非转移型弧同时存在，同时发挥作用即为联合型等离子弧（见图2—78）。联合型等离子弧主要用于微束等离子焊接和粉末等离子的喷焊。

4）不正常的双弧现象。正常的转移弧应建立在电极与工件之间，但对于某一个喷嘴，由于离子气过小、电流过大或喷嘴与工件发生接触，喷嘴内壁表面的冷气膜容易被击穿而形成如图2—79所示的串联双弧。此时，一个电弧产生在电极与喷嘴之间，另一个电弧产生在喷嘴与工件之间。双弧现象将破坏正常的焊接与切割，严重时，还会将喷嘴烧损。

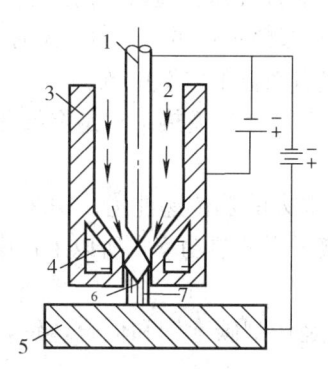
图2—78 联合型等离子示意图
1—钨极 2—等离子气 3—喷嘴 4—冷却水
5—工件 6—非转移弧 7—转移弧

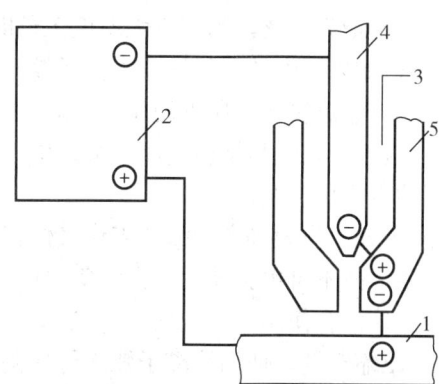
图2—79 双弧现象示意图
1—工件 2—电源 3—离子气
4—电极 5—喷嘴

(2) 等离子弧的特点

1) 能量高度集中。由于等离子弧有很高的导电性，可承受很大的电流密度，因而可以通过很大的电流，具有极高的温度。又因其截面很小，能量高度集中，一般等离子弧在喷嘴出口中心温度达 20 000℃，而用于切割的等离子弧在喷嘴附近温度可达 30 000℃。

2) 具有很强的吹力。等离子弧发生装置内通入的常温压缩气体，因受到电弧的高温影响而膨胀，使气体压力增高，通过喷嘴细孔的气体流速可超过声速，所以等离子弧具有较强的吹力和冲刷力。

3) 温度梯度大。由于等离子弧横截面积很小（直径小于 3 mm），从温度最高的弧柱中心到温度较低的弧柱边缘，温度变化非常大，所以说它的温度梯度大。

4) 良好的电弧稳定性。由于等离子弧的电离程度很高，所以放电过程稳定，弧柱挺度好，工件受热面积不会增大。当弧长发生变化时，电弧电压和焊接电流变化很小。

3. 等离子弧电源

等离子弧电源与一般弧焊电源相同，要求具有陡降的外特性。但是，对于一般的等离子弧焊接和堆焊来说，为便于引弧，其空载电压要在 80 V 以上，对于等离子弧切割和喷涂则要求空载电压在 150 V 以上，对于自动切割或是大厚度工件的切割，空载电压要达到 400 V。目前，等离子弧所采用的焊接电源，大多为具有陡降外特性的直流电源。

4. 等离子弧电极材料及工作气体

(1) 等离子弧电极材料。等离子弧焊接所用的电极材料与钨极氩弧焊一样，选用的是高熔点的钨极（也叫钨棒），应首选铈钨极。因为铈钨极几乎没有放射性，其电子发射能力和抗烧损能力均比钍钨极好。

(2) 等离子弧工作气体。等离子弧常用的工作气体有氮、氩、氢及它们的混合气体。

1) 氮气。氮气的提取成本很低，化学性能不是十分活泼，使用时的危险性很小，切割时应用最为广泛。当切割大厚度工件时，常使用混合气体。但氮气的纯度不应低于 99.95%，如果其中的含氧量或水汽量较多时，会使钨极烧损严重。氮气是双原子气体，分子分解时吸热较多，所以使用氮气时，要求电源具有较高的空载电压。

2) 氩气。氩气是惰性气体，又是单原子气体，不需分解吸热。它是焊接化学性活泼金属的良好保护气体。

3) 氢气。作为等离子弧的工作气体，氢气具有很大的热传递能力。但氢气是一种可燃气体，故不可单独使用。混合氢可明显提高等离子弧的热功率，所以工作中氢气需与其他气体混合使用。

4) 压缩空气。使用等离子弧进行切割时，特别是切割碳素钢和低合金钢，可用廉价的压缩空气作为工作气体，进行空气等离子切割。

二、等离子弧焊接

1. 等离子弧的焊接方法及焊接特点

(1) 等离子弧的焊接方法。等离子弧焊接是利用特殊结构的等离子弧焊炬（枪）所产生的高温等离子弧，并在保护气体的保护作用下，熔化金属达到连接的一种焊接方法。

等离子弧焊接所使用的工作气体分为离子气和保护气，一般是纯氩或是在纯氩中加入少量的氢气。等离子弧焊接的功率一般不大于 15 kW，而等离子弧切割的最大功率可达 200 kW。

等离子弧焊接可分为以下三种：

1) 穿透型等离子弧焊接（也叫小孔焊接）。它采用的是转移型等离子弧。由于等离子弧能量集中，等离子气流喷出速度较大，故穿透能力很强。小孔焊接是利用等离子弧本身的高温和冲击力，将工件完全熔透并在等离子气流的作用下形成一个穿透工件的小孔（小孔面积应在 8 mm^2 以下），等离子弧由工件背面喷出，熔化金属被排挤在小孔周围，随着焊枪向前移动，熔化金属依靠其表面张力的承托，沿等离子弧周围的固体壁向后流动，在工件正面和背面均形成熔池。就如同在工件的正面和背面同时都有电弧进行焊接一样。稳定的小孔焊接过程是焊缝完全熔透的标志。目前，大电流等离子弧(100~300 A) 焊接大多采用该方法进行。

小孔焊接即穿透型等离子弧焊接最适合用于焊接厚度为 3~8 mm 之间的不锈钢、钛合金，以及厚度为 2~6 mm 之间的低碳钢或低合金钢。

2) 熔透型等离子弧焊接。它采用的是联合型等离子弧。焊接时只熔透工件，不产生小孔效应。使用的电流范围是 15~100 A，可焊工件厚度为 0.5~3 mm。熔透型等离子弧焊接与钨极氩弧焊相似，适用于薄板或是多层焊缝的盖面及角焊缝的焊接。

3) 微束等离子弧焊接。它也采用了联合型等离子弧。由于使用的焊接电流较小(0.1~15 A)，采用联合型等离子弧可使电弧燃烧稳定。它除了在钨极与工件之间的转移型弧外，还需在整个焊接过程中始终保持钨极与喷嘴之间的非转移型弧（也叫维持电弧）。它不只是为了引出转移型弧，更重要的是不断提供足够数量的电离气体，以维持转移型弧。当某种原因使等离子弧中断时，可以依靠维持电弧立即使等离子弧复燃。两个电弧分别由两个电源供电。微束等离子弧主要用来焊接工件厚度在 0.01~0.5 mm 之间的超薄板和金属丝、箔。在电子、仪表工业及精密仪器制造中得到广泛应用。

(2) 等离子弧的焊接特点

1) 等离子弧的穿透力强，对厚度小于等于 12 mm 的工件，可不开坡口进行焊接，同时可不加填充焊丝。穿透型等离子弧可一次焊透 12 mm 厚度的不锈钢，水平位置的钛板一次焊透的厚度可达 20 mm。

2) 可焊材料范围宽，可焊不锈钢、镍、钛、铜、钴、钼、钨等金属和蒙乃尔、因科镍等特种金属，且不受焊接位置的限制。

3) 等离子弧弧柱温度高，能量密度大。施焊时可提高焊接速度，从而提高了焊接生产率。

4) 等离子弧工作稳定，特别是联合型微束等离子弧焊接时，由于电弧仍具有较平的静特性曲线，电弧和电源系统仍能建立稳定的工作点，所以保证了焊接过程的稳定。尤其是使用小电流焊接超薄工件时，更能充分体现出等离子弧工作的稳定性。

5）等离子弧近似纤细的圆柱形，挺直度好。因此，在焊接过程中，当弧长发生变化时，熔池表面的加热面积变化不大，容易获得均匀的焊缝成形。

6）由于受到保护气体的压缩和保护作用，等离子弧热量集中，焊后焊缝质量高，热影响区小，焊接变形小。

2. 等离子弧的焊接工艺

(1) 接头形式。用于等离子弧焊接的接头形式有 I 形坡口、单面 V 形和 U 形坡口以及双面 V 形和 U 形坡口。这些坡口形式适用于从一侧或两侧进行对接接头的单道焊或多道焊。除对接接头外，等离子弧焊接也适合角焊缝和梯形接头焊接。对于厚度较大的工件需开坡口焊接时，可留有较大的钝边和较小的坡口角度。打底层焊缝采用小孔法焊接，填充层焊接则采用熔透法完成。

(2) 对口间隙与夹紧。小电流等离子弧焊接，对接头的对口间隙要求和钨极氩弧焊相同。间隙不应超过金属厚度的 10%，否则需添加填充金属。

(3) 小孔焊接的起弧。当板厚小于 3 mm 的环缝和纵缝焊接时，可直接在工件上起弧，建立小孔的地方一般不会产生缺欠。当工件厚度较大时，由于焊接电流的增大，起弧处易产生气孔、凹陷等缺欠。对于纵缝，可用引弧板解决起弧问题。在引弧板上开出小孔，然后过渡到工件上去。当环缝焊接无法使用引弧板时，需采用焊接电流、离子气流量斜率递增控制法在工件上起弧。

(4) 小孔焊接的结束。厚板纵缝，用引出板将小孔闭合在引出板上。如同起弧一样，采用斜率递减控制法，逐渐减小电流和离子气流量来闭合小孔。

(5) 焊接时的"双弧"现象。焊接时，一旦形成"双弧"，主弧电流很快降低，正常的焊接或切割过程被破坏，严重时导致喷嘴烧损。防止产生"双弧"的措施有：

1）正确选择焊接电流和离子气流量。

2）电极和喷嘴应尽量保持中心线对正。

3）喷嘴孔道不可太长。

4）电极内缩量要适当。

5）喷嘴至工件的距离不要太近。

6）降低转移弧时的冲击电流，并加强对电极和喷嘴的冷却保护作用。

(6) 等离子弧焊接工作气体的选择。等离子弧焊接时，除向焊枪喷嘴输送离子气以外，还要向焊枪保护气罩输送保护气体。目前，应用最为广泛的离子气是氩气，适用于所有金属。为提高焊接生产率以及改善接头质量，可针对不同金属的材质，在氩气中适当加入氢气和氦气。如焊接镍合金和不锈钢时，在氩气中加入 5%～7.5% 的氢气。但含氢量过多，会引起气孔或裂纹等缺欠。焊接钛及钛合金时，在氩气中加入 50%～75% 的氦气。焊接铜及其合金时可用氮气作保护气体。

3. 等离子弧焊接技术及工艺参数

(1) 焊接技术

1）喷嘴孔径和孔道长度。在等离子弧焊接生产中，随着工件厚度的增大，需用的焊接电流也要增大。但对于一定的孔径和孔道长度的喷嘴其许用的电流值是有限度的。所以，喷嘴孔径和孔道长度的选择，是根据工件材质的种类和厚度以及所用的焊接电流来决定的。当使用的焊接电流较大时，需选用孔径较大和孔道长度较小的喷嘴。

2）钨极内缩量。钨极内缩量对等离子弧的压缩性和熔透能力均有影响。在其他工艺参数和工作条件不变的情况下，若内缩量小，对等离子弧产生的压缩性就弱，熔透能力也弱。反之，内缩量过大，对等离子弧产生的压缩性就过强，熔透能力也过强，会造成焊缝成形不良，甚至还会产生咬边和背面过瘤等缺欠。一般情况下，内缩量取 3～6 mm 为宜。

3）离子气流量。原则上应保证等离子弧具有一定程度的压缩力和机械吹力。其流量恰好达到吹透被焊金属为适量。流量过小造成焊不透，流量过大会产生咬边，甚至焊穿。

4）焊接电流。焊接电流是穿透型等离子弧焊接的主要参数之一。它根据被焊工件的厚度来选择。适当提高焊接电流，可增强穿透能力。但如果电流过大，会使小孔直径过大，造成熔池金属下坠，焊缝不能成形。电流过小则不会产生小孔效应。

5）焊接速度。焊接速度是影响焊缝成形的主要因素。提高焊接速度，工件的热输入量减小，小孔直径减小，焊缝成形就差。所以焊接速度不宜太快。

在生产实践中，焊接电流、等离子气流量和焊接速度合理的匹配组合是：

①当焊接电流一定时，要增加等离子气流量，就要相应地提高焊接速度。

②当离子气流量一定时，要提高焊接速度，就要相应地增大焊接电流。

③当焊接速度一定时，要增加等离子气流量，就要相应地减小焊接电流。

6）喷嘴端面到工件表面的距离。喷嘴端面到工件表面的距离应保持在 3～5 mm 之间，可获得满意的焊缝成形和良好的保护效果。距离过大会降低熔透能力；距离过小将影响焊接时对熔池的观察，同时易造成喷嘴被飞溅物粘污，还易引发双弧。

7）保护气体。等离子弧焊接时，离子气体常为氩气，但因流量小，不足以对焊接熔池起到有效保护，所以焊接时还要增加保护气体。穿透型等离子弧焊接采用的保护气体，要根据被焊金属的材质来选用。如焊接不锈钢或镍基合金，常用纯氩气或纯氩气中加入少量氢气的混合气体作为保护气体。焊接钛及其合金时，可用纯氩气或氩氦混合气体作为保护气体。焊接铜及其合金时，可用氮气作为保护气体。

（2）焊接工艺参数。工艺参数包括焊接电流、电弧电压、焊接速度、气体流量等。表 2—58 给出了常用材料的等离子弧焊接工艺参数值，供参照。

表 2—58　　　　　　　常用材料的等离子弧焊接工艺参数

工件材质	厚度 (mm)	焊接电流 (A)	电弧电压 (V)	焊接速度 (mm/min)	气体流量（L/h）			坡口形式	工艺特点
					种类	离子气	保护气		
低碳钢	3.2	185	28	304	Ar	364	1 680	I	小孔
低合金钢	4.2	200	29	254	Ar	336	1 680	I	小孔
	6.4	275	33	354	Ar	420	1 680	I	小孔
不锈钢	2.5	115	30	608	Ar+H_2 5%	168	980	I	小孔
	3.5	145	32	712	Ar+H_2 5%	280	980	I	小孔
	4.2	165	36	358	Ar+H_2 5%	364	1 260	I	小孔
	6.3	240	38	354	Ar+H_2 5%	504	1 400	I	小孔

续表

工件材质	厚度(mm)	焊接电流(A)	电弧电压(V)	焊接速度(mm/min)	气体流量 (L/h) 种类	离子气	保护气	坡口形式	工艺特点
钛合金	3.2	185	21	608	Ar	224	1 680	I	小孔
	4.2	175	25	320	Ar	504	1 680	I	小孔
	10.0	225	38	254	He 75%＋Ar	896	1 680	I	小孔
	12.7	270	36	254	He 50%＋Ar	756	1 680	I	小孔
	14.2	250	39	178	He 50%＋Ar	840	1 680	V	小孔
铜	2.5	180	28	254	Ar	280	1 680	I	小孔
	3.2	300	33	254	He	224	1 680	I	熔透
	6.5	670	46	508	He	140	1 680	I	熔透

4. 不锈钢等离子弧焊接技术

用等离子弧焊接不锈钢是生产中经常采用的一种工艺方法。现以 2 mm 厚的奥氏体不锈钢板为例，叙述焊接中应掌握的技术问题。

（1）焊前准备

1）工件清理。焊前将工件正、反两面距坡口 10 mm 处的油、锈清理干净，直至露出金属光泽，并用丙酮清洗。

2）对口间隙。为保证焊接过程的稳定，必须严格控制对口间隙及错边量。对口间隙要小于等于 0.3 mm，错边量要小于等于 0.1 mm。

3）定位焊。定位焊可采用钨极氩弧焊进行，也可用表 2—59 给出的工艺参数进行定位焊。定位焊应从中间向两头展开，焊点间距保持在 80 mm 以内，定位焊缝长度约 5 mm。定位焊和焊接均可考虑用刚性固定法固定，防止焊接过程中及焊后的工件变形。

表 2—59　　　　　　　　　　　焊接工艺参数

项　目		参　数
材料厚度（mm）		2
氩气流量（L/min）	离子气	2.5
	保护气	2.0
焊接电流（A）		110
电弧电压（V）		22
焊接速度（mm/min）		800
钨极直径（mm）		2.5
喷嘴孔长/喷嘴孔径（mm）		2.2/2
钨极内缩量（mm）		2
喷嘴至工件的距离（mm）		4～6

4）采用 LH—300 型自动等离子弧焊机。

（2）技术要点及注意事项。较薄不锈钢板等离子弧焊接时可不加填充焊丝，单面焊双面成形。由于钢板较薄可用熔透法进行焊接。

1）为防止工件在焊接过程中的移动，需将工件水平夹固在定位夹具上。为保证焊透和良好的焊缝成形，可采用铜垫板。

2）检查焊接的气路、水路是否通畅，焊炬（枪）不得有任何渗漏，喷嘴端面应保持清洁，钨极尖端角度为30°～40°。

3）调整工艺参数。

4）当采用不加填充焊丝焊接时，焊缝的熔化区域比较小，由于等离子弧的偏离，将严重影响焊缝背面的成形，还会产生未熔合等缺欠。因此，要求等离子弧必须对中。可通过引燃维持电弧，使用小弧来对准焊缝。

5）引弧焊接。在焊接过程中应随时观察各项焊接工艺参数的变化。特别要注意电弧的对中和喷嘴到工件的距离，并及时予以修正。

6）收弧停止焊接，当焊接熔池达到离焊件端部 5 mm 左右时，应按停止按钮结束焊接。

三、等离子弧切割

1. 等离子弧切割原理

用等离子弧可以切割绝大多数的金属和非金属材料。它利用了高速、高温和高能的等离子气流来加热和熔化被切割材料，同时借助内部或外部的高速气流或水流将熔化材料排开，直至等离子气流束穿透背面而形成割口，达到割开、割断的目的。

切割用等离子弧的温度一般在 10 000～14 000℃ 之间，远远超出所有金属以及非金属的熔点。等离子弧切割过程不是依靠氧化反应，而是靠熔化来切割材料，比起用氧—乙炔切割方法的适用范围要大得多。

等离子弧切割采用正接极性电流，即被切割工件接正极。切割金属材料时用转移型等离子弧。引燃转移型弧的方法与割枪有关。割枪分为有维弧割枪和无维弧割枪两种，有维弧割枪的电路接线图如图 2—80 所示，无维弧割枪的电路接线无电阻 R 支路，其他与有维弧割枪的电路接线相同。

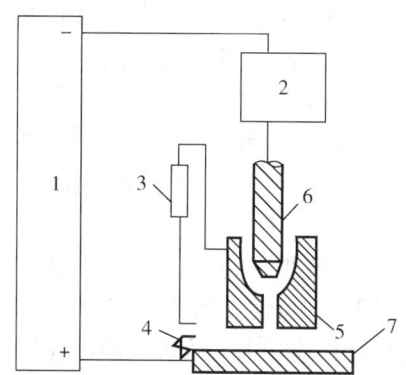

图 2—80 等离子弧切割的基本电路
1—电源 2—高频引弧器 3—电阻 4—接触器触点
5—压缩喷嘴 6—电极 7—工件

图2—80中电阻R的作用是限制维弧电流,将维弧电流限制在能够顺利引燃转移弧的最低值。高频引弧器的作用是引燃维弧。引弧时接触器触点闭合,高频引弧器产生高频高压引燃维弧。维弧引燃后,当割枪接近工件时,从喷嘴喷出的高速等离子焰流接触到工件便形成电极与工件间的通路,使电弧转移至电极与工件之间。转移弧一旦形成,维弧便自动熄灭。此时,接触器触点经延时后自动断开。

无维弧割枪引弧时,将喷嘴与工件接触,高频引弧器引燃电极与喷嘴之间的非转移弧。非转移弧引燃后,迅速将割枪提起距工件3~5 mm处,此时喷嘴脱离导电通路,电弧随即转移至电极与工件之间。自动割枪均采用有维护结构设计。根据被切割工件的材质和工件厚度,当选用的工作电流在60 A以下时,手工切割采用无维弧结构割枪。60 A以上时手工切割采用有维弧结构割枪。

等离子弧切割的优点是:切割的材质范围宽,切割厚度大,切割灵活、方便,可沿曲线切割,使用的装夹工具简单,切割变形小等。

等离子弧切割的缺点是:设备比较复杂,切割公差大,切割过程中会产生弧光辐射、烟尘及噪声等。

除一般的等离子弧切割方法外,还有水再压缩等离子弧切割和空气等离子弧切割以及水再压缩空气等离子弧切割。

(1) 一般等离子弧切割。一般等离子弧切割可采用转移型弧或非转移型弧,非转移型弧适用于切割非金属材料。由于工件不接电,电弧挺度差,所以用非转移型弧切割金属材料时,受材料厚度的限制。因此,切割金属材料通常采用转移型弧。一般等离子弧切割不用保护气,工作气体和切割气体从同一喷嘴内喷出。引弧时喷出小气流离子气体作为电离介质,切割时喷出大气流气体用来排除熔化金属。

(2) 水再压缩等离子弧切割。水再压缩等离子弧切割时,由割枪喷出的除工作气体外,同时伴随着高速流动的水束,共同迅速地将熔化金属排开。喷出喷嘴的高速水流有两种进水方式。一种是高压水流径向进入喷嘴孔道后再从割枪喷出。另一种为轴向进入喷嘴外围后以环形水流从割枪喷出。高压高速水流是由高压水源提供的。高压高速水流在割枪中,一方面对喷嘴起冷却作用,另一方面对电弧起再压缩作用。喷出的水束一部分被电弧蒸发,分解为氧与氢,它们与工作气体共同组成切割气体,使等离子弧具有更高的能量。另一部分未被电弧蒸发、分解,但对电弧有着强烈的冷却作用,使等离子电弧的能量更为集中,因此,可以提高切割速度。喷出割枪的工作气体采用压缩空气时,即为水再压缩空气等离子弧切割,它利用了空气热焓值高的特点,可进一步提高切割速度。

水再压缩等离子弧切割的水喷溅严重,一般在水槽中进行,工件位于水面以下200 mm左右。切割时还可利用水的特性,降低切割噪声,并能吸收切割过程中形成的强烈弧光、金属粉尘、烟气和紫外线,大大改善了操作者的工作条件,降低了污染,保护了环境。

水再压缩等离子弧切割时,由于水的冷却作用,降低了电弧的热能效率,同时也就降低了切割效率。为对降低的效率进行补偿,这就要求在切割电流一定的条件下,提高切割电压。

(3) 空气等离子弧切割。使用压缩空气作为离子气即为空气等离子弧切割。这种切割方法简便且成本低。压缩空气在电弧中加热后分解和电离，生成的氧与切割金属产生化学放热反应，可加快切割速度。充分电离了的空气等离子体的热焓值高，使电弧的能量增大，进一步提高了切割的速度。空气等离子弧切割的速度是氧—乙炔焰切割速度的两倍以上，特别是切割中、厚度工件时，优势更为明显。它除可切割碳钢以外，还可切割铜、铝和不锈钢等。不利的一点是，在切割过程中，即便使用了熔点很高的锆、铪作电极，其烧损也较严重。为降低电极烧损，可采用复合式空气等离子弧切割。这种方法采用内、外两层喷嘴，内层喷嘴通入工作气体，外层喷嘴通入压缩空气。

2. 等离子弧切割设备

等离子弧切割设备主要由供气装置、电源及割枪等部分组成。水冷式割枪还需有冷却循环水装置。图2—81所示为空气等离子弧切割系统示意图。

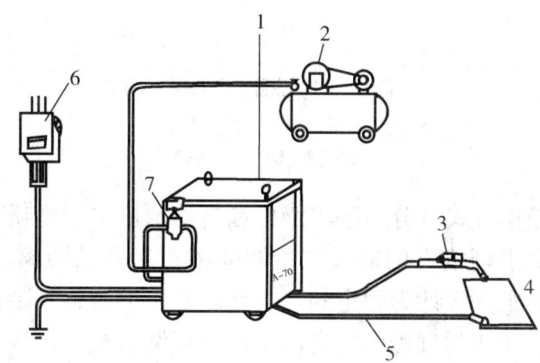

图2—81 空气等离子弧切割系统示意图
1—电源 2—空气压缩机 3—割枪 4—工件 5—接工件电缆 6—电源插座 7—过滤减压阀

(1) 供气装置。空气等离子弧切割的供气装置的主要设备是一台功率大于1.5 kW的空气压缩机，切割时所需气体压力为0.3～0.6 MPa。其他气体可选瓶装经减压后供切割时使用。

(2) 电源。等离子弧切割采用具有陡降或恒流外特性的直流电源。为获得满意的引弧及稳弧效果，电源的空载电压应为切割时电弧电压的两倍，常用切割电源空载电压为150～400 V。

切割用最简单的电源是硅整流电源。因前级变压器是高漏抗式，所以具有陡降的外特性。这种电源的输出电流是不可调节的。但有的电源采用抽头式变压器，可用切换开关调节输出电流。

连续可调式输出电流的常用电源有磁放大器式、晶闸管整流式以及逆变电源。这些电源可将输出电流调节至所需的电流值上。逆变电源具有高效、体积小和节能等优点。逆变电源将是等离子弧切割电源的发展方向。

(3) 割枪。等离子弧切割用的割枪基本上与等离子弧焊接用的焊枪相似。只是割枪的压缩喷嘴和电极不一定都采用水冷结构。选用的割枪的具体形式取决于使用的电流等级。60 A 以下割枪多采用风冷结构，即利用高压气流对喷嘴及枪体进行冷却和对等离子弧进行压缩。而 60 A 以上割枪多采用水冷结构。割枪压缩喷嘴的结构尺寸对等离子弧的压缩及稳定有直接影响，还关系到切割能力、割口质量及喷嘴使用寿命。割枪中的电极可采用纯钨、钍钨及铈钨棒，也可采用镶嵌式电极。电极材料应首选铈钨，但空气等离子弧切割时则选用镶嵌式锆或铪电极。如图2—82所示。

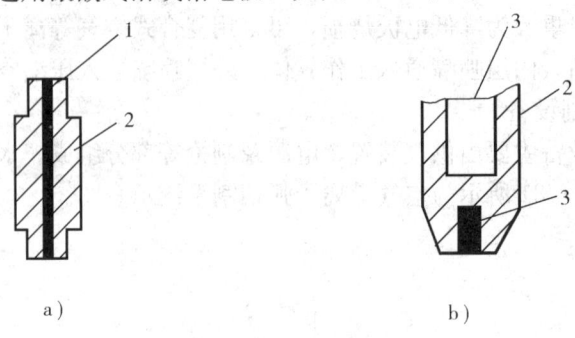

图 2—82 镶嵌式电极
a) 风冷　　b) 水冷
1—钨　2—铜　3—水槽

等离子弧割枪按操作方式可分为手工割枪和自动割枪。割枪喷嘴至工件的距离对切割质量有很大影响。手工割枪有的需人工控制喷嘴至工件的距离，有的就不需人工控制，它把喷嘴至工件的距离设计为固定的。自动割枪是把割枪安装在行走小车上、数控切割设备或机器人上，在切割过程中可自动将该距离调节至最佳数值。

（4）切割控制。等离子弧切割过程的控制比较简单，主要有启动、停止控制，连锁控制及切割轨迹的控制。手工切割时，利用割枪上的触动开关控制操作过程，当开关按下时切割开始，当松开关切割停止。由于大电流割枪中电极距喷嘴距离较远，起弧稍有不便。为便于引弧，可以采用改变切割气流量的方法，即：在引弧时使用小气流量，以防止电弧被吹灭，电弧引燃后再通入正常的气流量。

切割过程中的连锁控制是为了防止切割时的气压不足或冷却水流量不足损坏割枪而设计的。它使用了气电转换开关作为监测气压的传感控制元件。只有当气压足够时气电转换开关才能转变开关状态允许电源输出电流。如在切割过程中气压不足则自动停止输出电流，中断切割。对于水冷式割枪需要采用水流开关与控制电路形成连锁控制，在水流不足时禁止启动或在切割过程中自动停止切割。

3. 等离子弧切割工艺

（1）等离子弧切割工艺参数。等离子弧切割的工艺参数主要有切割电流、空载电压和工作电压、气体流量、切割速度、喷嘴到工件的距离、电极端部到喷嘴的距离。

1）切割电流和工作电压。这两个参数决定了等离子弧的功率。提高功率可提高切割厚度和切割速度。但伴随电流的增加，会使弧柱变粗、割缝变宽，喷嘴也容易被烧损。为防止喷嘴的烧损，对不同孔径的喷嘴规定了其许用的极限电流值，见表2—60。

表 2—60　　　　　　　　　喷嘴孔径和许用的极限电流值

喷嘴直径（mm）	2.4	2.8	3.0	3.2	3.5	>4.0
极限电流（A）	200	250	300	340	360	>400

用增加等离子弧的工作电压来提高功率，比增加电流效果更佳，可有效防止喷嘴的烧损，延长喷嘴的使用寿命。提高工作电压可以通过改变气体成分来实现。氮气的电弧电压比氩气高，氢气的散热能力强，可提高工作电压。但是，当工作电压超过空载电压的 65% 时，会出现电弧不稳的现象，只有提高空载电压才能最大限度地提高工作电压。

等离子弧切割功率的大小取决于被切割材质的种类和工件的厚度。见表 2—61。

表 2—61　　　　　　　　　　切割功率的选择

材料	切割厚度（mm）	切割功率（kW）	切割气体
铝	<50 <100 >100	<70 <80 >100	氮气
不锈钢	<50 <100 >100	<75 <100 >120	
铜	<20 >50	<30 >80	

2）空载电压。为便于引弧和保证电弧的稳定燃烧，空载电压应在 150 V 以上。切割厚度在 20~80 mm 范围内，空载电压应在 200 V 以上。如切割厚度更大时，空载电压应提高到 300~400 V。

3）气体流量和切割速度。当气体流量和切割速度选择不当时，会使工件的产生黏渣和熔瘤。特别是切割不锈钢时，由于熔化金属的流动性差，不易被气流吹掉。加之不锈钢的导热性差，切口底部容易过热，没被吹掉的熔化金属与切口底部熔合在一起，从而形成不易剔除的坚韧的毛刺。尽管毛刺的形成与等离子弧功率的大小有关，但主要还是与气体流量和切割速度有关。

气体流量直接影响着切割质量。增加气体流量有利于提高生产率和切割质量。如果气体流量过大，反而会使切割能力减弱。这是因为一方面高速气流带走了部分热量，另一方面也会造成电弧不稳，影响切割质量。从表 2—62 中可以看出气体流量对切割质量的影响关系。

表 2—62　　　　　　　氮气流量对切割质量的影响关系

切割电流（A）	工作电压（V）	切割宽度（mm）	氮气流量（L/h）	割缝表面质量
240	84	2 050	12.5	渣多
225	88	2 200	8.5	有渣
225	88	2 600	8.0	少渣
230	90	2 700	6.5	无渣
235	82	3 300	10	有渣
230	84	3 500	—	未割渣

一般情况下，当切割厚度为 100 mm 以下不锈钢板时，气体流量约为 2 500～3 500 L/h。当切割厚度达到 100～250 mm 时，气体流量约为 3 000～8 000 L/h。引弧气流量约为 400～800 L/h。

切割速度与切割质量也有着密切的关系。提高切割速度可提高生产效率，降低割缝的宽度，使热影响区变小。如切割速度过快，能使电弧吹力出现水平分量，使熔化金属沿切口底部向后流，形成毛刺，严重时造成割不透。如切割速度过慢，造成切口下端过热，甚至熔化，也会产生毛刺。表 2—63 描述了切割速度对切割质量的影响关系。

表 2—63　　　　切割速度对切割质量的影响关系

切割电流（A）	工作电压（V）	切割速度（m/h）	割缝宽度（mm）	割缝表面质量
160	110	60	5.0	少渣
150	115	80	4.0～5.0	无渣
160	110	104	3.5～4.0	光洁无渣
160	110	110	—	有渣
160	110	115	—	割不透

4）喷嘴至工件的距离。对于切割一般厚度的工件，喷嘴至工件的距离保持在 6～8 mm 为宜。距离过大会使切割速度减慢，切口变宽且切口表面不规整。但距离过小会造成喷嘴与工件的短路。当切割厚度较大的工件时，距离可提高到 10～15 mm。进行切割时，理论上要求割枪应与切割工件表面保持垂直，但在实际操作中割枪可以有一定的后倾角。

5）电极端部至喷嘴的距离。电极端部至喷嘴的距离用 L_y 表示，也称电极内缩量。如图 2—83 所示。

电极内缩量是一个很重要的参数，它直接影响着电弧的压缩效果，关系到电极的烧损程度。内缩量越大，电弧压缩效果越强。当内缩量太大时，电弧的稳定性会变差。内缩量太小，不仅影响到电弧的压缩效果，还会因为电极离喷嘴孔太近或电极伸进喷嘴孔，造成喷嘴烧损。总之，在不致产生"双弧"及不影响电弧稳定性的前提下，尽量增大电极的内缩量。一般情况下，L_y 取 8～10 mm 为宜。

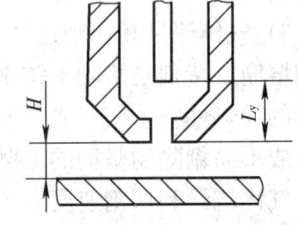

图 2—83　电极内缩量示意图

6）切割时的"双弧"问题。等离子弧切割与等离子弧焊接一样也会遇到"双弧"问题。所谓"双弧"是在已存在的等离子弧外，又在喷嘴与工件之间产生了另一个电弧。出现"双弧"时，严重破坏等离子弧燃烧的稳定性，破坏切割的正常进行，甚至将喷嘴烧损。因此，无论是等离子弧切割或是焊接，都应采取相应措施，防止双弧的产生。防止产生双弧的措施见等离子弧焊接部分。

(2) 不同材料切割工艺参数的选择。表 2—64、表 2—65 和表 2—66 分别介绍了不锈钢、铝及其铝合金和其他金属材料的切割工艺参数，供参考。

表 2—64　　　　　　　　不锈钢等离子弧切割工艺参数

工件厚度 (mm)	喷嘴孔径 (mm)	工作电流 (A)	工作电压 (V)	氮气流量 (L/h)	切割速度 (m/h)	割缝宽度 (mm)
12	2.8	200～210	120～130	2 300～2 400	130～157	4.2～5
20	2.8	230～240	120～130	2 600～2 700	70～80	4.5～5.5
30	3.0	260～280	125～135	2 500～2 700	35～40	5.5～6.5
40	3.2	320～340	140～145	2 500～2 700	28～35	6.5～8
45	3.2	320～340	145	2 400～2 500	20～25	6.5～8
100	4.5	380	150	3 000 (H_2：Ar＝35：65)	4.5	—

表 2—65　　　　　　　　铝及铝合金等离子弧切割工艺参数

工件厚度 (mm)	电焊机串联台数（台）	喷嘴孔径 (mm)	工作电流 (A)	工作电压 (V)	空载电压 (V)	氮气流量 (L/h)	切割速度 (m/h)
12	3	2.8	250	125	215	4 400	＞84
21	3	3.0	300	130	230	4 400	75～80
25	3	3.0	300	130	230	4 400	70
34	3	3.2	350	140	240	4 400	35
80	3	3.5	350	150	245	4 400	10

表 2—66　　　　　　　其他金属材料等离子弧切割工艺参数

材料	工件厚度 (mm)	喷嘴孔径 (mm)	工作电流 (A)	工作电压 (V)	氮气流量 (L/h)	切割速度 (m/h)
紫铜	18	3.5	330	96	1 570	30
紫铜	38	3.5	364	106	1 570	11.3
铬钼钢	85	3.5	300	110	1 050	5
钼板	5	2.4	190	85	2 200	75
钨板	3	2.4	160	80	1 760	30
铸铁	130	4.5	355	160	2 300 (H_2：Ar＝15：85)	3.6

4. 等离子弧切割操作技术

（1）等离子弧切割操作步骤

1）将工件放在工作台上，加固。保证接地线与工件的良好接触。

2）根据工件的材质、厚度调整切割电流、工作电压，检查冷却水系统是否畅通。割枪不可有任何渗漏。

3）检查控制系统，接通控制电源，检查高频振荡器的工作情况，调整喷嘴与电极的同心度。

4) 调节气体的压力和流量，保证气路畅通。

5) 启动引弧按钮，产生小电弧，使之与工件接触。

6) 启动切割按钮，产生大电弧，待工件形成切口后移动割枪进入正常切割。

7) 切割结束后，按停止按钮，切断电源。

(2) 大厚度工件切割技术。目前，等离子弧可以切割厚度为 100～200 mm 的不锈钢。为保证大厚度工件切口质量，操作中应注意的技术问题如下：

1) 随切割工件厚度的增加，适当提高功率。切割 80 mm 以上板材，功率在 50～100 kW。为减少喷嘴和电极的烧损，同等功率条件下，以提高等离子弧的工作电压为宜。

2) 随切割工件厚度的增加，等离子弧的阳极斑点在切口上跳动的范围加大。它一方面增加了电弧的平均电压，另一方面使电弧不稳定。所以要求使用具有较高空载电压的电源。

3) 由于切割功率较大，在由小电弧转为切割弧过程中，因电流的突然增大，往往会产生电弧中断或是喷嘴烧坏的现象。通常采用的是电流递增转弧或分级转弧的办法。

4) 随切割功率的增大，适当增大喷嘴直径和电极直径。

5) 应有较大吹力，适时调节气体流量及改换气体成分，使等离子弧白亮部分拉长且挺直有力。

6) 切割开始时，由于工件温度较低，要有一个预热过程。切割结束时，要等工件完全切透后才能断弧。这就要求切割开始与切割结束，割枪要有适当停留时间。使用小电流预热，预热时间取决于金属的材质和厚度。

7) 大厚度工件切割工艺参数见表 2—67。

表 2—67　　　　　　　　大厚度工件切割工艺参数

材料	厚度(mm)	工作电流(A)	工作电压(V)	空载电压(V)	功率(kW)	切割速度(m/h)	气体流量				喷嘴直径(mm)
							氮(L/h)	氢(L/h)	氮(%)	氢(%)	
铸铁	100	400	160	240	64	13.2	3 170	960	77	23	5
	140	500	180	320	90	8.56	3 170	960	77	23	5.5
不锈钢	110	500	165	320	82.5	12.5	3 170	960	77	23	5.5
	150	500	190	320	91	6.5	3 170	960	77	23	5.5

(3) 等离子弧切割注意事项。手工等离子弧切割时应注意的事项：

1) 切割前，应对工件表面的起切点进行清理。除去油、锈，使其具有良好的导电能力。起切点应从工件边缘开始，待工件边缘切透后再移动割枪。若不允许从工件的边缘起切，则应在起切点钻出直径为 8～15 mm 的小孔作为起切点。

2) 切割速度适当可获得满意的切口质量。速度过快或过慢都会对切口质量造成影响。速度过快易造成切不透，即使勉强切透，也会因为后拖量太大造成铁水翻浆而堵塞、损坏喷嘴。速度过慢势必消耗能源，还会因为工件已经切割，阳极斑点向前移动，这时又因切割速度太慢，使切割过程不能连续进行，电弧被拉得过长而熄灭，切割过程被迫中断。

3) 喷嘴至工件的距离应保持恒定。切割中，距离的波动会使切口忽宽忽窄，如同切割速度掌握不匀一样，使切口表面不平整。

4) 割枪角度的控制。等离子弧切割时，理论上应把割枪置于与工件表面垂直状态。但在实际操作中，因所使用的割枪功率较大，而又是切割直线，为提高切割效率和切割质量，可将割枪在切口所在平面内向切割的反方向倾斜 0°～30°。切割薄板时，倾角还可再大些。

(4) 等离子弧切割安全操作规程

1) 等离子弧切割时，由于等离子弧的紫外线辐射强度要比一般电弧强烈得多，对人的眼睛及皮肤都会造成伤害，所以要加强对眼睛及裸露皮肤的保护。避免或降低伤害程度。

2) 等离子弧切割时，会产生大量的金属蒸气和有害气体。当这些蒸气和气体吸入人体后会产生不良反应，甚至会引发一些疾病。因此，在等离子弧切割场地，必须设置排烟除尘设施或水工作台。

3) 等离子弧切割工作电压较高，电源空载电压更高。操作时，要特别注意安全用电。电源必须接地，割炬绝缘要可靠。最好将工作台与地面绝缘。特别是使用水工作台时，由于操作场地潮湿，更易发生触电事故，须加倍注意防护。

4) 选用电极时应注意：钍钨极具有微量的放射性，大量或长期使用，对操作者的身体健康不利。选用铈钨极更加安全。

5) 等离子弧割炬应保持电极与喷嘴同心，保证供气、供水系统密封不漏。保证工作气体和保护气体供给充足，并设有气体流量调节装置。

6) 有条件时，尽量采用机械化或自动化操作。以防止弧光、噪声、金属粉尘及有害气体对操作者近距离的伤害。

单元测试题

一、单项选择题（下列每题的选项中只有一个是正确的，请将其代号填在横线空白处）

1. 氧在焊缝金属中的存在形式主要是_____夹杂物。
   A. FeO B. SiO_2 C. MnO D. CaO
2. 低碳钢的过热组织为粗大的_____。
   A. 铁素体 B. 珠光体 C. 奥氏体 D. 魏氏组织
3. 焊缝和热影响区性能最好的焊接方法是_____。
   A. 气焊 B. 焊条电弧焊 C. 埋弧自动焊 D. 手工钨极氩弧焊
4. 焊缝和热影响区性能最坏的焊接方法是_____。
   A. 气焊 B. 焊条电弧焊 C. 埋弧自动焊 D. 手工钨极氩弧焊
5. 碳钢和低合金高强度钢其碳当量为_____时，焊接性能优良。
   A. 小于0.40% B. 小于0.50% C. 小于0.60% D. 小于0.70%
6. 焊件因焊后两端翘起的变形称为_____。

A. 弯曲变形　　B. 角变形　　C. 扭曲变形　　D. 收缩变形
7. 16Mn 钢属于_____。
　　A. Q295　　B. Q345　　C. Q390　　D. Q420
8. 16Mn 钢焊接时，应选用_____焊条。
　　A. E4315　　B. E5015　　C. E5515-G　　D. E6015-D1
9. 15MnV 钢属于_____。
　　A. Q295　　B. Q345　　C. Q390　　D. Q420
10. 低碳钢不能用来制造工作温度高于_____℃的容器和设备。
　　A. 300　　B. 400　　C. 500　　D. 600
11. 珠光体耐热钢在_____℃时仍保持有较高的强度。
　　A. 300~400　　B. 400~500　　C. 500~600　　D. 600~700
12. 珠光体耐热钢焊条电弧焊时，应根据母材的_____选择焊条。
　　A. 力学性能　　B. 高温强度　　C. 高温抗氧化性能　　D. 化学成分
13. 9Ni 钢最低使用温度为_____℃。
　　A. -40　　B. -100　　C. -196　　D. -253
14. 不锈钢中铬的质量分数均大于_____。
　　A. 9%　　B. 12%　　C. 15%　　D. 18%
15. 2Cr13 是_____型不锈钢。
　　A. 马氏体　　B. 铁素体　　C. 奥氏体　　D. 奥氏体+铁素体
16. 1Cr17 是_____型不锈钢。
　　A. 马氏体　　B. 铁素体　　C. 奥氏体　　D. 奥氏体+铁素体
17. 1Cr18Ni9Ti 是_____型不锈钢。
　　A. 马氏体　　B. 铁素体　　C. 奥氏体　　D. 奥氏体+铁素体
18. 加热温度_____℃是奥氏体不锈钢晶间腐蚀的危险温度区或叫敏化温度区。
　　A. 150~450　　B. 450~850　　C. 850~950　　D. 950~1 050
19. 焊接 0Cr18Ni9 的焊条应选用_____。
　　A. A002　　B. A102　　C. A132　　D. A407
20. 硫会使焊缝形成_____，所以必须脱硫。
　　A. 冷裂纹　　B. 热裂纹　　C. 气孔　　D. 夹渣
21. 为了保证低合金钢焊缝与母材有相同的耐热、耐腐蚀等性能，应选用_____相同的焊条。
　　A. 抗拉强度　　B. 屈服强度　　C. 成分　　D. 塑性
22. HJ431 埋弧焊焊剂是_____型的焊剂。
　　A. 低锰低硅低氟　　B. 中锰低硅低氟
　　C. 中锰中硅中氟　　D. 高锰高硅低氟
23. 在焊剂型号中，汉语拼音字母为_____表示焊剂。
　　A. "E"　　B. "F"　　C. "SJ"　　D. "HJ"
24. 在焊剂牌号中，汉语拼音字母为_____表示熔炼焊剂。

A. "E"   B. "F"   C. "SJ"   D. "HJ"

25. 在焊剂牌号中,汉语拼音字母为_____表示烧结焊剂。
   A. "E"   B. "F"   C. "SJ"   D. "HJ"

26. _____气体作为焊接的保护气体时,电弧燃烧稳定,适合手工焊接。
   A. 氩气   B. CO_2 C. CO_2+氧气   D. 氩气+CO_2

27. 钨极氩弧焊电源的外特性曲线是_____的。
   A. 陡降   B. 水平   C. 缓降   D. 上升

28. WS—250型焊机是_____焊机。
   A. 交流钨极氩弧   B. 直流钨极氩弧
   C. 交直流钨极氩弧   D. 熔化极氩弧

29. WSJ—300型焊机是_____焊机。
   A. 交流钨极氩弧   B. 直流钨极氩弧
   C. 交直流钨极氩弧   D. 熔化极氩弧

30. CO_2气体保护焊的送丝机中,适用于ϕ0.8 mm细丝的是_____。
   A. 推丝式   B. 拉丝式   C. 推拉丝式   D. 拉推丝式

31. 不锈钢钨极氩弧焊时应采用_____。
   A. 直流正接   B. 直流反接   C. 交流电源

32. CO_2焊接时焊丝伸出长度通常取决于_____。
   A. 焊丝直径   B. 焊接电流   C. 电弧电压   D. 焊接速度

33. 闪光对焊时焊件(棒材或厚壁管材)的伸出长度一般为直径的_____倍。
   A. 0.5   B. 0.7~1   C. 1.5   D. 2

34. 中厚板以上的金属材料用等离子弧切割时,均采用_____等离子弧。
   A. 直接型   B. 转移型   C. 非转移型   D. 联合型

35. 等离子弧切割时,工作气体应用最多的是_____。
   A. 氩气   B. 氦气   C. 氮气   D. 氢气

二、判断题 (下列判断正确的打"√",错误的打"×")

1. 埋弧焊时依靠任何一种焊剂都能向焊缝大量添加合金元素。 (　　)
2. 氩气比空气轻,使用时易漂浮散失,因此,焊接时必须加大氩气流量。 (　　)
3. 采用CO_2气体保护焊时,要解决好对熔池金属的氧化问题,一般采用含有脱氧剂的焊丝进行焊接。 (　　)
4. 定位焊所使用的焊条可以和正式焊接使用的焊条不一致,工艺条件也可降低。 (　　)
5. 对接板件组装时,应预留一定的反变形。 (　　)
6. 焊接铬镍奥氏体不锈钢时,为提高耐腐蚀性,焊前应进行预热。 (　　)
7. 焊接常用的16Mn钢板材,当厚度大于30 mm时,预热温度为100~150℃。 (　　)
8. 埋弧焊机按焊丝的数目分类,可分为单丝和多丝埋弧焊机。 (　　)
9. 埋弧焊必须采用陡降外特性曲线的电源。 (　　)

10. 常用的 MZ1000 型埋弧焊机送丝方式为等速送丝式。（　　）

11. 钨极氩弧焊比较好的引弧方法有高频振荡器引弧和高压脉冲引弧。（　　）

12. 埋弧焊只适用于平焊和平角焊。（　　）

13. 电弧电压是决定焊缝厚度的主要因素。（　　）

14. 焊接电流是影响焊缝宽度的主要因素。（　　）

15. 氩气不与金属起化学反应，高温时不溶于液态金属中。（　　）

16. 由于细丝 CO_2 焊的工艺比较成熟，因此，应用比粗丝 CO_2 焊广泛。（　　）

17. 细丝 CO_2 焊时，熔滴过渡形式一般都是喷射过渡。（　　）

18. 粗丝 CO_2 焊时，熔滴过渡形式一般都是短路过渡。（　　）

19. 电阻焊焊件与电极之间的接触电阻对电阻焊过程是有利的。（　　）

20. 点焊焊点间距要满足结构强度要求所规定的数值。（　　）

21. 闪光对焊过程主要由闪光（加热）和随后的顶锻两个阶段组成。（　　）

22. 等离子弧切割时，用增加等离子弧工作电压来增加功率，往往比增加电流有更好的效果。（　　）

23. 等离子弧切割时，气体流量过大反而会使切割能力减弱。（　　）

24. 等离子弧切割时，钨极内缩量极大地影响着电弧压缩效果及电极的烧损。（　　）

25. 等离子弧切割时，会产生大量的金属蒸气及有害气体。（　　）

26. 穿透型等离子弧焊接时，离子气流量主要影响电弧的穿透能力，焊接电流和焊接速度主要影响焊缝的成形。（　　）

27. 珠光体耐热钢焊接时热影响区有较大的淬硬倾向，焊后常会出现脆硬的马氏体组织。（　　）

28. 不锈钢产生晶间腐蚀的原因是晶粒边界形成铬的质量分数降至 12% 以下的贫铬区。（　　）

三、技能题

第一题　20 钢大径管水平固定手工钨极氩弧焊打底、焊条电弧焊盖面

1. 准备工作

（1）材料准备：20 钢管，规格为 $\phi 133\ mm \times 10\ mm \times 100\ mm$，两根。焊丝，H08Mn2SiA 或 TIG－J50，$\phi 2.5\ mm$。钨极 WCe，$\phi 2.5\ mm$。氩气、E4303/E5015 焊条等。

（2）焊接设备：高频氩弧焊机或钨极氩弧焊机或直流焊机。

（3）工具准备：氩弧焊枪、电焊钳、套头面罩、电焊手套、钢丝刷、锉刀、台式砂轮机或角向磨光机、焊缝测量尺等。

（4）劳保用品：按照焊工专业要求着白帆布工作服、绝缘胶鞋等。

2. 操作要求

（1）氩＋电联焊。即氩弧焊打底，焊条电弧焊盖面。单面焊双面成形。

（2）焊件坡口形式为 V 形，坡口角度单侧为 $32°\pm 2°$。

(3) 焊接位置为水平固定。

(4) 钝边与对口间隙自定。

(5) 试件做清洁。焊前，将试件距坡口 10~20 mm 内、外两侧清除油、锈。在坡口内按"三点对称法"点固其中的两点，焊点长度≤20 mm。点焊焊缝不应置于管道横截面上相当于时钟6点的位置。

(6) 将试件固定在操作架上，一经施焊不得任意更换和改变焊接位置。

(7) 按照正确的焊接工艺参数施焊。焊后，焊缝表面应保持原始状态。

(8) 焊接完毕，关闭电焊机和气瓶，工具摆放整齐，场地清理干净。

3. 考核时限

准备时间为 20 min；正式焊接时间为 60 min。在规定的时间内每超过 5 min 扣总分 1 分，不足 5 min 按 5 min 计算。超过规定时间 15 min 的不得分。

4. 评分标准

序号	评分要素	配分	评分标准
1	焊前准备	10	1. 试件清理不干净，点固定位不正确，扣5分 2. 工艺参数调整不正确，扣5分
2	焊缝外观质量	40	1. 焊缝余高>3 mm，扣6分 2. 焊缝余高差>2 mm，扣6分 3. 焊缝宽度差>3 mm，扣6分 4. 背面余高>3 mm，扣4分 5. 焊缝直线度>2 mm，扣4分 6. 咬边深度≤0.5 mm，累计长度每 5 mm 扣1分；咬边深度>0.5 mm 或累计长度>40 mm，扣8分 7. 背面凹坑深度≤2 mm、长度≤80 mm，每 20 mm 扣3分 特别提示：焊缝原始表面被破坏，发现有加工、补焊、返修等现象或有裂纹、气孔、夹渣、未焊透、未熔合等表面缺欠存在，本试件判为0分
3	焊缝内部质量	40	射线探伤按 JB 4730 评定 1. 焊缝质量达到Ⅰ级，不扣分 2. 焊缝质量达到Ⅱ级，扣10分 3. 焊缝质量达到Ⅲ级，本试件判为0分
4	安全文明生产	10	1. 劳保用品穿戴不全，扣2分 2. 考试过程中有违反安全操作规程或考场纪律的，视情节扣2~5分 3. 考试结束未关闭焊机、气瓶，场地清理不干净，工具码放不整齐，扣3分

第二题 CO_2 半自动气体保护焊钢板对接平焊

1. 准备工作

(1) 材料准备：Q235 钢板，厚度为 12 mm，规格为 300 mm×100 mm，两块。焊丝为 H08Mn2SiA，ϕ1.2 mm。CO_2 气体。

(2) 设备准备：CO_2 气体保护焊机。

(3) 工具准备：焊枪、套头面罩、电焊手套、钢丝刷、锉刀、台式砂轮机或角向磨光机、焊缝测量尺等。

(4) 劳保用品：按照焊工专业要求着白帆布工作服、绝缘胶鞋等。

2. 操作要求

(1) CO_2 半自动气体保护焊，单面焊双面成形。

(2) 试件坡口形式为 V 形，单侧坡口角度为 32°±2°。

(3) 焊接位置为平焊。

(4) 钝边与对口间隙自定。

(5) 试件两端不得安装引弧板。

(6) 试件做清洁。焊前，将试件距坡口 10~20 mm 正、反两面清除油、锈。在坡口内两端点固，焊点长度≤20 mm，点固时允许做反变形。

(7) 将试件固定在操作架上，一经施焊不得任意更换和改变焊接位置。

(8) 按照正确的焊接工艺参数施焊。焊后，焊缝表面应保持原始状态。

(9) 焊接完毕，关闭电焊机和气瓶，工具摆放整齐，场地清理干净。

3. 考核时限

准备时间为 30 min；正式焊接时间为 40 min。在规定的时间内每超过 5 min 扣总分 1 分，不足 5 min 按 5 min 计算。超过规定时间 15 min 的不得分。

4. 评分标准

序号	评分要素	配分	评分标准
1	焊前准备	10	1. 试件清理不干净，点固定位不正确，扣 5 分 2. 工艺参数调整不正确，扣 5 分
2	焊缝外观质量	40	1. 焊缝余高>3 mm，扣 4 分 2. 焊缝余高差>2 mm，扣 4 分 3. 焊缝宽度差>3 mm，扣 4 分 4. 背面余高>3mm，扣 4 分 5. 焊缝直线度>2 mm，扣 4 分 6. 角变形>3°，扣 4 分 7. 错边>1.2 mm，扣 4 分 8. 背面凹坑深度>2 mm 或长度>26 mm，扣 4 分 9. 咬边深度≤0.5 mm，累计长度每 5 mm 扣 1 分；咬边深度>0.5 mm 或累计长度>26 mm，扣 8 分 特别提示：焊缝原始表面被破坏，发现有加工、补焊、返修等现象或有裂纹、气孔、夹渣、未焊透、未熔合等表面缺欠存在，本试件判为 0 分

续表

序号	评分要素	配分	评分标准
3	焊缝内部质量	40	射线探伤按 JB 4730 评定 1. 焊缝质量达到Ⅰ级,不扣分 2. 焊缝质量达到Ⅱ级,扣 10 分 3. 焊缝质量达到Ⅲ级,本试件判为 0 分
4	安全文明生产	10	1. 劳保用品穿戴不全,扣 2 分 2. 考试过程中有违反安全操作规程或考场纪律的,视情节扣 2~5 分 3. 考试结束未关闭焊机、气瓶,场地清理不干净,工具码放不整齐,扣 3 分

第三题　钢板对接立焊

1. 准备工作

(1) 材料准备:16Mn 或 Q235 钢板,规格为 300 mm×100 mm×12 mm,两块。焊条为 E4303 或 E5015,直径 ϕ3.2 mm、ϕ4.0 mm 任选。

(2) 设备准备:直流焊机。

(3) 工具准备:焊钳、面罩、电焊手套、钢丝刷、锉刀、台式砂轮机或角向磨光机、焊缝测量尺等。

(4) 劳保用品:按照焊工专业要求着白帆布工作服、绝缘胶鞋等。

2. 操作要求

(1) 焊条电弧焊,单面焊双面成形。

(2) 焊件坡口形式为 V 形,坡口角度单侧为 32°±2°。

(3) 焊接位置为立焊。

(4) 钝边与对口间隙自定。

(5) 试件两端不得安装引弧板。

(6) 试件做清洁。焊前,将试件距坡口 10~20 mm 反、正两面清除油、锈。在坡口内两端点固,焊点长度≤20 mm。点固时允许做反变形。

(7) 将试件固定在操作架上,一经施焊不得任意更换和改变焊接位置。

(8) 按照正确的焊接工艺参数施焊。焊后,焊缝表面应保持原始状态。

(9) 焊接完毕,关闭电焊机,工具摆放整齐,场地清理干净。

3. 考核时限

准备时间为 30 min;正式焊接时间为 60 min。在规定的时间内每超过 5 min 扣总分 1 分,不足 5 min 按 5 min 计算。超过规定时间 15 min 的不得分。

4. 评分标准

序号	评分要素	配分	评分标准
1	焊前准备	10	1. 试件清理不干净,点固定位不正确,扣 5 分 2. 工艺参数调整不正确,扣 5 分

续表

序号	评分要素	配分	评分标准
2	焊缝外观质量	40	1. 焊缝余高>4 mm，扣4分 2. 焊缝余高差>3 mm，扣4分 3. 焊缝宽度差>3 mm，扣4分 4. 背面余高>3 mm，扣4分 5. 焊缝直线度>2 mm，扣4分 6. 角变形>3°，扣4分 7. 错边>1.2 mm，扣4分 8. 背面凹坑深度>2 mm或长度>26 mm，扣4分 9. 咬边深度≤0.5 mm，累计长度每5 mm扣1分；咬边深度>0.5 mm或累计长度>26 mm，扣8分 特别提示：焊缝原始表面被破坏，发现有加工、补焊、返修等现象或有裂纹、气孔、夹渣、未焊透、未熔合等表面缺欠存在，本试件判为0分
3	焊缝内部质量	40	射线探伤按JB 4730评定 1. 焊缝质量达到Ⅰ级，不扣分 2. 焊缝质量达到Ⅱ级，扣10分 3. 焊缝质量达到Ⅲ级，本试件判为0分
4	安全文明生产	10	1. 劳保用品穿戴不全，扣2分 2. 考试过程中有违反安全操作规程或考场纪律的，视情节扣2~5分 3. 考试结束未关闭焊机，场地清理不干净，工具码放不整齐，扣3分

第四题 管板（插入式）焊接

1. 准备工作

（1）材料准备：20钢管，规格为 $\phi60\ mm×5\ mm×100\ mm$，一根。16Mn钢板，规格为 $100\ mm×100\ mm×12\ mm$，一块（板正中开 $\phi62\ mm$ 的孔，并做V形坡口，角度为30°）。焊条为E4303或E5015，直径 $\phi3.2\ mm$、$\phi4.0\ mm$ 任选。

（2）设备准备：直流焊机。

（3）工具准备：焊钳、面罩、电焊手套、钢丝刷、锉刀、台式砂轮机或角向磨光机、焊缝测量尺等。

（4）劳保用品：按照焊工专业要求着白帆布工作服、绝缘胶鞋等。

2. 操作要求

（1）焊条电弧焊。单面焊，要求根部焊透。

（2）焊接位置为垂直固定和水平固定。

（3）焊件形式为插入式。

（4）试件做清洁。焊前，将试件待焊区（钢管）：10~20 mm内、外两侧；（钢板）：10~20 mm正、反两面清除油、锈。在坡口内按"三点对称法"点固其中的两点，焊点长度≤20 mm。点焊焊缝不应置于时钟6点的位置（水平固定）。

（5）将试件固定在操作架上，一经施焊不得任意更换和改变焊接位置。

（6）按照正确的焊接工艺参数施焊。焊后，焊缝表面应保持原始状态。

（7）焊接完毕，关闭电焊机，工具摆放整齐，场地清理干净。

3. 考核时限

准备时间为 20 min；正式焊接时间为 40 min。在规定的时间内每超过 5 min 扣总分 1 分，不足 5 min 按 5 min 计算。超过规定时间 15 min 的不得分。

4. 评分标准

序号	评分要素	配分	评分标准
1	焊前准备	10	1. 试件清理不干净，点固定位不正确，扣 5 分 2. 工艺参数调整不正确，扣 5 分
2	焊缝外观质量	40	1. 焊角高度＜7 mm 或焊角高度＞9 mm，扣 7 分 2. 焊角高度差＞2 mm，扣 7 分 3. 凹度或凸度＞1.5 mm，扣 7 分 4. 焊缝直线度＞2 mm，扣 7 分 5. 咬边深度≤0.5 mm，累计长度每 5 mm 扣 2 分；咬边深度＞0.5 mm 或累计长度＞18 mm，扣 12 分 特别提示：焊缝原始表面被破坏，发现有加工、补焊、返修等现象或有裂纹、气孔、夹渣、未焊透、未熔合等表面缺欠存在，本试件判为 0 分
3	焊缝内部质量	40	垂直于焊缝长度方向上截取金相试样，共 3 个面，采用目视或 5 倍放大镜进行宏观检验。每个试样检查面经宏观检验： 1. 当只有≤0.5 mm 的气孔或夹渣且数量不多于 3 个，每一个扣 1 分 2. 当出现＞0.5 mm，≤1.5 mm 的气孔或夹渣且数量不多于 1 个，扣 2 分 注意：任何一个试样检查面经宏观检验有裂纹或未熔合存在，或出现超过上述标准的气孔或夹渣，或接头根部熔深＜0.5 mm，本试件判为 0 分
4	安全文明生产	10	1. 劳保用品穿戴不全，扣 2 分 2. 考试过程中有违反安全操作规程或考场纪律的，视情节扣 2～5 分 3. 考试结束未关闭焊机，场地清理不干净，工具码放不整齐，扣 3 分

第五题　自动埋弧焊

1. 准备工作

（1）材料准备：Q235 钢板，规格为 350 mm×150 mm×12 mm，两块。引弧板及引出板 4 块，规格为 100 mm×100 mm×12 mm。焊丝为 H08A，ϕ5.0 mm。焊剂为 HJ431。定位焊条为 E4303，ϕ4.0 mm。

（2）设备准备：自动埋弧焊机。

（3）工具准备：台虎钳一台、克丝钳一把、焊剂烘干箱、焊接工作台。

（4）劳保用品：按照焊工专业要求着白帆布工作服、绝缘胶鞋等。

2. 操作要求

（1）焊接准备

1）点焊用板规格正确，清理干净。引弧板定位正确。

2）焊机状态良好，母线连接良好。

3）正确设定焊机参数。包括焊接电流、电压、小车行走速度等。

4）焊丝盘固定，焊丝压板紧力和给入设定正确。

5）机头倾角正确。

6）焊剂牌号正确，烘干良好装入焊剂盒。

(2) 试件准备

1) 试件做清洁。将坡口和距坡口 20 mm 内清理干净,直至露出金属光泽。

2) 用焊条电弧焊将引弧板和引出板焊在试件两端,装配间隙及反变形角度自定。

(3) 焊接

1) 用双面焊焊接。

2) 打开焊剂盒,焊剂流出及流量正常。

3) 检查焊接参数正确后,按焊接按钮开始焊接。

3. 考核时限

准备时间为 15 min;正式焊接时间为 20 min。在规定的时间内每超过 2 min 扣总分 1 分,不足 2 min 按 2 min 计算。超过规定时间 10 min 的不得分。

4. 评分标准

序号	评分要素	配分	评分标准
1	焊前准备	10	1. 试件、焊丝清理不干净,引弧板定位不正确,扣 2 分 2. 焊接参数调整不正确,扣 3 分 3. 送丝系统设置不正确,扣 3 分 4. 焊剂填装不正确,扣 2 分
2	焊缝外观质量	40	1. 焊缝余高>3 mm,扣 3 分 2. 焊缝余高差>2 mm,扣 3 分 3. 焊缝宽度差>3 mm,扣 3 分 4. 焊缝直线度>2 mm,扣 3 分 5. 咬边深度≤0.5 mm,累计长度每 5 mm 扣 1 分;咬边深度>0.5 mm 或累计长度>31 mm,扣 4 分 6. 角变形>3°,扣 4 分 7. 错边>1.2 mm,扣 4 分 特别提示:①焊缝原始表面被破坏,发现有加工、补焊、返修等现象或有裂纹、气孔、夹渣、未焊透、未熔合等表面缺欠存在,本试件判为 0 分 ②焊缝正、反两面均按 1~7 项评分
3	焊缝内部质量	40	射线探伤按 JB 4730 评定 1. 焊缝质量达到Ⅰ级,不扣分 2. 焊缝质量达到Ⅱ级,扣 10 分 3. 焊缝质量达到Ⅲ级,本试件判为 0 分
4	安全文明生产	10	1. 劳保用品穿戴不全,扣 2 分 2. 考试过程中有违反安全操作规程或考场纪律的,视情节扣 2~5 分 3. 考试结束未关闭焊机,场地清理不干净,工具码放不整齐,扣 3 分

第六题 等离子弧焊接

1. 准备工作

(1) 材料准备:20 钢板,厚度为 5 mm、10 mm 各一块。1Cr18Ni9Ti,规格为 200 mm× 120 mm×5 mm,两块。

(2) 设备准备：等离子弧焊机，包括冷却水系统、氩气及流量计、焊枪等。
(3) 工具准备：台虎钳一台、克丝钳一把、工作台。
(4) 劳保用品：按照焊工专业要求着白帆布工作服、绝缘胶鞋等。

2. 操作要求

(1) 点焊用板规格正确，清理干净。焊丝规格正确，清理干净。
(2) 焊机状态良好，母线、焊枪连接良好，开关动作正确。气路、水路畅通。
(3) 正确设定焊机参数。氩气瓶放置、流量计安装及流量设定正确。
(4) 焊枪的钨极、喷嘴调整正确。
(5) 定位焊正确。
(6) 按焊接按钮开始起弧，待稳定燃烧后预热，正确焊接。

3. 考核时限

准备时间为 15 min；正式焊接时间为 40 min。在规定的时间内每超过 2 min 扣总分 1 分，不足 2 min 按 2 min 计算。超过规定时间 10 min 的不得分。

4. 评分标准

序号	评分要素	配分	评分标准
1	焊前准备	20	1. 试件、焊丝清理不干净，扣 5 分 2. 焊机及辅助设备连接不正确，扣 5 分 3. 工艺参数调整不正确，扣 5 分 4. 定位焊不正确，扣 5 分
2	焊缝外观质量	40	1. 焊缝余高>3 mm，扣 4 分 2. 焊缝余高差>2 mm，扣 4 分 3. 焊缝宽度差>3 mm，扣 4 分 4. 背面余高>3 mm，扣 4 分 5. 焊缝直线度>2 mm，扣 4 分 6. 角变形>3°，扣 6 分 7. 背面凹坑深度>0.5 mm 或长度>16 mm，扣 4 分 8. 咬边深度≤0.5 mm，累计长度每 5 mm 扣 1 分；咬边深度>0.5 mm 或累计长度>26 mm，扣 10 分 特别提示：焊缝原始表面被破坏，发现有加工、补焊、返修等现象或有裂纹、气孔、夹渣、未焊透、未熔合等表面缺欠存在，本试件判为 0 分
3	焊缝内部质量	30	射线探伤按 JB 4730 评定 1. 焊缝质量达到Ⅰ级，不扣分 2. 焊缝质量达到Ⅱ级，扣 10 分 3. 焊缝质量达到Ⅲ级，本试件判为 0 分
4	安全文明生产	10	1. 劳保用品穿戴不全，扣 2 分 2. 考试过程中有违反安全操作规程或考场纪律的，视情节扣 2~5 分 3. 考试结束未关闭焊机、气瓶，场地清理不干净，工具码放不整齐，扣 3 分

单元测试题答案

一、单项选择题

1. A 2. D 3. D 4. A 5. A 6. A 7. B 8. B 9. C 10. B 11. C 12. D 13. C 14. B 15. A 16. B 17. C 18. B 19. B 20. B 21. C 22. D 23. B 24. D 25. C 26. A 27. A 28. B 29. A 30. B 31. A 32. A 33. B 34. B 35. C

二、判断题

1. × 2. √ 3. √ 4. × 5. √ 6. × 7. √ 8. √ 9. × 10. × 11. √ 12. √ 13. × 14. × 15. √ 16. √ 17. × 18. × 19. × 20. × 21. √ 22. √ 23. √ 24. √ 25. √ 26. √ 27. √ 28. √

三、技能题

略。

单元 2

第3单元

焊接缺欠和检验

- 第一节　焊接缺欠/176
- 第二节　焊接检验/189

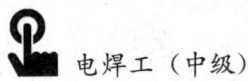

本单元主要介绍焊接缺欠的种类及危害性，焊接缺欠的产生原因及防止方法，焊接质量的检验方法和检验标准。

第一节　焊接缺欠

→ 了解各类焊接缺欠的分类方法及特征
→ 掌握常见焊接缺欠的产生原因及防止方法
→ 掌握常见焊接缺欠的返修方法

一、概述

1. 焊接缺欠与焊接缺陷的定义

焊接接头中因焊接产生的金属不连续、不致密或连接不良的现象，称为"焊接缺欠"。超过规定限值的缺欠，称为"焊接缺陷"。

焊接过程中，由于工艺因素、设备因素或操作手法不当，难免产生焊接缺欠。因此，必须了解焊接缺欠的分类、形态、分布及危害程度，分析其产生原因和防止方法。焊接缺欠的存在降低了焊接接头的使用性能，如果是在标准的允许范围之内，可以不进行返修处理。一旦产生不允许存在的缺欠，即定义为焊接缺陷，应该设法消除，严重的应该判废。焊接缺陷的存在，破坏了焊缝的完整性，引起应力集中，降低了接头的力学性能，严重的还将缩短焊接结构的使用寿命，甚至发生破断事故。

本节研究的焊接缺欠是指金属熔化焊焊接方法产生的缺欠，不涉及压力焊焊接方法和钎焊焊接方法产生的焊接缺欠。

2. 焊接缺欠的种类及特征

国家标准《金属熔化焊接头缺欠分类及说明》（GB/T 6417.1—2005），根据各种缺欠的性质和分布特征，将焊接缺欠分为6类，对各类缺欠细分成若干种。

第一类　裂纹；
第二类　孔穴；
第三类　固体夹杂；
第四类　未熔合与未焊透；
第五类　形状和尺寸不良；
第六类　其他缺欠。

（1）裂纹。裂纹是一种在固态下由局部断裂产生的缺欠，它可能源于冷却或应力效果。

1）微观裂纹。在显微镜下才能观察到的裂纹。

2）纵向裂纹。基本上与焊缝轴线平行的裂纹。可能位于焊缝金属中、熔合线上、热影响区中、母材金属中，如图3—1所示。

3）横向裂纹。基本上与焊缝轴线垂直的裂纹。可能位于焊缝金属中、热影响区中、母材金属中，如图3—2所示。

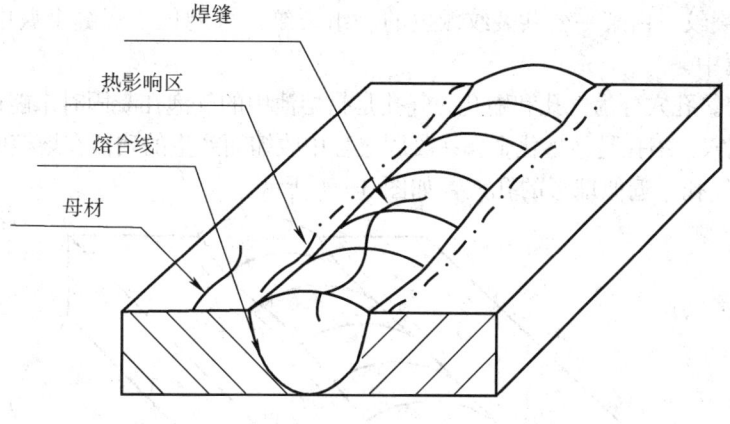

图 3—1　纵向裂纹

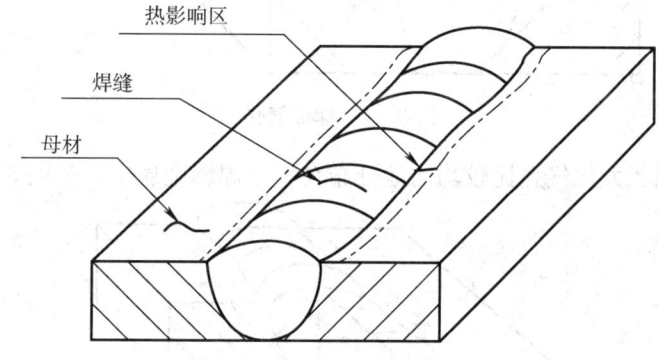

图 3—2　横向裂纹

4）放射状裂纹。具有某一公共点的放射性裂纹，也叫星形裂纹。可能位于焊缝金属中、热影响区中、母材金属中，如图 3—3 所示。

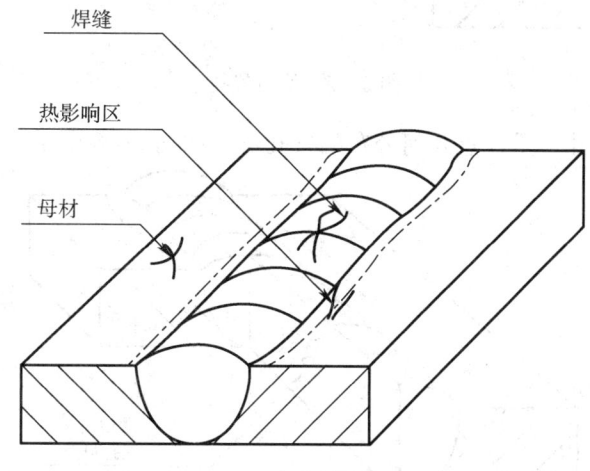

图 3—3　放射状裂纹

5）弧坑裂纹。在焊缝收弧弧坑处的裂纹，可能是纵向的、横向的、星形的。
6）间断裂纹群。一组间断的裂纹。可能位于焊缝金属中、热影响区中、母材金属中。

7)枝状裂纹。由某一公共裂纹派生的一组裂纹。可能位于焊缝金属中、热影响区中、母材金属中。

(2)孔穴。孔穴分为气孔和缩孔。气孔是指熔池中的气泡在凝固时未能逸出而残留下来所形成的孔穴,缩孔是指熔化金属在凝固过程中收缩而产生的残留在熔核中的孔穴。

1)球形气孔。近似球形的孔穴,如图3—4所示。

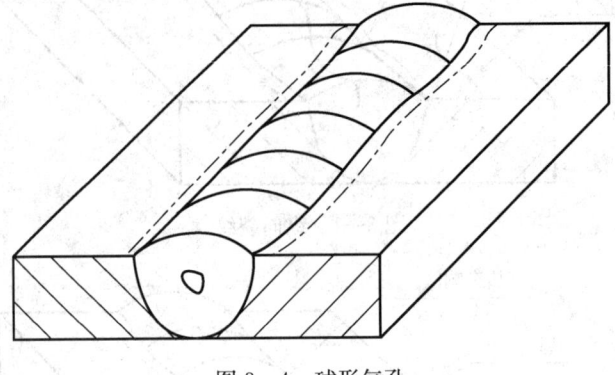

图3—4 球形气孔

2)均布气孔。大量气孔比较均匀地分布在整个焊缝金属中,如图3—5所示。

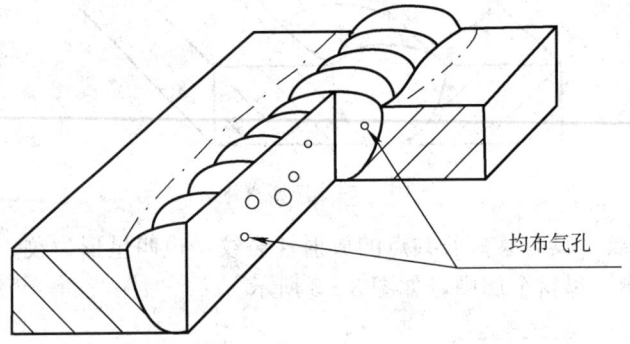

图3—5 均布气孔

3)局部密集气孔。呈任意几何分布的气孔群,如图3—6所示。

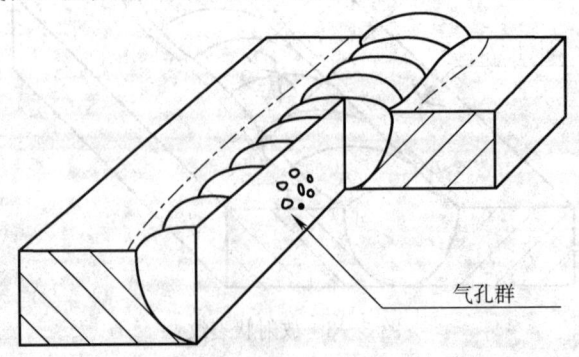

图3—6 局部密集气孔

4) 链状气孔。与焊缝轴线平行的成串气孔。
5) 条形气孔。长度方向与焊缝轴线近似平行的非球形的长气孔。
6) 虫状气孔。由于气孔在焊缝金属中上浮而引起的管状孔穴。
7) 表面气孔。暴露在焊缝表面的气孔，如图3—7所示。

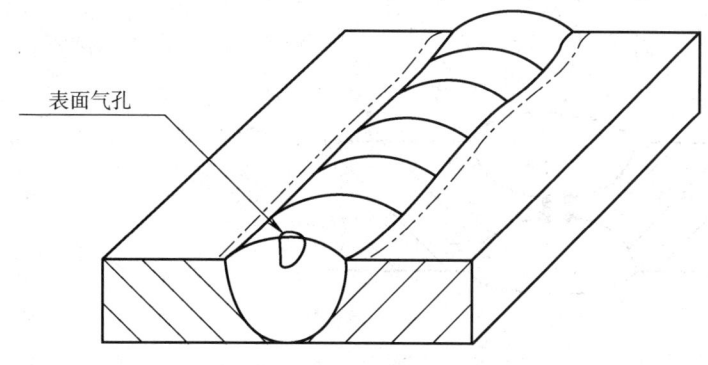

图3—7 表面气孔

8) 结晶缩孔。冷却过程中在焊缝中心形成的长形收缩孔穴，可能有残留气体，这种缺欠通常在垂直焊缝表面方向上出现。

9) 弧坑缩孔。指焊道末端的凹陷，且在后续焊道之前或在后续焊道焊接过程中未被消除。

（3）固体夹杂。固体夹杂是指在焊缝金属中残留的固体夹杂物。

1) 夹渣。残留在焊缝金属中的熔渣，根据其形成的情况，可以分为线性的、孤立的和成簇的。

2) 焊剂夹渣。残留在焊缝金属中的焊剂，根据其形成的情况，可以分为线性的、孤立的和成簇的。

3) 氧化物夹杂。凝固过程中在焊缝金属中残留的金属氧化物，可以分为线性的、孤立的和成簇的。

4) 皱褶。在某些情况下，特别是铝合金焊接时，由于对焊接熔池保护不良和熔池中紊流而产生的大量氧化膜。

5) 金属夹杂。残留在焊缝金属中的来自外部的金属颗粒。可能是钨、铜或其他金属。

（4）未熔合与未焊透

1) 未熔合。在焊缝金属和母材之间或焊道金属与焊道金属之间未结合的部分。未熔合分为3种形式：侧壁未熔合、焊道间未熔合和根部未熔合，如图3—8所示。

2) 未焊透。实际熔深与公称熔深之间的差异，如图3—9所示。

3) 根部未焊透。焊接时接头的根部一个或两个熔合面未熔化，如图3—10所示。

（5）形状和尺寸不良。形状和尺寸不良是指焊缝表面形状或尺寸与原设计几何形状有偏差。

1) 咬边。母材或前一道熔敷金属的焊趾处因焊接而产生的不规则缺口。

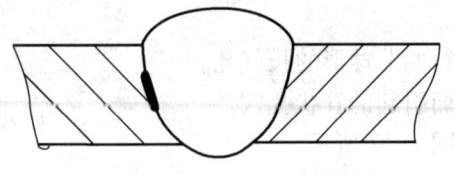
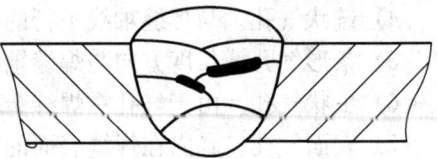

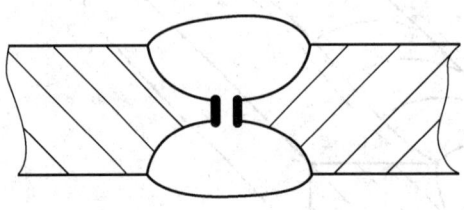

图 3—8 未熔合
a) 侧壁未熔合　b) 层间未熔合　c) 焊缝根部未熔合

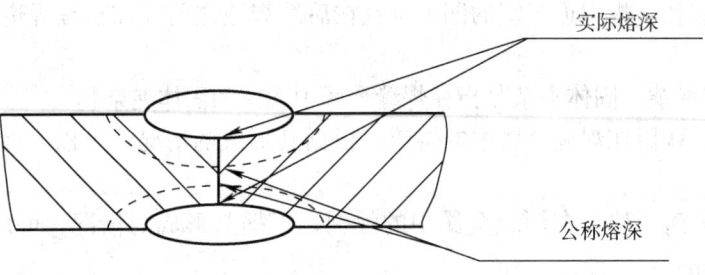

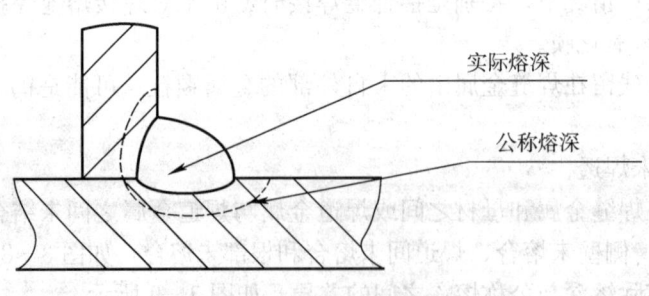

图 3—9 未焊透

2) 连续咬边。具有一定长度,且无间断的咬边。
3) 间断咬边。沿着焊缝间断、长度较短的咬边。
4) 缩沟。由于焊缝金属收缩,在焊道根部每一侧产生的浅的沟槽。
5) 焊道间咬边。焊道之间纵向的咬边,如图 3—11 所示。

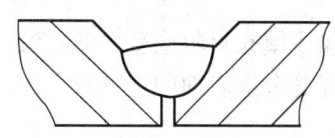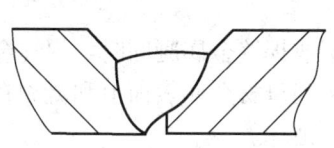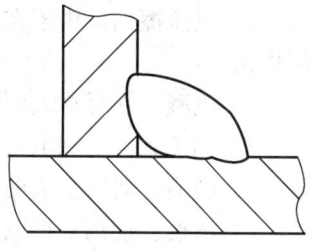

图 3—10 根部未焊透

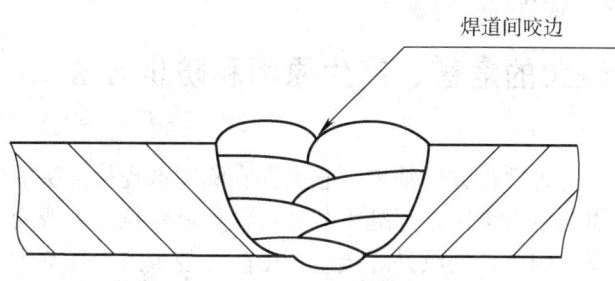

图 3—11 焊道间咬边

6）焊缝超高。对接焊缝表面上焊缝金属过高。

7）凸度过大。角焊缝表面上焊缝金属过高。

8）下塌。过多的焊缝金属伸出到了焊缝的根部。下塌可能是局部下塌、连续下塌、烧穿。

9）焊缝形状不良。母材金属表面与靠近焊趾处焊缝表面的切面之间的角度过小。

10）焊瘤。覆盖在母材金属表面，但未与其熔合的过多焊缝金属。焊瘤可能是焊趾焊瘤、根部焊瘤。

11）错边。两个焊件表面应平行时，未达到平行要求而产生的偏差。错边可能是板材错边、管材错边。

12）角度偏差。两个焊件未平行或未按规定角度对齐而产生的偏差。

13）下垂。由于重力作用造成的焊缝金属塌落。可能水平下垂；在平焊位置或过热位置下垂；角焊缝下垂；焊缝边缘熔化下垂。

14）烧穿。焊接熔池塌落导致焊缝内的孔洞。

15）未焊满。由于焊缝填充金属熔敷不充分，在焊缝表面产生纵向连续或断续的沟槽。

16）焊缝宽度不齐。焊缝宽度改变过大。

17）表面不规则。表面过分粗糙。

18）根部收缩。由于对接焊缝根部收缩造成的浅的沟槽。

19）根部气孔。在凝固瞬间，焊缝析出气体而在焊缝根部形成的多孔状孔穴。

20）焊接接头不良。焊缝再引弧处的局部表面不规则。

21）变形过大。由于焊接收缩和变形导致尺寸偏差超标。

（6）其他缺欠。指不包括在1～5类缺欠的其他缺欠。

1) 电弧擦伤。由于在焊缝坡口外部引弧或起弧而造成临近焊缝的母材表面上的局部损伤。

2) 飞溅。在母材表面焊接或焊缝金属凝固时，焊缝金属或填充材料崩溅出的颗粒。

3) 钨飞溅。从钨电极过渡到母材金属表面上和凝固在焊缝金属表面的钨颗粒。

4) 磨痕。研磨造成的局部破坏。

5) 凿痕。使用扁铲或工具铲凿金属而产生的局部损伤。

6) 打磨过量。由于打磨引起工件或焊缝的不允许的减薄。

7) 定位焊缺欠。定位焊中的缺欠。

二、常见焊接缺欠的危害、产生原因和防止方法

1. 裂纹

焊接裂纹是一种危害性很大的缺欠，它的存在除降低焊接接头的强度外，因裂纹端头的尖锐缺口，易引起应力集中，焊缝承载后，比如承受拉应力或交变载荷，裂纹将不断扩展以致整体断裂。因此，裂纹是焊接生产中防止的重点，在绝大多数产品的检验标准中，裂纹是一种不允许存在的缺欠，成为缺陷必须进行返修。

裂纹按其生成的原因，可分为热裂纹、再热裂纹、冷裂纹（延迟裂纹）。

(1) 热裂纹。热裂纹的存在部位，可以在焊缝，也可以在热影响区。可能是纵向裂纹，也可能是横向裂纹和弧坑裂纹。宏观可见到的热裂纹，其裂口均有比较明显的氧化色彩，一般为灰蓝色。微观上讲，热裂纹主要是沿晶粒边界分布，属于沿晶断裂的性质。

1) 热裂纹的产生原因。焊缝金属结晶时，先结晶的金属比较纯，后结晶的杂质比较多，并富集在晶粒的边界，而且这些杂质都具有较低的熔点。例如，一般碳钢和低合金钢的焊缝含硫量较高时，能形成硫化铁（FeS），而硫化铁与铁发生作用时能形成熔点只有988℃的低熔点共晶物。钢中的磷、硅等也具有形成低熔点共晶物的作用，不锈钢和耐热钢中的硫、磷、硼、锆等也具有形成低熔点共晶物的作用。

这些低熔点物质由于凝固的较晚而被排挤在晶界，形成一种所谓的"液态薄膜"，实际也是一种偏析现象，焊缝中的"液态薄膜"削弱了晶粒间的结合力，就成了薄弱地带。焊缝金属在结晶过程中，由于收缩而受到拉伸应力，这时晶粒间的空隙增大，随着凝固过程的进行，低熔点共晶物又不能完全填充空隙，就形成了裂纹。

因此，由低熔点物质引起的"液态薄膜"是产生热裂纹的根本原因，拉伸应力是产生热裂纹的必要条件。

这种裂纹产生的温度区间处在固相线附近的高温阶段，所以习惯上称为热裂纹。

2) 防止措施。热裂纹的产生原因与低熔点共晶物的分布和拉伸应力有关，因此，防止热裂纹主要从这两方面采取措施。

①限制易生成低熔点共晶物的有害杂质的含量，特别是尽量减少硫、磷、碳的含量。

②改善焊缝金属组织，细化晶粒，减少或分散偏析程度，降低低熔点共晶物的有害影响。

③选用碱性焊条，加强脱硫、磷能力，以减少焊缝中杂质的含量。

④控制焊缝形状，尽量形成成形系数较大的焊缝和采用多层多道焊法，避免偏析物聚集在焊缝中心部位。

⑤焊前预热，减小冷却速度，降低应力。

⑥焊接收尾处填满熔池，减少弧坑裂纹。

⑦选择合理的焊接顺序和焊接方向，减小焊接应力。

（2）再热裂纹。焊接后，焊件在一定的温度范围内再次加热（消除应力热处理或焊接接头反复加热等）产生的裂纹叫再热裂纹。

再热裂纹均发生于焊接热影响区的粗晶粒区，主要沿熔合线发展，裂纹不一定连续，止裂于细晶粒区，晶粒越粗大，越容易导致再热裂纹。再热裂纹属于晶间断裂性质。

再热裂纹具有敏感的温度区间，不同母材的敏感温度区间也不同。对于奥氏体不锈钢和一些高合金钢，敏感温度区间约在700～900℃；对于沉淀强化的低合金钢，敏感温度区间约在500～700℃。淬火加回火或淬火加析出强化的调质钢接头有明显的再热开裂倾向，而有碳化物析出强化的Cr－Mo或Cr－Mo－V耐热钢接头，具有更显著的再热开裂倾向。

再热裂纹的先决条件是再次加热过程前，焊接区存在较大的残余应力和应力集中的各种因素，如咬边、焊趾缺口等因素，应力集中因素越大，产生再热裂纹需要的临界应力越小。

1）再热裂纹的产生原因。目前有两种说法。

①晶内析出强化作用。合金元素含量较多，又能使晶内发生析出强化的金属材料，有明显的再热开裂倾向。例如，低合金耐热钢中的合金元素Cr、Mo、V、Ti、Nb等能形成碳化物或氮化物，焊接接头再次加热后，由于晶内析出强化，残余应力松弛形成的松弛应变或塑性变形将集中于相对弱化的晶界。当晶界的塑性应变能力不足以承受松弛应力过程所产生的应变时，就会产生再热裂纹。

②杂质偏聚弱化晶界。焊接接头在焊后热处理过程中，晶界上的杂质及析出物会强烈弱化晶界，使晶界滑动时丧失聚合力。例如，钢中S、P等易使钢脆化的元素，在500～600℃之间的再热处理过程中向晶界聚集，大大降低了晶界的塑性应变能力，削弱了晶界的结合力，在焊后热处理过程中，产生再热裂纹。

2）防止措施

①减小焊缝热影响区的过热倾向，细化奥氏体晶粒尺寸。

②选择合适的焊接材料，提高金属在消除应力处理温度时的塑性，以提高承受松弛应变的能力。

③提高预热温度，焊后采取缓冷方法，且焊缝外形应圆滑规整，以减小焊接残余应力和应力集中。

④采取正确的热处理规范和工艺，尽量不在热敏感区停留过长。

（3）冷裂纹。焊接接头冷却过程中，温度在200℃以下直至室温产生的裂纹，叫冷裂纹。由于常在焊后一段时间发生，有延迟现象，所以也叫延迟裂纹。根据其产生的部位主要有焊根裂纹、焊道下裂纹和焊趾裂纹三种。冷裂纹的断口具有发亮的金属光泽的脆性断裂特征,形状特征是无分枝的,多发生在高、中碳钢,低、中合金高强度钢等易淬火钢中的焊接热影响区,低碳钢和奥氏体钢中极为少见。

1) 冷裂纹的产生原因。焊缝在结晶过程中,氢含量过高不能完全逸出,聚集在熔合线附近的热影响区中,如母材的淬硬倾向大,在冷却速度又比较快的条件下,热影响区容易形成脆而硬的马氏体组织,加上焊接时存在的残余应力,这三个因素(氢、淬硬组织、应力)共同作用下,产生冷裂纹。

在不同的情况下,三个因素中必有一个是主要的,如低合金高强度钢,虽然有比较高的淬透性,但对氢的敏感性不大,当含氢量达到一定值时,才会产生裂纹,这时形成冷裂纹的主要原因是氢。中碳低合金钢,具有高的淬硬性,而淬硬组织有高的氢脆敏感性,则淬硬组织是形成冷裂纹的主要原因。焊根和焊趾处的冷裂纹,则是应力因素所致。

2) 防止措施

①选用低氢型焊条,焊前严格按规定进行烘干,随取随用,焊件应仔细清理,去除油、锈、垢和水汽,减少氢的来源和渠道。

②选择合理的参数和热输入,如焊前预热、控制层间温度、增加焊接的道数和层数、减缓冷却速度、改善焊道及热影响区的组织状态。

③焊后及时热处理,改善接头的组织性能,使氢能够扩散排出和减小焊接残余应力。如不能立即进行热处理,焊后应立即进行消氢处理,以免延迟裂纹的产生。

④采用合理的焊接顺序和焊接方向,改善焊件的应力状态。

2. 气孔

气孔属于孔穴缺欠。气孔是在焊缝金属中具有一定形状的孔洞性缺欠。它是焊接中最常见的缺欠,根据形状分为圆球形、条形、针形;根据形状特征分为单个气孔、连续气孔和密集气孔;根据存在部位分为表面气孔和内部气孔。

气孔减小了焊缝的有效截面,也会带来应力集中,降低了焊缝的力学性能,贯穿性气孔缺欠还破坏了焊缝的致密性。

形成气孔的主要气体是氢气、氮气和一氧化碳气体等。

(1) 气孔的产生原因。气孔的形成决定于气泡核心的形成、气泡的长大和逸出三个过程。

焊接过程中,焊缝金属吸收了过多的气体。冷却时,气体在金属中的溶解度下降,聚集形成气泡,由于受到焊缝金属结晶的阻碍,气泡无法上浮和逸出,残留在焊缝中形成气孔。

焊条电弧焊和氩弧焊形成气孔的主要原因是:

1) 焊接电弧过长、焊件清理不干净、焊条受潮等,增大了气体侵入熔池的机会。

2) 焊接电流过小,焊接速度过快,影响气体从熔池中逸出。

3) 熔池温度过高,产生沸腾现象,气体不能从熔池中排除。

(2) 防止措施

1) 焊件表面应清理干净,焊条应严格烘干,减少气体来源。

2) 采用短弧焊接（但不宜压得过低），使熔池得到良好的保护。

3) 选择合适的焊接规范，控制熔池温度，降低冷却速度，使气体容易从熔池中逸出。

4) 正确运用焊接操作工艺，为气体从熔池中逸出创造有利条件。

5) 采用特殊工艺措施，如焊前预热、焊后缓冷等。

6) 氩弧焊时，注意氩气的保护效果。

3. 夹渣

夹渣是固体夹杂缺欠的一种。焊缝金属中，含有非金属夹杂物或熔渣，叫夹渣。

夹渣有非金属夹杂物和熔渣两类。非金属夹杂物主要有氧化物、氮化物、硫化物等；熔渣指焊接过程中，焊条熔化后，药皮形成的熔渣。

夹渣在焊缝金属中以不规则的形状存在，其端部往往呈尖锐状，故夹渣不仅会降低焊缝的强度，而且会引起应力集中，甚至发展形成裂纹。

(1) 夹渣的产生原因

1) 坡口角度过小，焊接电流过小，运条不当，熔池不能充分搅拌，熔渣没有足够的时间浮出熔池表面而残留在焊缝中。

2) 前层焊缝清理不干净，焊接后层时，残留物滞留在焊缝中。

(2) 防止措施

1) 正确选择焊接参数，适当增加热输入，防止焊缝冷却过快，改善熔渣浮出熔池的条件。

2) 改善坡口设计，利于清除坡口面和焊层间的熔渣。

3) 提高焊接技术水平，正确有规则地运条，搅拌熔池，促使铁水与熔渣的分离。

4. 未熔合与未焊透

未熔合是指在焊缝金属和母材之间或焊道金属与焊道金属之间未完全熔化结合的部分。常出现在坡口的侧壁、多层焊的层间和焊缝的根部。这种缺欠有时间隙很大，与熔渣难以区别，有时虽然结合紧密但未熔合，未熔合末端往往容易引发裂纹。

未焊透和根部未焊透是指焊接时接头的根部未完全熔透的现象。常出现在单面焊的坡口根部及双面焊坡口的钝边。未焊透会造成较大的应力集中，在末端往往容易引发裂纹。

未熔合和未焊透的产生原因和防止措施基本相近。

(1) 未熔合和未焊透的产生原因

1) 选择的焊接参数过小，如坡口角度过小，间隙过窄，钝边过大，焊接电流过小，电弧过长等。

2) 操作方法不当，如运条速度过快，焊条角度不合理，电弧偏吹，焊条摆动幅度不合理等。

3) 焊件和焊道清理不干净，存有杂物，影响熔合。

(2) 防止措施

1) 正确选择焊接电流和电弧长度。

2) 正确选择对口规范，注意坡口两侧及焊层间熔渣和污物的清理。

3) 运条时，焊接速度不应过快，注意焊条角度的调整，焊条摆动轨迹正常，两端应停留,使焊缝熔合良好。

5. 形状和尺寸不良

(1) 焊缝尺寸不符合要求。包括焊缝超高、焊缝宽度不齐、表面不规则、焊接接头不良等。

焊缝尺寸不符合要求,影响焊缝基体金属的结合强度,造成应力集中。

1) 产生原因

①焊缝坡口角度不当或装配间隙不均匀。

②焊接电流过大或过小。

③焊条角度选择不合适,运条速度或手法不当。

2) 防止措施

①正确选择焊接电流。

②正确选择坡口角度和装配间隙。

③保持正确的焊条角度、焊接速度和运条手法。

(2) 咬边。包括连续咬边、间断咬边、焊道间咬边等。咬边是电弧将焊缝或焊道两侧基体金属熔化后,交界处没有及时得到金属的补充而出现凹槽。

咬边的存在减小了基体金属的截面积,使焊缝的承载能力降低。

1) 产生原因

①焊接电流过大或焊接速度太快。

②焊接电弧或焊条角度不当。

2) 防止措施

①选择合适的焊接电流,保持均匀的焊接速度。

②保持合适的焊接电弧长度,调整正确的焊条角度。

(3) 焊瘤。在焊缝内、外表面凸出的多余金属。焊瘤的存在影响焊缝的成形美观,容易造成应力集中,而且焊瘤内部往往伴随着气孔和夹渣内部缺欠,如焊接管道时,焊瘤可减小内径尺寸甚至造成堵塞现象。

1) 产生原因

①焊工操作技术不熟练,运条不当。

②焊接参数选择过大,熔化金属温度过高,液态金属凝固缓慢,由自重作用形成。

2) 防止措施

①提高焊工操作水平的熟练程度。

②焊接电弧不应过长,焊接电流选择合适,运条速度要均匀。

(4) 未焊满。可能产生在焊缝表面、背面或弧坑位置。危害性是减小焊缝截面积,降低焊缝强度。如发生在弧坑位置,容易导致弧坑裂纹及缩孔,对于淬硬倾向大的钢材,易造成脆性破坏。

1) 产生原因

①表面凹坑是由于焊接参数或操作方法不当,焊接填充金属不充分。

②根部内凹通常发生在焊接仰焊位置,焊接参数过大,熔化铁水温度过高,液态金属在自重作用下,下坠形成。

③弧坑是由于焊接电流过大，熔池尺寸大，收弧时熔坑未被填满。
2) 防止措施
①选择合适的焊接参数，提高焊工操作水平的熟练程度。
②仰焊时焊接电流不应过大，焊接速度不应过慢。
③焊缝收尾处及更换焊条时，一定要填满弧坑再熄弧。

三、焊接缺欠的定位及返修

1. 焊接缺欠的定位

下节中叙述的焊接检验方法是各种焊接缺欠定位的主要依据，在焊接检验中一般使用非破坏性检验方法，也就是不破坏焊件本身，通过检查、检验就能验证焊缝质量。如外观检验、致密性检验、无损检验等。不同的检验方法对各类缺欠的检出效果是不一样的，只有综合考虑各种检验方法的特点和正确选用，才能有效鉴别出工件中存在的焊接缺欠的性质、尺寸、形状和位置，为确定返修方案提供依据。

有的焊接缺欠是不需要返修的，这取决于对焊接接头的质量要求。例如，电站锅炉范围内的管子及部件的射线检验质量级别规定为Ⅱ级，也就是说射线检验质量级别为Ⅱ级的允许缺欠是不需要返修的。同样对于焊缝表面缺欠，如咬边、焊瘤、未焊满、焊缝形状不良等缺欠，不同的质量级别对缺欠尺寸具有不同的允许范围。

对于锅炉、压力容器、压力管道、承重钢结构等焊接，裂纹、未熔合、表面气孔、表面夹渣等缺欠是不允许存在的，应该定义为焊接缺陷，必须进行返修。

焊接缺陷的返修是一项比较复杂的工作，虽然多数焊接缺陷是需要返修、允许返修和可以返修的。但返修会对焊接接头的组织和性能带来不利影响，并且增加了加工、材料、工时、能源等成本。因此，焊接缺陷的返修一定要严格遵守工艺规程和各种工艺措施，提高成功率，尽力减少返修次数。

2. 焊接缺陷的返修操作

(1) 返修前准备

1) 应仔细查明待返修部件的钢材牌号，收集并分析该钢材和焊接性资料。

2) 根据修复的部件选择合适的焊接材料。对可预热和热处理的焊接修复，一般选用与母材相同或相近的焊接材料；对于难进行预热和热处理的焊接修复，一般推荐采用塑性较高的焊接材料，但是应确认采用该材料的焊接所形成的焊接接头在实际运行下的组织、性能变化符合使用要求。

3) 对需要焊接返修的缺陷应当分析其产生的原因，提出改进措施，按标准进行焊接工艺评定，编制焊接返修工艺。

4) 焊接操作人员应该进行培训和焊接前练习。

5) 对于需要进行变形控制的部件应装设测量器具并完成初始值测量。在修复中应跟踪并记录过程和终了变形量。

(2) 返修操作方法

1) 宜采用机械方法清除缺陷。对大厚度部件的裂纹缺陷，在清除缺陷前，应采取措施防止裂纹的继续扩展。在预热的情况下，可以采用碳弧气刨清除缺陷。返修前必须将缺陷彻底清除，必要时可采用表面探伤检验确认。

2) 应采用机械方法进行坡口制备。待补焊部位应开宽度均匀、表面平整、便于施焊的凹槽，且两端有一定坡度。并已确认无表面裂纹、无淬硬或渗碳层。

3) 缺陷补焊时，宜采用小焊接电流，一般应采用多层多道焊接方法，必要时可采用分段退焊等减小变形的焊接方法。禁用过大的焊接电流。

4) 对刚度大的结构进行焊补时，中间层可用锤击法消除应力，多道焊时，每道焊缝的起头和收弧应尽量错开。

5) 对要求预热的焊件，应采取预热措施。预热温度应较原焊缝适当提高。

6) 要求热处理的焊件如在热处理后返修补焊时，必须重做热处理。

7) 焊接缺陷的清除和焊补，不允许在带压和带水情况下进行。

8) 返修焊接接头性能和质量要求应与原焊接接头相同。技术参数应该符合相应的焊接技术规程要求。

9) 有抗晶间腐蚀要求的奥氏体不锈钢产品，返修后应保证其原有的设计要求。

10) 返修后的焊缝，应该用原焊缝的检验要求进行重新检查，若再次发现存在超过允许限值的缺陷，应重新修正，直至合格。焊补次数不能超过规定的返修次数。

《钢制压力容器焊接规程》(JB/T 4709—2000) 规定，焊缝同一部位返修次数不宜超过2次。《蒸汽锅炉安全技术监察规程》规定，同一位置的返修次数不应超过3次。

(3) 焊接缺陷返修事例

1) 裂纹的焊补。某船体结构由于错误的焊接施工，在焊接接头区域产生裂纹，裂纹是不允许存在的，必须清除后焊补修复。其工艺如下：

①仔细检查裂纹的起始点和终止点，必要时还应该检查与出现裂纹部位处于相同的焊接条件的同类构件是否有裂纹。

②消除裂纹，如果采用风铲来消除裂纹，应先在裂纹的两端钻止裂孔，以防止裂纹扩展。钻止裂孔时，采用 $\phi 8 \sim 12$ mm 的钻头，钻孔的深度应比裂纹深度深 3～5 mm。如果是穿透性裂纹，应该沿板厚钻穿。如果采用碳弧气刨消除裂纹，应先从裂纹两端向裂纹中间方向刨削，直至裂纹彻底消除为止。

③加工焊接坡口采用风铲或碳弧气刨，未穿透裂纹的焊补坡口如图 3—12 所示，坡口底部要圆滑过渡。如果是穿透性裂纹，则开对称双面坡口。

④为提高抗裂性，可采用碱性焊条补焊，焊接前进行焊条烘干。焊接时应从坡口两端向中部施焊。如果焊补处钢板较厚或刚度大，可采用每焊一道焊缝立即进行锤击焊缝的方法消除应力，防止裂纹再次产生。

⑤如焊缝外形尺寸或形状不符合要求，可用砂轮进行打磨修正。

2) 气孔的焊补。对于不允许存在的气孔，如表面和近表面气孔，需要进行挖补修复，其工艺与裂纹补焊基本相同。

①认真分析气孔缺陷的产生原因，如材料、工艺选择是否合适，工作环境是否存在可能导致缺陷的不利因素，制定防止措施。

②采用风铲或碳弧气刨将缺陷彻底清除，并加工成底部圆滑过渡的坡口，并留有一定角度，便于气体逸出，如图 3—13 所示。

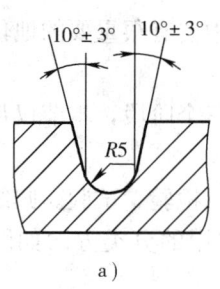 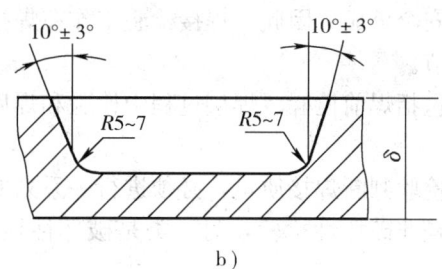

图 3—12 裂纹缺陷修复坡口示意图
a) 坡口横向形状 b) 坡口纵向形状

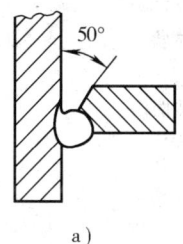 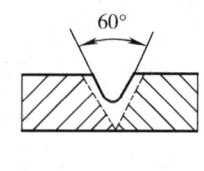 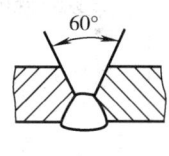

图 3—13 气孔缺陷修复坡口示意图
a) 角焊缝 b) 对接焊缝

③保证接头区域的焊件表面清理干净，无油、水、垢等导致产生气孔的杂质。焊条进行严格烘干。

④采用短弧焊接，以保护好焊接熔池，控制好熔池温度，为气体从熔池中逸出创造有利条件。

第二节 焊接检验

→ 了解焊接检验方法的分类
→ 掌握常用的破坏性检验方法和非破坏性检验方法
→ 掌握常用焊接质量检验标准

一、焊接检验方法的分类

焊接质量直接关系到焊接设备的安装质量和安全运行，关系到焊接产品的安全使用，如果焊接质量差，超出缺欠的允许范围，成为严重的焊接缺陷时，可能导致焊接零、部件的破坏，可能导致焊接钢结构的断裂，可能导致锅炉压力容器或压力管道破裂甚至爆炸，可能造成严重的经济损失或伤亡事故。

焊接检验是发现焊接缺欠的手段或方法，根据检验标准和质量标准能够判断接头使用性能，对焊接质量作出综合评定，确定焊接产品是否符合所规定的技术要求，保证焊接产品使用的安全可靠。因此,焊接检验工作在焊接生产中占有很重要的地位,是必不可少的重要环节。

焊接检验包括焊前检验、焊接过程中检验和焊后检验三个阶段,本节仅从焊后检验部分进行叙述。

通过焊后检验判断焊接质量,必须进行一系列的检查、检验、试验。归纳起来可分为两大类:一是非破坏性检验,另一类是破坏性检验,常用的分类方法如图3—14所示。

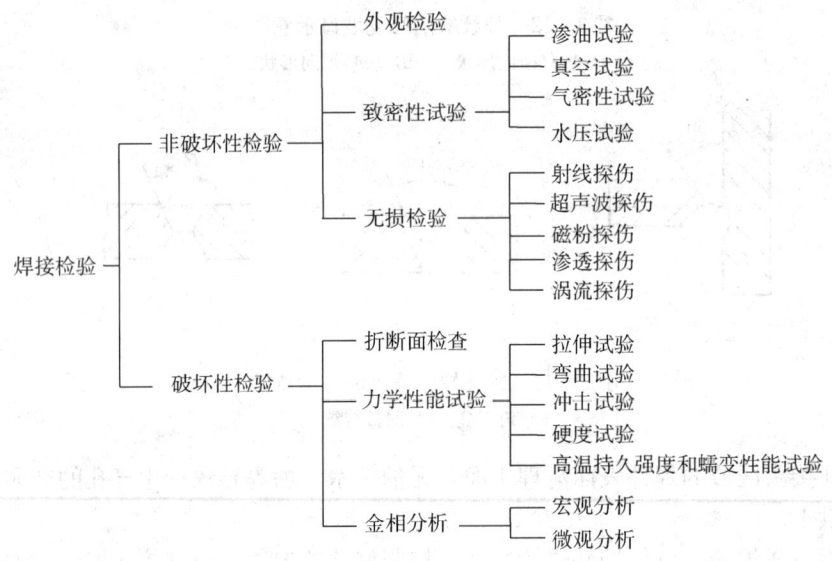

图3—14 焊接检验分类方法

焊接接头的工况条件不同,可以根据产品要求和规定选择一种或数种方法进行检验。

二、检验方法的选用

1. 无损检验要与破坏性检验相配合

无损检验的最大特点是能在不损伤材料、工件和结构的前提下进行检验,所以实施无损检验后,产品的检查率可以达到100%。但并不是所有的测试项目都能进行无损检验,无损检验技术还具有局限性。某些试验只能采用破坏性检验方法,例如,液化石油气钢瓶除了无损检验外,还要进行爆破试验。锅炉管子的焊接接头有时要切取试样进行金相检验或断口检验。焊接工艺评定试验需要进行无损检验和力学、金相、断口、冲击等破坏性检验方法,来进行综合分析。

各种检验方法具有各自的优势和不足,对于一种工艺、一种材料或一件产品的评价,往往需要把无损检验结果和破坏性检验的结果互相对比和配合,才能作出准确的结论。

2. 无损检验方法的选用特点

(1) 射线检验的特点。对体积型缺欠(气孔、夹渣等)检出率很高;对面积型缺欠

（裂纹、未熔合等），如果透照角度不合适，容易漏检。可以在底片上反映缺欠的性质、尺寸、数量，底片和检验记录便于长期保存。

（2）超声波检验的特点。适宜检验厚度较大的工件，不适宜检验较薄的工件，对面积型缺欠检出率很高，对体积型缺欠检出率比较低。

（3）磁粉检验的特点。适宜检验铁磁性材料，无法检验非铁磁性材料，适宜检验表面和近表面缺欠，检出灵敏度很高，不能检验内部缺欠。

（4）渗透检验的特点。适宜检验除疏松多孔性材料以外的各种材料，如钢铁材料、有色金属、陶瓷材料、塑料等，适宜检验出表面缺欠，无法检出内部缺欠。

（5）涡流检验的特点。适用于各种导电材料，不能检验非导电性材料，可以检验表面和近表面的缺欠，埋藏较深的缺欠无法检出。

三、非破坏性检验

非破坏性检验，是指不破坏焊件本身，通过检查、检验能够评价焊缝质量的一系列检验方法。

1. 外观检验

用肉眼或低倍放大镜检查焊缝的外形尺寸及表面缺欠（如咬边、裂纹、气孔、弧坑等）的检验方法。

一般包括自检和技术人员检验，焊工焊接一定数量的焊缝后，需进行清理自检，对发现的问题并能够解决的问题进行处理，焊接检验人员再按照检验标准进行检验，在保证焊缝外形尺寸符合要求、无超标的表面缺欠后，方可进行其他方面检验。

2. 致密性试验

致密性试验是检查焊缝有无穿透性缺欠的检验方法，一般用在各种储存、输送液体或气体的容器及管道上，常用的方法有渗油试验、真空试验、气密性试验和水压试验。

（1）渗油试验。渗油试验是利用煤油的渗透特性，检查焊缝致密性的试验方法。主要用于非受压容器及大型管道上。

检查时先在焊缝的一面涂上石灰浆水，在焊缝的另一面涂上煤油。经过一定的时间，若发现涂有石灰浆水一面的焊缝有煤油渗透痕迹，则该处有穿透性的焊接缺欠。根据油斑的大小、特征及分布情况，大致确定缺欠的性质和尺寸。若焊缝没有煤油痕迹，则焊缝密封性合格。

（2）真空试验。利用真空泵对焊缝做分段检查，用于容器的底部拼焊面焊缝的无损检验。

检查时，预先用透明材料做一个能抽真空的箱子，保证箱口能和被检区域紧密接触，通过胶管连接到真空泵上，并将其置于待检查的焊接接头上，在被检查的焊缝上涂上肥皂水，再利用真空泵抽真空。如发现焊缝上有肥皂泡，说明发泡处有穿透性的焊接缺欠。如无异样，说明检查的焊缝无穿透性的焊接缺欠。

（3）气密性试验。用于压力较低的容器及管道焊缝的检查。

试验时，将压缩空气或氮气通入容器或管道中，在焊缝表面涂上肥皂水，如发现焊缝上有肥皂泡，说明发泡处有穿透性的焊接缺欠。如无异样，说明焊缝致密性良好。

(4) 水压试验。用于承压容器和管道系统，不仅检验设备和系统的严密性，同时也检验焊缝的强度。

水压试验的压力一般为部件工作压力的 1.25~1.5 倍。用水泵逐步提高压力达到试验压力后，恒压 5 h，随后降低到部件的工作压力，对焊缝进行全面检查，检查时如发现焊缝表面有水滴或渗水痕迹，表明该处焊缝有穿透性缺欠。

3. 无损检验

无损检验是检查焊缝内部质量的常用方法，包括射线探伤、超声波探伤、磁粉探伤、渗透探伤、涡流探伤等。

(1) 射线探伤。射线探伤是利用射线可穿透物质、且在物质中有衰减和使胶片感光等特性发现缺欠的常用探伤方法。由于发现的缺欠在底片上能清楚的反映出来，因此，比较直观。

射线有 X 射线、γ 射线、α 射线、β 射线等。常用于探伤的为 X 射线和 γ 射线。

X 射线、γ 射线与可见光、无线电波都是电磁波，差别是波长不同。

产生 X 射线的主要设备是 X 光管，X 光管由阴极、阳极和真空玻璃泡组成。阴极加热后发射电子，在电压作用下使电子加速，撞击阳极靶产生 X 射线。

γ 射线的性质与 X 射线相同，波长比 X 射线更短，射线能量高，具有更强的穿透能力。γ 射线是在放射性同位素的原子核衰变过程中自发产生的。

经射线曝光的胶片在暗室处理后，成为照相底片，从底片上可以正确地反映出焊接接头内的各种缺欠，如裂纹、未焊透、未熔合、气孔、夹渣等。

射线探伤在底片上反映的焊接缺欠一般是：

1) 裂纹。底片上呈现略带曲折或直线状黑色细条纹。轮廓较分明，中间较宽，两端较尖细，有时伴有分枝，两端黑色较浅，最后消失。

裂纹缺欠是窄而细的焊接缺欠，当射线照射方向与裂纹面垂直或有一定角度时，很难在底片上反映出来。因此，射线探伤在发现裂纹上受多种因素影响。

2) 未焊透。底片上呈现断续或连续的黑直线，黑度较均匀，两端清楚，影像宽度约与对口间隙相当。

3) 未熔合。底片上多呈现直线状。且贴近熔合线黑度较深。

4) 气孔。底片上呈现圆球形或椭圆形黑点，中心黑度较深，并均匀地向边缘减浅。

5) 夹渣。底片上多呈现不同形状的点状或条状。点状夹渣黑度较均匀，边界不规则并带有棱角；条状夹渣黑度不均匀，一般为粗线条状，宽度也不一致。

(2) 超声波探伤。利用 0.5~10 MHz 的超声波，传播到两种声阻抗不同的界面上，以所产生的折射、反射物理性质来发现焊缝内部缺欠。超声波是一种机械波。

超声波先由超声波探伤仪产生电脉冲（电讯号），作用到探头的压电晶片上，产生磁致伸缩，将电讯号转变为机械波（即超声波）传入工件。超声波遇到缺欠所产生的反射声波，被探头接收，转换为电脉冲讯号，经过放大，由荧光屏显示出脉冲波形，这种超声波探伤仪称为 A 型脉冲探伤仪。

与射线探伤相比，超声波探伤检出的速度快，对裂纹等平面型缺欠灵敏度高，适于大厚度焊件的焊缝检验。目前，所用超声波探伤仪绝大部分是 A 型脉冲探伤仪，判断缺欠的主要依据是荧光屏上的反射脉冲，直观性差，缺欠的定位及定性干扰因素较多，故需要具有丰富实践经验的人员进行此项工作。

超声波探伤和射线探伤各有特点，目前在实际使用中，对大径厚壁容器和管道焊缝的质量检验，多采用超声波探伤方法，对小径薄壁管子焊缝的质量检验，多采用射线探伤方法。

（3）磁粉探伤。利用磁场对铁磁金属进行磁化，由于缺欠会产生漏磁，从而发现存在的缺欠。从磁化铁磁金属的物理现象中可以知道，将一个铁磁金属制成的零部件放入磁场中，就有磁力线通过，从而被磁化。断面相同、内部组织均匀的零部件，磁力线在其内部是平行的、均匀分布的，如内部存在裂纹、气孔、夹杂等缺欠时，由于这些缺欠是非磁性的，磁阻很大，磁力线不能通过，故磁力线发生弯曲。当缺欠位于或接近零部件表面时，磁力线不仅在零部件内部产生弯曲，而且还穿过零部件表面形成一个南北两极的局部磁场，这种现象叫漏磁。因此，磁力探伤只能发现零部件表面或接近零部件表面的缺欠。此时在表面喷洒磁悬液或磁粉，漏磁会吸附磁粉，从而显示缺欠的形状和分布。

为了发现存在的缺欠，使漏磁产生磁力弯曲的形状，对采用的磁粉要求是：颗粒要小，增加其移动性；颜色与工件颜色差别越大越好，一般使用棕黑色或红色的四氧化三铁。

磁力探伤分干粉检验法和湿粉检验法两种，对非磁性材料不适用。

（4）渗透探伤。渗透探伤是利用某些液体的渗透物理特性（毛细现象），发现和显示铁磁性和非铁磁性材料表面缺欠的一种方法，通常分为着色探伤和荧光探伤两种，但对多孔性材料（如铸件等）不适用。

1）着色探伤。利用某些渗透性很强的有色油液涂在被检查的工件表面，使其渗入工件表面的缺欠中，停留几分钟，除去工件表面多余的油液，工件中留有一些有色油液，然后再涂上吸附油液的显像剂，由于毛细管的作用，在显像剂层上显示出彩色的缺欠图像。

所需的材料是：渗透剂、冲洗剂、显像剂。着色探伤受工件表面的粗糙度影响较大，表面粗糙度越高，越容易发现缺欠，反之就差。

2）荧光探伤。荧光探伤和着色探伤一样，是用来发现各种材料表面缺欠的，常用于非磁性材料工件的检查。

荧光探伤是一种利用紫外线照射某些荧光物质会产生荧光的特性来检查工件表面缺欠的方法。原理和过程与着色探伤方法相似。

所需的材料是：荧光渗透剂、清除剂、显像剂。

（5）涡流探伤。涡流探伤是以电磁感应原理为基础，金属材料在交变磁场作用下产生涡流，根据涡流的大小和分布可检验出铁磁性和非铁磁性材料的缺欠。

四、破坏性检验

1. 折断面检查

折断面检查是一种常用的简易、迅速、准确的检验焊接缺欠的方法，常用于焊工考试试件的检验和焊接施工前练习试件的检验。首先用机加工手段在试件外表面开一尖槽

（约为试件厚度的 1/3），用顶断方法加以外力，使其折断。用肉眼或借助放大镜可直观地发现焊缝中存在的各种缺欠，对照标准判断焊缝质量。

2. 力学性能试验

力学性能试验是通过力学手段检验焊接接头内在质量的试验方法。通过试验结果可以找出材料质量和焊接工艺等问题。试验内容包括常温拉伸、弯曲、冲击、硬度、高温持久强度和蠕变性能试验等。

（1）拉伸试验。把加工好的焊接试样夹持在拉力试验机上进行，可以测定焊接接头（包括焊缝金属、熔合区和热影响区）的屈服强度、拉伸强度、伸长率和断面收缩率。试样的截取方位、方法、数量以及试样制备的形状、尺寸、偏差和试验结果的评定等，均应按相关国家标准规定进行。

（2）弯曲试验。把加工好的焊接试样摆放在材料试验机的压座上，用冲压头向试样施以压力进行试验。弯曲试验的主要目的是测定焊接接头的塑性。弯曲试验分为面弯、背弯和侧弯三种，可根据产品技术条件选择。面弯试验的受拉面为焊缝表面及近表面，易于发现焊缝表面及近表面缺欠；背弯试验的受拉面为焊缝根部，易于发现焊缝根部缺欠；侧弯能检验焊层与母材之间的结合强度。通常根据不同的材料规定试样的弯曲角度，当试样压至规定的角度时，试样拉伸面完好或出现的缺欠在允许的范围内，则弯曲试验合格，否则为不合格。

（3）冲击试验。冲击试验用于测定焊接接头承受冲击载荷时的抗断裂能力。其方法是将带有缺口的标准试样，放在冲击试验机上，在相反的一侧加冲击性载荷，迫使试件破坏，以获得焊接接头的冲击功，考查其对动载荷的抵抗能力。冲击试样可根据产品的不同需要，在焊接接头的不同部位和不同方向取样，其具体规定应依据相关国家标准规定进行。

（4）硬度试验。硬度试验是用来测定焊接接头各部位的硬度分布情况，通过硬度试验可以检测焊接接头在焊接热循环的作用下的淬硬倾向，以及焊后热处理工艺是否适当。焊接接头的最高硬度与焊接材料及工艺有一定关系，应该符合硬度试验标准规定的数据。

硬度试验是通过硬度仪完成的。基本原理是以极硬的球体或锥体，压入被测试样某一部位的表面，测定压痕表面积或深度来计算硬度值。

（5）高温持久强度和蠕变性能试验。高温持久强度和蠕变性能试验的目的，是测定焊接接头在高温条件下工作的力学性能。

3. 金相分析

金相分析的目的是检验焊缝金属、热影响区金属及母材金属的组织特征和内部缺欠。通过焊接接头的金相分析，可以了解焊缝金属中各种显微氧化物的形态、晶粒度及组织状况，为正确选择焊接工艺、热处理工艺和焊接材料提供依据，便于分析缺欠的性质和产生原因。

金相试样必须包括焊缝金属、热影响区金属及母材金属，试样的制作要经过粗磨、细磨、抛光和浸蚀。金相试样尽量用机械方法切取，若用火焰切取，必须留出至少 10 mm 的加工余量。

金相分析分为宏观分析和微观分析两种。

(1) 宏观分析。试样经过研磨和化学试剂浸蚀后,用肉眼或低于 30 倍的放大镜观察,可以清晰看到焊接接头的焊缝区、热影响区及母材金属的界限和端面上存在的各种缺欠。

(2) 微观分析。试样经过研磨达到一定的精度和化学试剂浸蚀后,在 100 倍以上的金相显微镜下,观察金属显微组织,即焊接接头各部分的组织特征、晶粒大小、微观缺欠等。

根据分析结果,确定选择的焊接材料、焊接工艺、焊接方法以及焊后热处理规范是否合理。

五、焊接质量评定

1. 质量检验的一般规定

(1) 各个系统、各类焊接工程及焊接产品对焊接质量检验的要求是不同的,要综合考虑适用性、经济性、安全性等,以确定检验方法和检验标准的合理选用。

(2) 焊接质量检验,包括焊接前、焊接过程中和焊接结束后三个阶段,均应按检验项目和程序进行。对重要部件的焊接可安排焊接全过程监督。

(3) 焊接前检验应该包括:焊缝表面的清理情况,坡口加工和对口尺寸是否符合图样要求,焊前预热是否符合工艺规定。

(4) 焊接过程中检验应该包括:层间温度是否符合工艺要求,焊接工艺参数是否符合工艺要求,焊道的表面缺欠应该消除。

(5) 焊接结束后检验应该包括:焊接修复后的检验,外观检查不合格的焊缝,不允许进行其他项目的检验,对容易产生延迟裂纹和再热裂纹的钢材,焊接热处理后必须进行无损检测,对焊接接头的硬度检验应该在焊接热处理后进行。

2. 焊接接头力学性能试验标准

焊接接头力学性能试验需要在试验室进行,对于从事焊接施工的技术人员,力学性能试验主要用于焊接工艺评定,试验的项目和数量应符合焊接工艺评定标准的要求。

常用试验标准为:

(1)《焊接接头机械性能试验取样方法》(GB/T 2649—1989)。

(2)《焊接接头冲击试验方法》(GB/T 2650—2008)。

(3)《焊接接头拉伸试验方法》(GB/T 2651—2008)。

(4)《焊缝及熔敷金属拉伸试验方法》(GB/T 2652—2008)。

(5)《焊接接头弯曲试验方法》(GB/T 2653—2008)。

(6)《焊接接头硬度试验方法》(GB/T 2654—2008)。

3. 承压设备无损检测标准

承压设备无损检测依据标准 JB/T 4730.1~4730.6—2005。

(1) JB/T 4730.2。承压设备射线检测标准。

(2) JB/T 4730.3。承压设备超声检测标准。

(3) JB/T 4730.4。承压设备磁粉检测标准。

(4) JB/T 4730.5。承压设备渗透检测标准。
(5) JB/T 4730.6。承压设备涡流检测标准。

4. X射线评定标准

钢、镍、铜制承压设备熔化焊对接焊接接头射线检测质量分级，是承压设备射线检测依据标准JB/T 4730.2中的一个部分，承压设备熔化焊对接接头射线检测质量分级还包括：铝制承压设备熔化焊对接接头射线检测质量分级；钛及钛合金制承压设备熔化焊对接接头射线检测质量分级。

承压设备管子及压力管道熔化焊环向对接焊接接头射线检测质量分级包括：钢、镍、铜制承压设备管子及压力管道熔化焊环向对接焊接接头射线检测质量分级；铝制承压设备管子及压力管道熔化焊环向对接焊接接头射线检测质量分级；钛及钛合金制承压设备管子及压力管道熔化焊环向对接焊接接头射线检测质量分级。

其中，以钢、镍、铜制承压设备熔化焊对接焊接接头射线检测质量分级比较常用，下面简单介绍一下。

(1) JB/T 4730.2在本条内容的基本规定。碳素钢、低合金钢、奥氏体不锈钢和镍及镍合金制承压设备熔化焊对接焊接接头射线检测质量分级适用的厚度为2~400 mm。

铜及铜合金制承压设备熔化焊对接焊接接头射线检测质量分级适用的厚度为2~80 mm。

对接焊接接头中的缺欠类型按缺欠性质分为裂纹、未熔合、未焊透、条形缺欠、圆形缺欠五类。

根据对接焊接接头中存在的缺欠性质、数量和密集程度，其质量等级可划分为Ⅰ、Ⅱ、Ⅲ、Ⅳ级。

Ⅰ级对接焊接接头内不允许存在裂纹、未熔合、未焊透和条形缺欠。

Ⅱ级和Ⅲ级对接焊接接头内不允许存在裂纹、未熔合和未焊透。

对接焊接接头中的缺欠超过Ⅲ级者为Ⅳ级。

当各类缺欠评定的质量级别不同时，以质量最差的级别作为对接焊接接头的质量级别。

(2) 圆形缺欠的质量分级。圆形缺欠是长宽比不大于3的气孔、夹渣和夹钨等缺欠。

圆形缺欠的评定区为一个与焊缝平行的矩形，其尺寸见表3—1。圆形缺欠的评定区应选择在缺欠最严重的区域。在圆形缺欠的评定区内与圆形缺欠的评定区相交的缺欠应划入圆形缺欠的评定区内。将评定区内的缺欠按照表3—2的规定换算为点数，按照表3—3的规定评定对接接头的质量级别。

表 3—1	圆形缺欠的评定区		mm
母材公称厚度 T	≤25	>25~100	>100
评定区尺寸	10×10	10×20	10×30

表 3—2	缺欠点数换算表					
缺欠长径（mm）	≤1	>1~2	>2~3	>3~4	>4~6	>6~8	>8
缺欠点数	1	2	3	6	10	15	25

表 3—3　　　　　　　　　各级别允许的圆形缺欠点数

评定区（mm）	10×10			10×20		10×30
母材公称厚度 T（mm）	≤10	>10~15	>15~25	>25~50	>50~100	>100
Ⅰ级	1	2	3	4	5	6
Ⅱ级	3	6	9	12	15	18
Ⅲ级	6	12	18	24	30	36
Ⅳ级	缺欠点数大于Ⅲ级或缺欠长径大于 $T/2$					

注：当母材公称厚度不同时，取较薄板的厚度。

由于材质或结构的原因，进行返修可能产生不利后果的对接焊接接头，各级别的圆形缺欠点数可放宽 1~2 点。

当缺欠尺寸小于表 3—4 的规定时，分级评定时不计该缺欠点数。质量等级为Ⅰ级的对接接头和母材公称厚度 T≤5 mm 的Ⅱ级对接接头，不计该点数。缺欠在圆形缺欠的评定区内不得多于 10 个，超过时对接接头的质量等级应降一级。

表 3—4　　　　　　　不计该点数的缺欠尺寸　　　　　　　　　　mm

母材公称厚度 T	缺欠长径
≤25	≤0.5
>25~50	≤0.7
>50	≤1.4%T

（3）条形缺欠的质量分级。条形缺欠是长宽比大于 3 的气孔、夹渣和夹钨等缺欠。条形缺欠按照表 3—5 的规定进行质量分级。

表 3—5　　　　　各级别对接焊接接头允许的条形缺欠长度

级别	单个条形缺欠最大长度	一组条形缺欠最大长度
Ⅰ	不允许	
Ⅱ	≤$T/3$（最小可为 4）且≤20	在长度为 12T 的任意选定条形缺欠评定区内，相邻缺欠间距不超过 6L 的任意一组条形缺欠的累计长度应不超过 T，但最小可为 4
Ⅲ	≤$2T/3$（最小可为 6）且≤30	在长度为 6T 的任意选定条形缺欠评定区内，相邻缺欠间距不超过 3L 的任意一组条形缺欠的累计长度应不超过 T，但最小可为 6
Ⅳ	大于Ⅲ级者	

注：1. L 为该组条形缺欠最长缺欠本身的长度；T 为母材的公称厚度，当母材公称厚度不同时，取较薄的厚度值。
　　2. 条形缺欠评定区是指与焊缝方向平行的、具有一定宽度的矩形区，T≤25 mm，宽度为 4 mm；25 mm<T≤100 mm，宽度为 6 mm；T>100 mm，宽度为 8 mm。
　　3. 当两个或两个以上条形缺欠处于同一直线上、且相邻缺欠的间距小于或等于较短缺欠长度时，应作为 1 个缺欠处理，且间距也应计入缺欠的长度之中。

（4）综合评级。在圆形缺欠的评定区内同时存在圆形缺欠和条形缺欠时，应进行综合评级。

综合评级的级别如下确定：对圆形缺欠和条形缺欠分别评定级别，将两者级别之和减一作为综合评定的质量级别。

单元测试题

一、填空题（将正确答案填在横线空白处）

1. 国家标准《金属熔化焊接头缺欠分类及说明》（GB/T 6417.1—2005）中，将焊缝缺欠分为_____、_____、_____、_____、_____、_____六类。
2. 超过规定限值的焊接缺欠，称为_____。
3. 裂纹按其生成的原因，可分为_____、_____、_____三种。
4. 焊接接头的破坏性检验包括_____、_____、_____。
5. 焊接接头力学性能试验包括_____、_____、_____、_____、_____等。
6. 拉伸试验可以测定焊接接头（包括焊缝金属、熔合区和热影响区）的极限_____、_____极限、_____率和_____率。
7. 弯曲试验分为_____、_____、_____三种。
8. 背弯试验易于发现_____缺欠。
9. 面弯试验受拉面为_____和_____，易于发现_____和_____缺欠。
10. 焊接接头的非破坏性检验包括_____、_____、_____。
11. 致密性试验用在各种储存输送液体或气体的容器及管道上，常用的方法有_____、_____、_____和_____。
12. 渗油试验是利用煤油的_____特性，检查焊缝_____的试验方法。
13. 气密性试验是将_____或_____压入容器或管道中，在焊缝表面涂上_____，检验是否有穿透性的焊接缺欠。
14. 水压试验用于承压容器和管道系统，不仅检验设备和系统的_____，同时也检验焊缝的_____。
15. 无损检验是验证焊缝内部质量的常用方法，常用的有_____、_____、_____、_____等。
16. 射线探伤是利用射线可_____物质、且在物质中有_____和使_____感光等特性发现缺欠的常用探伤方法。
17. 常用于射线探伤的为_____射线和_____射线。
18. 金相分析分为_____和_____两种。

二、判断题（下列判断正确的打"√"，错误的打"×"）

1. 热裂纹主要是沿晶粒边界分布，属于沿晶断裂的性质。（   ）
2. 热裂纹的存在部位，可以在焊缝，也可以在热影响区。（   ）
3. 冷裂纹的发生具有延迟现象，所以也叫延迟裂纹。（   ）
4. 冷裂纹经常发生在低碳钢和奥氏体钢中。（   ）
5. 形成气孔的主要气体是空气中的氮气。（   ）

6. 贯穿性气孔缺欠会破坏焊缝的致密性。( )
7. 非金属夹杂物主要有氧化物、氮化物、硫化物等。( )
8. 控制夹杂产生的主要方法是增加焊接电流。( )
9. 未熔合是指在焊缝金属和母材之间或焊道金属与焊道金属之间未完全熔化结合的部分。( )
10. 根部未焊透是指焊接时接头的根部未完全熔透的现象。( )
11. 根部未焊透常出现在单面焊的坡口根部及双面焊坡口的钝边,所以不会造成较大的应力集中。( )
12. 对于锅炉、压力容器焊接,表面气孔、夹渣缺欠是不允许存在的,必须进行返修。( )
13. 射线探伤是利用射线可穿透物质、且在物质中有衰减和使胶片感光等特性发现缺欠的常用探伤方法。( )
14. 裂纹在射线探伤底片上呈现略带曲折或直线状黑色细条纹。( )
15. 气孔在底片上呈现圆球形或椭圆形黑点,中心黑度较深,并均匀地向边缘减浅。( )
16. 夹渣在底片上多呈现不同形状的点状或条状。( )
17. 超声波探伤检出的速度快,对裂纹等平面型缺欠比射线探伤灵敏度低。( )
18. 磁力探伤分干粉检验法和湿粉检验法两种,对非磁性材料也适用。( )
19. 着色探伤受工件表面的粗糙度影响较大,表面粗糙度越高,越容易发现缺欠,反之就差。( )
20. 折断面检查是一种常用的简易、迅速、准确的检验焊接缺欠的方法,常用于焊工考试试件的检验和焊接施工前练习试件的检验。( )
21. 背弯试验受拉面为焊缝根部,易于发现焊缝根部缺欠。( )
22. 冲击试验用于测定焊接接头承受静载荷时的抗断裂能力。( )
23. 高温持久强度和蠕变性能试验的目的,是测定焊接接头在高温条件下工作的力学性能。( )
24. 金相分析试样必须包括焊缝金属,可不包括热影响区金属及母材金属。( )
25. 承压设备射线检测标准 JB/T 4730.2 规定,Ⅱ级和Ⅲ级对接焊接接头内不允许存在裂纹、未熔合和未焊透。( )

单元测试题答案

一、填空题

1. 裂纹 孔穴 固体夹杂 未熔合与未焊透 形状和尺寸不良 其他缺欠 2. 焊接缺陷 3. 热裂纹 再热裂纹 冷裂纹(延迟裂纹) 4. 折断面检查 力学性能试验 金相分析 5. 拉伸 弯曲 冲击 硬度 高温持久强度和蠕变性能试验 6. 屈服强度 伸长 断面收缩 7. 面弯 背弯 侧弯 8. 焊缝根部 9. 焊缝表面 近表面 焊缝表面 近表面 10. 外观检验 致密性试验 无损检验 11. 渗油试验 真空试验

气密性试验 水压试验 12. 渗透 致密性 13. 压缩空气 氮气 肥皂水 14. 严密性 强度 15. 射线探伤 超声波探伤 磁粉探伤 渗透探伤 涡流探伤 16. 穿透 衰减 胶片 17. X γ 18. 宏观 微观

二、判断题

1. √ 2. √ 3. √ 4. × 5. × 6. √ 7. √ 8. × 9. √ 10. √ 11. × 12. √
13. √ 14. √ 15. √ 16. √ 17. × 18. × 19. √ 20. √ 21. √ 22. × 23. √
24. × 25. √

理论知识考核试卷

一、**单项选择题**（下列每题的选项中，只有1个是正确的，请将其代号填在横线空白处；每题1分，共40分）

1. 选用不锈钢焊条时，应遵守与母材_____的原则。
   A. 等强度　　　B. 等冲击韧度　　　C. 等成分　　　D. 等塑性
2. 焊接1Cr18Ni9Ti不锈钢的A137焊条，根据国家标准《不锈钢焊条》（GB/T 983—1995）的规定，新型号为_____。
   A. E308—15　　B. E309—15　　C. E347—15　　D. E410—15
3. _____焊剂是国内生产中应用最多的一种焊剂。
   A. 黏结焊剂　　　B. 烧结焊剂　　　C. 熔炼焊剂
4. 水平固定管道组对时应特别注意间隙尺寸，应该是_____。
   A. 上大下小　　B. 上小下大　　C. 左大右小　　D. 左小右大
5. 不同厚度的工件点焊时，一般规定工件厚度比不应超过_____。
   A. 1∶2　　　B. 1∶3　　　C. 1∶4　　　D. 1∶5
6. 不锈钢焊条型号中数字后的字母"L"表示_____。
   A. 碳含量较低　　　　　　B. 碳含量较高
   C. 硅含量较低　　　　　　D. 硫、磷含量较低
7. 选用低合金高强度钢焊条的一般原则，其中不包括_____。
   A. 抗裂性　　B. 韧性　　　C. 塑性　　　D. 抗氧化性
8. 选择坡口的原则，不应取决于_____。
   A. 母材厚度　　B. 焊接方法　　C. 工艺要求　　D. 钢的强度
9. 角接接头根据坡口形式的不同可分为4种，_____是正确的。
   A. 单边V形　　B. U形　　　C. X形　　　D. Y形
10. 低合金耐热钢焊条选择原则，不正确的是_____。
    A. 等性能　　　　　　　　B. 接头组织的稳定性
    C. 化学性能的均一性　　　D. 接头抗裂性
11. 氧在焊缝金属中的存在形式主要是_____夹杂物。
    A. FeO　　　B. SiO_2　　　C. MnO　　　D. CaO
12. 低碳钢的过热组织为粗大的_____。
    A. 铁素体　　B. 珠光体　　C. 奥氏体　　D. 魏氏组织
13. 焊缝和热影响区性能最好的焊接方法是_____。
    A. 气焊　　B. 焊条电弧焊　　C. 埋弧自动焊　　D. 手工钨极氩弧焊
14. 焊缝和热影响区性能最坏的焊接方法是_____。
    A. 气焊　　B. 焊条电弧焊　　C. 埋弧自动焊　　D. 手工钨极氩弧焊

15. 碳钢和低合金高强度钢其碳当量为_____时,焊接性能优良。
    A. 小于 0.40%　　　　　　　　　　　　B. 小于 0.50%
        C. 小于 0.60%　　　　　　　　　　　D. 小于 0.70%
16. 焊件因焊后两端翘起的变形称为_____。
    A. 弯曲变形　　B. 角变形　　C. 扭曲变形　　D. 收缩变形
17. 16Mn 钢属于_____。
    A. Q295　　　B. Q345　　　C. Q390　　　D. Q420
18. 16Mn 钢焊接时,应选用_____焊条。
    A. E4315　　　B. E5015　　　C. E5515—G　　　D. E6015—D1
19. 15MnV 钢属于_____。
    A. Q295　　　B. Q345　　　C. Q390　　　D. Q420
20. 低碳钢不能用来制造工作温度高于_____℃的容器和设备。
    A. 300　　　B. 400　　　C. 500　　　D. 600
21. 珠光体耐热钢在_____℃时仍保持有较高的强度。
    A. 300～400　　B. 400～500　　C. 500～600　　D. 600～700
22. 珠光体耐热钢焊条电弧焊时,应根据母材的_____选择焊条。
    A. 力学性能　　　　　　　　　　B. 高温强度
    C. 高温抗氧化性能　　　　　　　D. 化学成分
23. 9Ni 钢最低使用温度为_____℃。
    A. −40　　　B. −100　　　C. −196　　　D. −253
24. 不锈钢中铬的质量分数均大于_____。
    A. 9%　　　B. 12%　　　C. 15%　　　D. 18%
25. 2Cr13 是_____型不锈钢。
    A. 马氏体　　B. 铁素体　　C. 奥氏体　　D. 奥氏体+铁素体
26. 1Cr17 是_____型不锈钢。
    A. 马氏体　　B. 铁素体　　C. 奥氏体　　D. 奥氏体+铁素体
27. 1Cr18Ni9Ti 是_____型不锈钢。
    A. 马氏体　　B. 铁素体　　C. 奥氏体　　D. 奥氏体+铁素体
28. 加热温度_____℃是奥氏体不锈钢晶间腐蚀的危险温度区或叫敏化温度区。
    A. 150～450　　B. 450～850　　C. 850～950　　D. 950～1 050
29. 焊接 0Cr18Ni9 的焊条应选用_____。
    A. A002　　　B. A102　　　C. A132　　　D. A407
30. 硫会使焊缝形成_____,所以必须脱硫。
    A. 冷裂纹　　B. 热裂纹　　C. 气孔　　D. 夹渣
31. 为了保证低合金钢焊缝与母材有相同的耐热、耐腐蚀等性能,应选用_____相同的焊条。
    A. 抗拉强度　　B. 屈服强度　　C. 成分　　D. 塑性

32. HJ431 埋弧焊焊剂是_____型的焊剂。
    A. 低锰低硅低氟   B. 中锰低硅低氟
    C. 中锰中硅中氟   D. 高锰高硅低氟
33. 在焊剂型号中，汉语拼音字母为_____表示焊剂。
    A. "E"   B. "F"   C. "SJ"   D. "HJ"
34. 在焊剂牌号中，汉语拼音字母为_____表示熔炼焊剂。
    A. "E"   B. "F"   C. "SJ"   D. "HJ"
35. 在焊剂牌号中，汉语拼音字母为_____表示烧结焊剂。
    A. "E"   B. "F"   C. "SJ"   D. "HJ"
36. _____气体作为焊接的保护气体时，电弧燃烧稳定，适合手工焊接。
    A. 氩气   B. CO_2 C. CO_2+氧气   D. 氩气+CO_2
37. 钨极氩弧焊电源的外特性曲线是_____的。
    A. 陡降   B. 水平   C. 缓降   D. 上升
38. WS-250 型焊机是_____焊机。
    A. 交流钨极氩弧   B. 直流钨极氩弧
    C. 交直流钨极氩弧   D. 熔化极氩弧
39. WSJ-300 型焊机是_____焊机。
    A. 交流钨极氩弧   B. 直流钨极氩弧
    C. 交直流钨极氩弧   D. 熔化极氩弧
40. CO_2 气体保护焊的送丝机中，适用于 $\phi0.8$ mm 细丝的是_____。
    A. 推丝式   B. 拉丝式   C. 推拉丝式   D. 拉推丝式

二、判断题（下列判断正确的打"√"，错误的打"×"；每题1分，共60分）

1. 选用焊条时，应考虑被焊工件的物理性能、化学性能、工件条件、施工条件、生产效率及经济性等因素。（ ）
2. 选用低合金焊条时，可根据母材的化学成分及力学性能来考虑。（ ）
3. 按生产方法的不同，可以把焊剂分成熔炼焊剂和烧结焊剂。（ ）
4. 板材的组对及定位焊时，严禁采用外力强制组对，以免增添附加应力。（ ）
5. 管道组对定位焊时，定位焊缝准许有气孔、夹渣、裂纹等缺陷。（ ）
6. 预热是焊前对被焊工件的全部或局部进行适当加热的工艺措施。（ ）
7. 预热的加热方法主要有火焰加热法、工频感应加热法和远红外线加热法等。
（ ）
8. 埋弧焊机主要由电源、控制系统、机械系统三部分组成。（ ）
9. 常用埋弧焊直流电源焊机有 ZXG-1000R、BX2-1000 型、ZDG-1000R 等。
（ ）
10. 电阻焊机一般由阻焊变压器、机械装置部分和程序控制部分组成。（ ）
11. 埋弧焊时依靠任何一种焊剂都能向焊缝大量添加合金元素。（ ）
12. 氩气比空气轻，使用时易漂浮散失，因此，焊接时必须加大氩气流量。
（ ）

13. 采用CO_2气体保护焊时,要解决好对熔池金属的氧化问题,一般采用含有脱氧剂的焊丝进行焊接。( )

14. 定位焊所使用的焊条可以和正式焊接使用的焊条不一致,工艺条件也可降低。( )

15. 对接板件组装时,应预留一定的反变形。( )

16. 焊接铬镍奥氏体不锈钢时,为提高耐腐蚀性,焊前应进行预热。( )

17. 焊接常用的16Mn钢板材,当厚度大于30 mm时,预热温度为100～150℃。( )

18. 埋弧焊机按焊丝的数目分类,可分为单丝和多丝埋弧焊机。( )

19. 埋弧焊必须采用陡降外特性曲线的电源。( )

20. 常用的MZ1000型埋弧焊机的送丝方式为等速送丝式。( )

21. 钨极氩弧焊比较好的引弧方法有高频振荡器引弧和高压脉冲引弧。( )

22. 埋弧焊只适用于平焊和平角焊。( )

23. 电弧电压是决定焊缝厚度的主要因素。( )

24. 焊接电流是影响焊缝宽度的主要因素。( )

25. 氩气不与金属起化学反应,高温时不溶于液态金属中。( )

26. 由于细丝CO_2焊的工艺比较成熟,因此,应用比粗丝CO_2焊广泛。( )

27. 细丝CO_2焊时,熔滴过渡形式一般都是喷射过渡。( )

28. 粗丝CO_2焊时,熔滴过渡形式一般都是短路过渡。( )

29. 电阻焊焊件与电极之间的接触电阻对电阻焊过程是有利的。( )

30. 点焊焊点间距要满足结构强度要求所规定的数值。( )

31. 闪光对焊过程主要由闪光(加热)和随后的顶锻两个阶段组成。( )

32. 等离子弧切割时,用增加等离子弧工作电压来增加功率,往往比增加电流有更好的效果。( )

33. 等离子弧切割时,气体流量过大反而会使切割能力减弱。( )

34. 等离子弧切割时,钨极内缩量极大地影响着电弧压缩效果及电极的烧损。( )

35. 等离子弧切割时,会产生大量的金属蒸气及有害气体。( )

36. 穿透型等离子弧焊接时,离子气流量主要影响电弧的穿透能力。焊接电流和焊接速度主要影响焊缝的成形。( )

37. 珠光体耐热钢焊接时热影响区有较大的淬硬倾向,焊后常会出现脆硬的马氏体组织。( )

38. 不锈钢产生晶间腐蚀的原因是晶粒边界形成铬的质量分数降至12%以下的贫铬区。( )

39. 热裂纹主要是沿晶粒边界分布,属于沿晶断裂的性质。( )

40. 热裂纹的存在部位,可以在焊缝,也可以在热影响区。( )

41. 冷裂纹的发生具有延迟现象,所以也叫延迟裂纹。( )

42. 冷裂纹经常发生在低碳钢和奥氏体钢中。( )

43. 形成气孔的主要气体是空气中的氮气。（ ）
44. 贯穿性气孔缺欠会破坏焊缝的致密性。（ ）
45. 非金属夹杂物主要有氧化物、氮化物、硫化物等。（ ）
46. 控制夹杂产生的主要方法是增加焊接电流。（ ）
47. 未熔合是指在焊缝金属和母材之间或焊道金属与焊道金属之间未完全熔化结合的部分。（ ）
48. 根部未焊透是指焊接时接头的根部未完全熔透的现象。（ ）
49. 根部未焊透常出现在单面焊的坡口根部及双面焊坡口的钝边，所以不会造成较大的应力集中。（ ）
50. 对于锅炉、压力容器焊接，表面气孔、夹渣缺欠是不允许存在的，必须进行返修。（ ）
51. 射线探伤是利用射线可穿透物质、且在物质中有衰减和使胶片感光等特性发现缺欠的常用探伤方法。（ ）
52. 裂纹在射线探伤底片上呈现略带曲折或直线状黑色细条纹。（ ）
53. 气孔在底片上呈现圆球形或椭圆形黑点，中心黑度较深，并均匀地向边缘减浅。（ ）
54. 夹渣在底片上多呈现不同形状的点状或条状。（ ）
55. 超声波探伤检出的速度快，对裂纹等平面型缺欠比射线探伤灵敏度低。（ ）
56. 磁力探伤分干粉检验法和湿粉检验法两种，对非磁性材料也适用。（ ）
57. 着色探伤受工件表面的粗糙度影响较大，表面粗糙度越高，越容易发现缺欠，反之就差。（ ）
58. 折断面检查是一种常用的简易、迅速、准确的检验焊接缺欠的方法，常用于焊工考试试件的检验和焊接施工前练习试件的检验。（ ）
59. 背弯试验受拉面为焊缝根部，易于发现焊缝根部缺欠。（ ）
60. 冲击试验用于测定焊接接头承受静载荷时的抗断裂能力。（ ）

理论知识考核试卷答案

一、单项选择题

1. C 2. C 3. C 4. A 5. B 6. A 7. D 8. D 9. A 10. C 11. A 12. D 13. D
14. A 15. A 16. A 17. B 18. B 19. C 20. B 21. C 22. D 23. C 24. B 25. A
26. B 27. C 28. B 29. B 30. B 31. C 32. D 33. B 34. D 35. C 36. A 37. A
38. B 39. A 40. B

二、判断题

1. √ 2. × 3. √ 4. √ 5. × 6. √ 7. √ 8. √ 9. √ 10. √ 11. × 12. √
13. √ 14. × 15. √ 16. √ 17. √ 18. √ 19. √ 20. √ 21. √ 22. √ 23. ×
24. × 25. √ 26. √ 27. × 28. × 29. × 30. × 31. √ 32. √ 33. √ 34. √

35. √ 36. √ 37. √ 38. √ 39. √ 40. √ 41. √ 42. × 43. × 44. √ 45. √
46. × 47. √ 48. √ 49. × 50. √ 51. √ 52. √ 53. √ 54. √ 55. × 56. ×
57. √ 58. √ 59. √ 60. ×

操作技能考核试卷

第一题 20钢小径管垂直固定手工钨极氩弧焊打底、焊条电弧焊盖面

1. 准备工作

(1) 材料准备：20钢管，规格为：$\phi60$ mm×5 mm×100 mm，两根。焊丝H08Mn2SiA或TIG—J50，$\phi2.5$ mm。钨极WCe，$\phi2.5$ mm。氩气、E4303/E5015焊条等。

(2) 焊接设备：高频氩弧焊机或钨极氩弧焊机或直流焊机。

(3) 工具准备：氩弧焊枪、电焊钳、套头面罩、电焊手套、钢丝刷、锉刀、台式砂轮机或角向磨光机、焊缝测量尺等。

(4) 劳保用品：按照焊工专业要求着白帆布工作服、绝缘胶鞋等。

2. 操作要求

(1) 氩+电联焊。即：氩弧焊打底，焊条电弧焊盖面。单面焊双面成形。

(2) 焊件坡口形式为V形，坡口角度单侧为32°±2°。

(3) 焊接位置为垂直固定。

(4) 钝边与对口间隙自定。

(5) 试件做清洁。焊前，将试件距坡口10～20 mm内、外两侧清除油、锈。在坡口内点固一点，焊点长度≤20 mm。

(6) 将试件固定在操作架上，一经施焊不得任意更换和改变焊接位置。

(7) 按照正确的焊接工艺参数施焊。焊后，焊缝表面应保持原始状态。

(8) 焊接完毕，关闭电焊机和气瓶，工具摆放整齐，场地清理干净。

3. 考核时限

准备时间为20 min；正式焊接时间为30 min。在规定的时间内每超过5 min扣总分1分，不足5 min按5 min计算。超过规定时间15 min的不得分。

4. 评分标准

序号	评分要素	配分	评分标准
1	焊前准备	10	1. 试件清理不干净，点固定位不正确，扣5分 2. 工艺参数调整不正确，扣5分
2	焊缝外观质量	40	1. 焊缝余高>3 mm，扣5分 2. 焊缝余高差>2 mm，扣5分 3. 焊缝宽度差>3 mm，扣5分 4. 焊缝直线度>2 mm，扣5分 5. 咬边深度≤0.5 mm，累计长度每5 mm扣1分；咬边深度>0.5 mm或累计长度>18 mm，扣10分 6. 用$\phi42$ mm的钢球进行通球，通不过扣10分 特别提示：焊缝原始表面被破坏，发现有加工、补焊、返修等现象或有裂纹、气孔、夹渣、未焊透、未熔合等表面缺欠存在，本试件判为0分

续表

序号	评分要素	配分	评分标准
3	焊缝内部质量	40	射线探伤按 JB 4730 评定 1. 焊缝质量达到Ⅰ级，不扣分 2. 焊缝质量达到Ⅱ级，扣 10 分 3. 焊缝质量达到Ⅲ级，本试件判为 0 分
4	安全文明生产	10	1. 劳保用品穿戴不全，扣 2 分 2. 考试过程中有违反安全操作规程或考场纪律的，视情节扣 2~5 分 3. 考试结束未关闭焊机、气瓶，场地清理不干净，工具码放不整齐，扣 3 分

第二题 CO_2 半自动气体保护焊钢板对接立焊

1. 准备工作

(1) 材料准备：Q235 钢板，厚度为 12 mm，规格为 300 mm×100 mm，两块。焊丝为 H08Mn2SiA，ϕ1.2 mm。CO_2 气体。

(2) 设备准备：CO_2 气体保护焊机。

(3) 工具准备：焊枪、套头面罩、电焊手套、钢丝刷、锉刀、台式砂轮机或角向磨光机、焊缝测量尺等。

(4) 劳保用品：按照焊工专业要求着白帆布工作服、绝缘胶鞋等。

2. 操作要求

(1) CO_2 半自动气体保护焊，单面焊双面成形。

(2) 试件坡口形式为 V 形，单侧坡口角度为 32°±2°。

(3) 焊接位置为立焊。

(4) 钝边与对口间隙自定。

(5) 试件两端不得安装引弧板。

(6) 试件做清洁。焊前，将试件距坡口 10~20 mm 正、反两面清除油、锈。在坡口内两端点固，焊点长度≤20 mm，点固时允许做反变形。

(7) 将试件固定在操作架上，一经施焊不得任意更换和改变焊接位置。

(8) 按照正确的焊接工艺参数施焊。焊后，焊缝表面应保持原始状态。

(9) 焊接完毕，关闭电焊机和气瓶，工具摆放整齐，场地清理干净。

3. 考核时限

准备时间为 30 min；正式焊接时间为 40 min。在规定的时间内每超过 5 min 扣总分 1 分，不足 5 min 按 5 min 计算。超过规定时间 15 min 的不得分。

4. 评分标准

参考文献

1. 中国机械工程学会焊接学会．焊接手册．北京：机械工业出版社，2004
2. 张士相等．焊工．北京：中国劳动社会保障出版社，2002
3. 齐绪伯等．焊工培训实用教材．北京：中国电力出版社，2001
4. 杜国华等．实用工程材料焊接手册．北京：机械工业出版社，2004
5. 薛松柏等．焊接材料手册．北京：机械工业出版社，2006
6. 国家标准 GB/T 6417.1—2005《金属熔化焊接头缺欠分类及说明》

(2) 焊件坡口形式为V形，坡口角度单侧为32°±2°。
(3) 焊接位置为水平固定。
(4) 钝边与对口间隙自定。
(5) 试件做清洁。焊前，将试件距坡口10~20 mm内、外两侧清除油、锈。在坡口内点固一点，焊点长度≤20 mm。点焊焊缝不应置于管道横截面上相当于时钟6点的位置。
(6) 将试件固定在操作架上，一经施焊不得任意更换和改变焊接位置。
(7) 按照正确的焊接工艺参数施焊。焊后，焊缝表面应保持原始状态。
(8) 焊接完毕，关闭电焊机和气瓶，工具摆放整齐，场地清理干净。

3. 考核时限

准备时间为20 min；正式焊接时间为30 min。在规定的时间内每超过5 min扣总分1分，不足5 min按5 min计算。超过规定时间15 min的不得分。

4. 评分标准

序号	评分要素	配分	评分标准
1	焊前准备	10	1. 试件清理不干净，点固定位不正确，扣5分 2. 工艺参数调整不正确，扣5分
2	焊缝外观质量	40	1. 焊缝余高>3 mm，扣5分 2. 焊缝余高差>2 mm，扣5分 3. 焊缝宽度差>3 mm，扣5分 4. 焊缝直线度>2 mm，扣5分 5. 咬边深度≤0.5 mm，累计长度每5 mm扣1分；咬边深度>0.5 mm或累计长度>13 mm，扣10分 6. 用ϕ27 mm的钢球进行通球，通不过扣10分 特别提示：焊缝原始表面被破坏，发现有加工、补焊、返修等现象或有裂纹、气孔、夹渣、未焊透、未熔合等表面缺欠存在，本试件判为0分
3	焊缝内部质量	40	射线探伤按JB 4730评定 1. 焊缝质量达到Ⅱ级，不扣分 2. 焊缝质量达到Ⅱ级，扣10分 3. 焊缝质量达到Ⅲ级，本试件判为0分
4	安全文明生产	10	1. 劳保用品穿戴不全，扣2分 2. 考试过程中有违反安全操作规程或考场纪律的，视情节扣2~5分 3. 考试结束未关闭焊机、气瓶，场地清理不干净，工具码放不整齐，扣3分

(6) 将试件固定在操作架上，一经施焊不得任意更换和改变焊接位置。

(7) 按照正确的焊接工艺参数施焊。焊后，焊缝表面应保持原始状态。

(8) 焊接完毕，关闭电焊机，工具摆放整齐，场地清理干净。

3. 考核时限

准备时间为 30 min；正式焊接时间为 60 min。在规定的时间内每超过 5 min 扣总分 1 分，不足 5 min 按 5 min 计算。超过规定时间 15 min 的不得分。

4. 评分标准

序号	评分要素	配分	评分标准
1	焊前准备	10	1. 试件清理不干净，点固定位不正确，扣 5～10 分 2. 工艺参数调整不正确，扣 5～10 分
2	焊缝外观质量	40	1. 焊缝余高>4 mm，扣 6 分 2. 焊缝余高差>2 mm，扣 6 分 3. 焊缝宽度差>3 mm，扣 6 分 4. 背面余高>3 mm，扣 6 分 5. 焊缝直线度>2 mm，扣 6 分 6. 咬边深度≤0.5 mm，累计长度每 5 mm 扣 1 分；咬边深度>0.5 mm 或累计长度>34 mm，扣 12 分 7. 背面凹坑深度≤1.6 mm，累计总长度每 5 mm 扣 1 分，背面凹坑深度>1.6 mm 或累计总长度>34 mm，扣 12 分 8. 错边>0.8 mm，扣 6 分 特别提示：焊缝原始表面被破坏，发现有加工、补焊、返修等现象或有裂纹、气孔、夹渣、未焊透、未熔合等表面缺欠存在，本试件判为 0 分
3	焊缝内部质量	40	射线探伤按 JB 4730 评定 1. 焊缝质量达到Ⅰ级，不扣分 2. 焊缝质量达到Ⅱ级，扣 10 分 3. 焊缝质量达到Ⅲ级，本试件判为 0 分
4	安全文明生产	10	1. 劳保用品穿戴不全，扣 2～5 分 2. 考试过程中有违反安全操作规程或考场纪律的，视情节扣 5～10 分 3. 考试结束未关闭焊机，场地清理不干净，工具码放不整齐，扣 2～5 分

第四题　珠光体耐热钢小径管水平固定手工钨极氩弧焊打底、焊条电弧焊盖面

1. 准备工作

(1) 材料准备：12Cr1MoV 钢管，规格为 $\phi42$ mm×5 mm×100 mm，两根。焊丝为 TIG—R31，$\phi2.5$ mm。钨极为 WCe，$\phi2.5$ mm。氩气、E5503—B2—V/E5515—B2—V 焊条等。

(2) 设备准备：高频氩弧焊机或钨极氩弧焊机或直流焊机。

(3) 工具准备：焊枪、套头面罩、电焊手套、钢丝刷、锉刀、台式砂轮机或角向磨光机、焊缝测量尺等。

(4) 劳保用品：按照焊工专业要求着白帆布工作服、绝缘胶鞋等。

2. 操作要求

(1) 氩+电联焊。即氩弧焊打底，焊条电弧焊盖面。单面焊双面成形。

序号	评分要素	配分	评分标准
1	焊前准备	10	1. 试件清理不干净，点固定位不正确，扣5分 2. 工艺参数调整不正确，扣5分
2	焊缝外观质量	40	1. 焊缝余高＞3 mm，扣4分 2. 焊缝余高差＞2 mm，扣4分 3. 焊缝宽度差＞3 mm，扣4分 4. 背面余高＞3 mm，扣4分 5. 焊缝直线度＞2 mm，扣4分 6. 角变形＞3°，扣4分 7. 错边＞1.2 mm，扣4分 8. 背面凹坑深度＞2 mm 或长度＞26 mm，扣4分 9. 咬边深度≤0.5 mm，累计长度每5 mm扣1分；咬边深度＞0.5 mm 或累计长度＞26 mm，扣8分 特别提示：焊缝原始表面被破坏，发现有加工、补焊、返修等现象或有裂纹、气孔、夹渣、未焊透、未熔合等表面缺欠存在，本试件判为0分
3	焊缝内部质量	40	射线探伤按 JB 4730 评定 1. 焊缝质量达到Ⅰ级，不扣分 2. 焊缝质量达到Ⅱ级，扣10分 3. 焊缝质量达到Ⅲ级，本试件判为0分
4	安全文明生产	10	1. 劳保用品穿戴不全，扣2分 2. 考试过程中有违反安全操作规程或考场纪律的，视情节扣2~5分 3. 考试结束未关闭焊机、气瓶，场地清理不干净，工具码放不整齐，扣3分

第三题　钢管水平固定对接

1. 准备工作

（1）材料准备：20钢管，规格为 ϕ108 mm×8 mm×100 mm，两根。焊条为 E4303 或 E5015，直径 ϕ3.2 mm、ϕ4.0 mm 任选。

（2）设备准备：直流焊机。

（3）工具准备：焊钳、面罩、电焊手套、钢丝刷、锉刀、台式砂轮机或角向磨光机、焊缝测量尺等。

（4）劳保用品：按照焊工专业要求着白帆布工作服、绝缘胶鞋等。

2. 操作要求

（1）焊条电弧焊。

（2）焊件坡口形式为V形，坡口角度单侧为 32°±2°。

（3）焊接位置为水平固定。

（4）钝边与对口间隙自定。

（5）试件做清洁。焊前，将试件距坡口10~20 mm 内、外两侧清除油、锈。在坡口内按"三点对称法"点固其中的两点，焊点长度≤20 mm。点焊焊缝不应置于管道横截面上相当于时钟6点的位置。点固时允许做反变形。